Ullstein

Der vorliegende Band ist die erste lückenlose Dokumentation über das tollkühne Unternehmen Cerberus. Seit Monaten liegen die Schlachtschiffe *Scharnhorst* und *Gneisenau* sowie der Schwere Kreuzer *Prinz Eugen* im Hafen von Brest. Untätigkeit und englische Luftangriffe haben die Mannschaft zermürbt. Da gibt Hitler plötzlich den Befehl zu dem streng geheimgehaltenen Unternehmen Cerberus: Durchbruch durch den Kanal am hellichten Tag.

Mit großer Eindringlichkeit schildert John Deane Potter jede Einzelheit dieses wahnwitzigen Überraschungsmanövers, zeichnet lebendige Porträts der verantwortlichen Männer hüben und drüben und zeigt jene Verkettung von Mißverständnissen, blindem Gehorsam und sinnloser Waghalsigkeit, die schließlich zu einer Niederlage der Royal Navy und der Air Force und zur Heimkehr der schwer beschädigten Kriegsschiffe führte.

»Potter läßt beiden Seiten Gerechtigkeit angedeihen und zollt der seemännischen und der Kampfleistung der deutschen Besatzung Anerkennung.«

WELT DER LITERATUR

JOHN DEANE
POTTER

Durchbruch

ULLSTEIN

maritim
Ullstein Buch Nr. 23931
im Verlag Ullstein GmbH,
Frankfurt/M – Berlin
Titel der Originalausgabe:
FIASCO
Aus dem Englischen
von Thomas M. Höpfner

Ungekürzte Ausgabe

Umschlaggestaltung:
Hansbernd Lindemann
Umschlagfoto:
Bundesarchiv
Alle Rechte vorbehalten
© 1970 by John Deane Potter
© der deutschsprachigen
Ausgabe 1970 by
Paul Zsolnay Verlag Gesell-
schaft m.b.H., Wien
Printed in Germany 1996
Druck und Verarbeitung:
Presse-Druck Augsburg
ISBN 3 548 23931 5

Juli 1996
Gedruckt auf alterungs-
beständigem Papier mit
chlorfrei gebleichtem
Zellstoff

Die Deutsche Bibliothek – CIP-Einheitsaufnahme

Potter, John Deane:
Durchbruch / John Deane Potter. [Aus dem Engl. von Thomas
M. Höpfner]. – Ungekürzte Ausg. – Frankfurt/M ; Berlin :
Ullstein, 1996
(Ullstein-Buch ; Nr. 23931 : Maritim)
ISBN 3-548-23931-5
NE: GT

INHALT

Für Lucinda

BILDERVERZEICHNIS

Die Bilder befinden sich zwischen den Seiten 144 und 145

Bildernachweis:
Bundesarchiv: Bilder 1, 3, 8, 9, 10, 12
Imperial War Museum: Bilder 7, 14, 15
Kapitän Helmuth Gießler: Bilder 2, 4, 6, 11, 13
Commander Paul Schmalenbach: Bild 5

Der vorliegende Text stützt sich im wesentlichen auf Informationen und Aussagen britischer wie deutscher Überlebender der Kampfhandlungen. Der Autor kann an dieser Stelle zwar unmöglich allen, aber doch wenigstens jenen danken, die ihn am meisten unterstützt haben:

Royal Navy
Admiral Sir Mark Pizey, Captain Nigel Pumphrey, Commander Colin Coats, Commander Anthony Fanning, Commander Hugh Griffiths, Mark Arnold Forster, Douglas Ward, Ted Tong und Charles Hutchings.
Desgleichen danke ich Rear-Admiral Peter Buckley und Miss Lindy Farrow von der Naval Historical Branch für liebenswürdige Unterstützung.

Fleet Air Arm (Marineflieger)
Edgar Lee, „Mac" Samples, Charles Kingsmill und Donald Bunce. Ebenso Commander Mike Nicholas.

Royal Air Force
Air Commodore Constable-Roberts, Group Captain Tom Gleave, Group Captain Bobbie Oxspring, Gerald le Blount Kidd, Brian Kingcombe, Roger Frankland, Bill Igoe, Cowan Douglas-Stephenson, Norman Nicholas und Tom Betjeman.
Eric Turner und Miss A. N. Marks von der Air Historical Branch verdanke ich wertvolle Einblicke in Staffel-Berichte.

Army
Brigadier Cecil Whitfield Raw, Lieutenant-Colonel Stewart Montague Cleeve, Major Bill Corris, Mrs. Nora Edwards (geb. Smith), Dennis Hagger, Albert Mister und Ernest Griggs.

Auf deutscher Seite bin ich verpflichtet:

Konteradmiral Gerhard Wagner, Konteradmiral Karl Smidt, Vizeadmiral Kurt Caesar Hoffmann, Vizeadmiral Helmuth Brinkmann, Kapitän z. S. Helmuth Gießler, Kapitän z. S. Hans Jürgen Reinicke, Korvettenkapitän Wilhelm Wolf, Kapitän Johann Hinrichs, Kapitän z. S. Erwin Liebhart, Fregattenkapitän Paul Schmalenbach, Vizeadmiral Prof. Friedrich Ruge und Frau Ruth Fein, Witwe von Kapitän z. S. Otto Fein.

Ferner danke ich Dr. Maierhofer und seinen Mitarbeitern vom Bundesarchiv Freiburg für die Überlassung zahlreicher historischer Unterlagen, vor allem über die Führer-Konferenzen.

H. M. S. O. (Her Majesty's Stationary Office) stellte mir freundlicherweise ebenfalls historisches Material, größtenteils aus dem Bucknill-Report (Command 6775), aus dem Copyright der Krone zur Verfügung.

Eines besonderen Hinweises bedarf die Mitarbeit von Cyril Morton, der mir bei den deutschen Texten behilflich war und in Deutschland persönlich recherchierte, sowie der unermüdliche Einsatz meiner Sekretärin Mrs. Patti Clapp für die Fertigstellung des Manuskripts.

DER FÜHRER BEFIEHLT...

Die beiden großen Schiffe erschienen an der Einfahrt zum
französischen Atlantikhafen Brest kurz nach Anbruch der
Morgendämmerung. Es waren die deutschen 32.000-Tonnen-
Schlachtschiffe *Scharnhorst* und *Gneisenau*, die vom Handelskrieg gegen alliierte Transporter im Atlantik zurückkehrten.
Sie waren Anfang 1941 von Kiel ausgelaufen und unter Um-
gehung der britischen Home Fleet, die in Scapa Flow lag, durch
die Dänemarkstraße in den Atlantik vorgestoßen. Dort hatten
sie in den folgenden zwei Monaten die Schiffahrtswege unsicher
gemacht und über zwanzig Schiffe mit insgesamt 100.000 Tonnen
versenkt. Es war der erste — und letzte — erfolgreiche Einsatz
deutscher Schlachtschiffe gegen alliierte Handelsschiffe im Zweiten Weltkrieg. Anfang März verloren sie sich dann im Dunst des
Atlantik.
Um 7 Uhr morgens am 22. März 1941 machten die beiden grauen
Riesen am Quai Lannion in Brest fest. Mürrisch sahen es französische Hafenarbeiter mit an. Es war fast ein Jahr her, daß
Frankreich gefallen war und deutsche Werftleute aus Wilhelmshaven den französischen Flottenstützpunkt übernommen hatten.
Jetzt mußten die beiden Schlachtschiffe in Brest überholt werden.
Im Verlauf der zweimonatigen Kreuzfahrt hatten sich auf der
Scharnhorst schwere Kesselschäden gezeigt; besonders die Rohre
der Überhitzer brannten laufend durch. Nach Ansicht der deutschen Werftingenieure würde die Instandsetzung der *Scharnhorst*
zehn Wochen dauern. *Scharnhorst*-Kommandant Kurt Hoffmann
verständigte Großadmiral Erich Raeder, Oberbefehlshaber der
deutschen Kriegsmarine, vom Ausmaß der erforderlichen Reparaturen. Die Marineleitung war entsetzt.

Das Schwesterschiff der *Scharnhorst*, *Gneisenau*, hatte zwar nicht so schwer gelitten, mußte aber auch ins Dock. Die Überholung der beiden Schiffe ging zügig voran — allerdings ohne Mitwirkung französischer Arbeiter. Die hielt man fern, weil ihre Kollegen in den Reparaturwerkstätten an Land den deutschen Eroberern, sooft es sich machen ließ, mit Bummelschichten in den Rücken fielen. Auf der Marinewerft wie in der Stadt waren die Einheimischen verdrossen und feindselig; zudem hatten manche Kontakt mit Agenten der französischen Untergrundbewegung und versuchten auf diesem Wege, Informationen über den Stand der Dinge auf der Werft nach England weiterzuleiten.

Nach der Ankunft der Schiffe verflossen zunächst acht deprimierende Tage mit endlosem Regen und häufigem falschem Fliegeralarm. Erst am Abend des 30. März eröffnete die RAF (Royal Air Force) den Tanz. Auf das Heulen der Sirenen folgten krachende Bombeneinschläge. Die Flak feuerte, was die Rohre hergaben, aber ihre Geschosse erreichten die hochfliegenden britischen Maschinen nicht.

An Land wurde ein Hotel getroffen. Dem ausbrechenden Brand fielen mehrere deutsche Marineoffiziere zum Opfer, die dort einquartiert waren. Die Schiffe blieben unbeschädigt. Aber als deutsche Experten am nächsten Tag die Bombensprengstücke untersuchten, stellten sie etwas Wichtiges fest. Die RAF hatte panzerbrechende 500-Pfund-Bomben geworfen, eine Sonderanfertigung, die die Panzerdecks der Kriegsschiffe durchschlagen sollte. Also war das kein Routineangriff auf die Werft gewesen — diese Bomben ließen keinen Zweifel, daß die Briten den Standort der Schiffe genau kannten. Das verhieß für die Zukunft unaufhörliche Luftangriffe. Und richtig erschien die RAF von nun an Tag und Nacht, wann immer es das Wetter erlaubte.

Am 6. April beim Morgengrauen tauchte plötzlich ein Torpedoflugzeug der RAF aus den Wolken auf, eine Beaufort des Coastal Command aus St. Eval (Cornwall). Der Pilot, Flying Officer Kenneth Campbell, flog einen sehr mutigen Angriff gegen die *Gneisenau*, die an der Boje vor einer Mole am Nordende des

Hafens festgemacht hatte und durch eine Krümmung der Mole gedeckt war. Weiteren Schutz versprachen die von Geschützen starrenden Hügel rings um den Hafen. Und schließlich lagen dort auch noch drei Flak-Schiffe vor Anker.

Unter solchen Umständen schien das Schlachtschiff unangreifbar — nach einem Tiefflugangriff war es unmöglich, die Maschine rasch genug wieder hochzuziehen; sie mußte unweigerlich an den Anhöhen um den Hafen zerschellen.

Aber Kenneth Campbell ging mit seiner Beaufort bis auf Deckhöhe hinab und sprang über die Mole, mitten durch den Feuervorhang der Flak-Schiffe. Aus nächster Entfernung warf er seinen Torpedo gegen das Heck der Gneisenau. Dabei traf ihn die deutsche Flak. Brennend stürzte die Maschine ins Meer.

Campbell hatte sein Ziel jedoch erreicht. Sekunden später explodierte der Torpedo steuerbord achtern. Sofort brach Wasser ein, und Gneisenau legte sich schwer auf die Seite. Ein Bergungsschiff ging längsseits und pumpte tonnenweise Wasser aus dem Schiff. Knapp wurde die Gneisenau vor dem Sinken bewahrt.

Die Leichen von Campbell und seiner tapferen Mannschaft, der Sergeanten Scott, Mullis und Hillman, wurden aus den Fluten geborgen und an Bord des Schlachtschiffes gebracht. Man wickelte die Körper in Fahnen, legte sie auf das Achterdeck und ließ, sichtbarer Ausdruck des Respekts vor dem gefallenen Gegner, eine Ehrenwache aufziehen.

Während dieser Ehrenbezeigung versuchten die Lecksicherungstruppen angestrengt, die Gneisenau so weit leerzupumpen, daß sie sich wieder aufrichtete. Das war wichtig, weil sie diesen gefährlichen Platz an der Boje unbedingt verlassen mußte. RAF-Aufklärer meldeten jetzt jede Bewegung der Schlachtschiffe: ein zweiter Treffer wie der von Campbell, und Gneisenau würde wahrscheinlich sinken.

Am nächsten Morgen ergab eine Untersuchung im Trockendock, daß Campbells Torpedo die Steuerbordschraube und den Wellentunnel der Gneisenau zerstört hatte. Voraussichtliche Reparaturdauer: sechs Monate. Damit war Gneisenau doppelt so lange außer Gefecht gesetzt wie Scharnhorst.

Flying Officer Kenneth Campbell wurde für seinen heroischen Angriff das Viktoriakreuz verliehen, die höchste britische Tapferkeitsauszeichnung. In der schriftlichen Würdigung heißt es: „Trotz widrigster Umstände führte Flying Officer Kenneth Campbell seinen Auftrag mit Elan und Entschlossenheit durch. Er hat bei diesem Angriff auf nächste Entfernung, den er ungeachtet vernichtenden Feuers auf einem sehr gefährlichen Kurs vortrug, äußerste Kühnheit bewiesen."

Campbells Torpedo hatte es geschafft, daß nunmehr beide Schlachtschiffe längere Zeit nicht auslaufen konnten. Deshalb beschlossen die Deutschen, die festliegenden Schiffe so gut wie möglich zu nutzen. Aus Deutschland wurden hundert Seekadetten nach Brest kommandiert, um dort weiter ausgebildet zu werden. Fünfzig Mann wurden auf *Scharnhorst*, fünfzig Mann auf *Gneisenau* eingeschifft; sie durften sich dort der wichtigsten Aufgabe widmen, die an Bord zu erfüllen war — der Fliegerabwehr. Für die jungen, blühenden Deutschen sollte es eine harte Gefechtsausbildung werden, und für manchen leider auch eine sehr kurze.

Am Abend des 10. April heulten wieder die Sirenen. Die ersten Bombenexplosionen konnten aus dem Flakfeuer herausgehört werden. Riesige Stichflammen schossen empor und röteten die Aufbauten der *Gneisenau*. Drei Bomben hatten getroffen. Das Schiff brannte. Es gab fünfzig Tote und neunzig Verwundete. Am schwersten betroffen waren die Flakmannschaften — und die jungen Kadetten, von denen sich viele gerade in ihren Quartieren im Zwischendeck befanden. Die meisten wurden von Sprengstücken anderer schwerer Bomben getötet, die auf dem Kai krepierten.

Während Sanitätswagen am Fallreep vorfuhren und die Helfer zahlreiche Schwerverletzte ins Lazarett schafften, eilte *Scharnhorst*-Kommandant Hoffmann hinüber zur *Gneisenau*, um zu helfen. Zunächst mußte das Feuer bei der Offiziersmesse bekämpft werden. Aber erst nach dem Fluten einer Munitionskammer war das Feuer eingedämmt und *Gneisenau* außer Gefahr.

Natürlich lag den Deutschen jetzt vor allem daran, den Franzosen das Ausmaß der Katastrophe zu verheimlichen. Da auf jedem der beiden Schiffe indes nur zehn Särge bereitgestellt werden konnten, mußte man französische Tischler heranziehen. Kaum war der entsprechende Befehl erteilt, da machte die Kunde von den schweren deutschen Verlusten auch schon die Runde durch ganz Brest.

Von nun an ließ man den größten Teil der Schiffsbesatzungen an Land in Kasernen schlafen; an Bord blieben lediglich Flakpersonal und Kriegswachen. Außerdem verfügte Berlin eine Verstärkung der Luftabwehr um und in Brest. Man erhöhte die Zahl der 10,5-Zentimeter-Geschütze auf 150 und der kleineren Flak auf 1200 und konzentrierte damit um die Schlachtschiffe eine geradezu mörderische Feuerkraft. Ferner legte man die beiden Giganten dicht nebeneinander, schloß die Docktore und schützte sie für alle Fälle gegen Unterseeboot- wie Tieffliegertorpedos durch Netze.

Am alten Liegeplatz der *Scharnhorst* ließ Kapitän z. S. Hoffmann aus dem Rumpf des alten französischen Kreuzers *Jeanne d'Arc* mit Holz und Blech eine Replik seines Schiffes basteln. Die Schlachtschiffe selbst tarnte man mit farbbesprühten Netzen, die von den Mastspitzen bis auf die Kaimauern herabhingen und Baumgruppen simulierten. Auf den Dächern der Marineschule errichteten die überlebenden Kadetten kleine Holzhütten, so daß das Ganze wie ein Dorf wirkte.

Rings um den Hafen brachte man Nebelgeräte in Stellung, die das gesamte Becken innerhalb weniger Minuten dicht einnebeln konnten. Diese Vorsichtsmaßnahme erregte den Protest der deutschen Luftwaffe, die ihre Jägereinsätze durch solche Nebelvorhänge gefährdet sah. Tatsächlich wären beide Schlachtschiffe später beim Verlassen Brests in dem dichten Nebel fast kollidiert.

Tagsüber waren die Schiffe von Flak und Jägern gesichert, bei Dunkelheit aber änderte sich die Sachlage. Die fast allnächtlichen heftigen Bombenangriffe der RAF bedeuteten nicht nur für die Schiffe, sondern auch für die Besatzungen höchste Gefahr. Selbst unter den Soldaten, die man jeden Abend auf Lkw zu ihren

Brester Unterkünften fuhr, gab es durch die Luftangriffe so beträchtliche Verluste, daß man beschloß, sie außerhalb der Gefahrenzone unterzubringen.

Für die Nacht wurden sie deshalb in La Roche einquartiert, fünfzehn Meilen von Brest, unweit der verschlafenen bretonischen Kleinstadt Landerneau. Beide Orte lagen an der Bahnlinie nach Paris, und ein Großteil der Transporte erfolgte denn auch per Eisenbahn.

Versteckt in einem kleinen Birkenwald bei Landerneau, schlug man Baracken für die Besatzungen beider Schiffe auf. Ähnliche Unterkünfte plante man auch für die Besatzung eines anderen deutschen Schlachtschiffes, nämlich der *Bismarck,* die im Atlantik ebenfalls Handelskrieg führte und bald in der Brester Werft überholt werden sollte. Große Bojen vor der Marinewerft erwarteten sie schon.

Während die beiden Schlachtschiffe in Brest repariert wurden, lag *Bismark* im deutschbesetzten norwegischen Hafen Bergen. Jedoch am 20. Mai 1941, in einer mondlosen Nacht, verließ sie in Begleitung des schweren Kreuzers *Prinz Eugen* ihren Schlupfwinkel. Gegen Mittag des nächsten Tages wurde es der britischen Admiralität in Whitehall bekannt. Sofort erhielt die Home Fleet Befehl, von Scapa Flow auszulaufen und die deutschen Schiffe südlich der Dänemarkstraße abzufangen.

In der Dämmerung des 24. Mai befanden sich die beiden deutschen Schiffe im Gefecht mit der britischen Flotte, zu der auch der betagte Schlachtkreuzer *Hood* und das nagelneue, seine Jungfernfahrt absolvierende Schlachtschiff *Prince of Wales* gehörten. Es wurde ein schwarzer Tag für die Royal Navy. Nach schweren Treffern von *Bismarck* und *Prinz Eugen* flog *Hood* in die Luft. *Prince of Wales* war bald so hart angeschlagen, daß sie sich aus der Feuerlinie zurückziehen mußte. Aber kleinere Einheiten der britischen Marine ließen die mit voller Kraft fahrende *Bismarck* nicht aus den Augen.

Am Nachmittag wurde der neue Flugzeugträger *Victorious* zu einem Angriff auf *Bismarck* angesetzt. Als die 825. Staffel Swordfish-Flugzeuge zu einem Nachtangriff auf das deutsche

Schlachtschiff startete, wurde das Führungsflugzeug von Korvettenkapitän Eugene Esmonde geflogen.

Um 23.30 Uhr, 120 Meilen vom Flugzeugträger entfernt, machte Esmondes Staffel die *Bismarck* in der Dunkelheit aus. Die Flugzeuge hielten sich dreißig Meter über den Wellen und warfen ihre Torpedos aus etwa 1000 m Abstand. Während sie abdrehten, rumpelte der Donner einer mächtigen Explosion zu ihnen herauf, gefolgt von einem Blitz und lodernd aufschießenden Flammen.

Die *Bismarck* war mittschiffs getroffen.

Der Torpedo zwang *Bismarck* zu langsamerer Fahrt. Nach dreitägiger Jagd mußte sie sich der Home Fleet abermals zum Kampf stellen. Diesmal aber allein, denn vier Stunden vor dem Gefecht konnte sich *Prinz Eugen* absetzen. Mit Artilleriegranaten und Torpedos gab die britische Marine der *Bismarck* den Rest.

Am Abend des 7. Mai hörten deutsche Marineoffiziere in Brest unerlaubterweise die BBC ab und erfuhren: „Um 10.37 Uhr G. M. T. wurde das deutsche Schlachtschiff *Bismarck* versenkt."

Diese Nachricht wirkte auf die deutsche Marine in Brest nicht gerade aufmunternd. Doch mindestens ebenso deprimierend war, daß nichts über das Schicksal des Geleitkreuzers *Prinz Eugen* verlautete. Hatte auch er dran glauben müssen? Oder war er entwischt und schwieg nur aus Furcht vor den Funküberwachern der britischen Kriegsschiffe, die ihn vielleicht verfolgten? Um so größer war der Jubel in Brest, als in der Dämmerung des 1. Juni *Prinz Eugen* vor der Einfahrt zum Brester Hafen auftauchte.

Er brachte unheilvolle Kunde mit — sein Kommandant, Kapitän z. S. Helmuth Brinkmann, stellte in seinem *Bismarck*-Schlußbericht für Großadmiral Raeder in Berlin ausdrücklich fest, daß die britischen Schlachtschiffe über ausgezeichnete Radargeräte verfügten, denen man nicht entgehen konnte.

Auch sonst war die Lage düster. Trotz der deutschen Abwehrmaßnahmen setzte die RAF ihre Angriffe auf die Brester Docks fort; fast jeden Tag meldete die BBC in ihrem Neun-Uhr-Nachrichtendienst, daß britische Maschinen Brest angeflogen und die deutschen Kriegsschiffe bombardiert hatten.

Übrigens dachten die Briten wohl daran, daß der andauernde Bombenhagel die Deutschen eventuell zu einem verzweifelten Ausbruchsversuch treiben könnte. Nach mehreren Besprechungen zwischen den Planungsstäben der Admiralität und des Luftwaffenministeriums erhielt das Coastal Command Befehl, die Gewässer vor Brest und den Kanal von der Abenddämmerung bis zum Morgengrauen von drei verschiedenen Radarflugzeugen überwachen zu lassen. Die Namen dieser Patrouillen und ihre Gebiete waren: *Stopper* für den Raum Brest—Insel Ushant; *Line SE* für die Strecke Ushant—Bretagne; *Habo* für den Bereich Le Havre—Boulogne. Darüber hinaus organisierte das Fighter Command (Jäger) auch bei Tage eine Aufklärung des Kanals, die *Jim Crow* genannt wurde.

Am 29. April 1941 schrieb das britische Luftwaffenministerium an die drei RAF-Kommandos Fighter, Bomber und Coastal: „*Scharnhorst* und *Gneisenau* könnten in der Zeit vom 30. April bis einschließlich 4. Mai versuchen, durch den Kanal einen deutschen Hafen zu erreichen. Als wahrscheinlich gilt ein Durchbruchsversuch durch die Straße von Dover bei Dunkelheit, als unwahrscheinlich ein Versuch des Feindes, die Straße bei Tageslicht zu passieren. Wagt er es dennoch, wird sich unseren Luftangriffsverbänden und unseren Überwasserfahrzeugen die einzigartige Gelegenheit bieten, die feindlichen Schiffe noch in der Straße von Dover zum Gefecht zu stellen." Das Bomber Command wurde für alle Fälle angewiesen, ständig Eingreifverbände bereitzuhalten, falls die deutschen Schiffe aus Brest ausliefen.

In diesem Stadium bewies die britische RAF ein besseres taktisches Gespür als die Deutschen, denn erst am 30. Mai — immerhin einen Monat, nachdem das britische Luftwaffenministerium die Möglichkeit eines deutschen Kanal-Durchbruchs erwogen hatte — sandte das deutsche Marinegruppenkommando West in Paris an Großadmiral Raeder in Berlin ein Memorandum, in dem angeregt wurde, die Möglichkeit einer Durchfahrt der schweren Schiffe durch den englischen Kanal sorgfältig zu prüfen. Der Weg sei kürzer als um Island; sowohl in der Luft wie zur See seien gute Geleitschutzchancen gegeben. Man könnte das feindliche Radar stören. Überlegene feindliche Einheiten seien nicht präsent, und die Durchfahrt könnte in großer Nähe der eigenen Häfen erfolgen, die den Schiffen bei Beschädigungen Schutz bieten können.

Der Großadmiral reagierte auf diesen Vorschlag völlig ablehnend und führte als größte Gefahren an:

1. Die Navigation in so engen Gewässern sei äußerst schwierig;
2. die deutschen Schlachtschiffe würden von den Briten entdeckt werden;
3. die Gefahr durch Minen, Torpedoboote, Torpedoflugzeuge und Stukas.

Raeders Haupteinwand war indes, daß die Minenräumverbände nur eine schmale Fahrrinne räumen könnten, die für Ausweichmanöver bei Torpedoangriffen keinen Spielraum lasse. Unter diesen Bedingungen halte das Oberkommando ein unbeobachtetes und gefahrloses Entkommen durch den Kanal für unmöglich. Genau der gleichen Ansicht war übrigens Raeders Amtskollege in London, Erster Seelord Sir Dudley Pound.

Raeder hatte gute Gründe für seine Vorsicht. Selbst unter Einbezug der „pocket-battleships" — der Panzerschiffe — konnte er nur fünf deutsche Schlachtschiffe gegen fünfzehn der britischen Marine aufbieten. Er hatte keine Flugzeugträger — *Graf Zeppelin* war erst im Bau (und wurde nie fertiggestellt) —, die britische Marine sechs einsatzbereite Flugzeugträger.

Der Großadmiral, einer der fähigsten und fachkundigsten deutschen Marineoffiziere überhaupt, sorgte sich um seine Schiffe wie eine Henne um ihre Küken. In den vierzehn Jahren, die er Oberbefehlshaber der Kriegsmarine war, hat keiner die Ehre der deutschen Seestreitkräfte umsichtiger gehütet als er.

Mit der Ablehnung des Kanal-Planes durch den Oberbefehlshaber wähnten die meisten Admirale in Berlin die Sache ein für allemal abgetan. Denn: Hitler vertraute Raeders Urteil. Er hatte ihn zum Großadmiral befördert. Als Berater in Kriegführungsfragen rangierte er an zweiter Stelle, gleich hinter Göring.

Um so überraschter war man, als Admiral Krancke, Raeders persönlicher Vertreter bei Hitler, ins Führerhauptquartier zitiert wurde und sich dort bleichen Gesichts fürchterliche Schmähtiraden über Deutschlands Großkampfschiffe und deren Offiziere anhören mußte.

Hitler, seit Juni mit der Sowjetunion im Krieg, war durch die zahlreichen kleinen britischen Kommandounternehmen an der norwegischen Küste, mit denen Großbritannien im März 1941 auf den Lofoten begonnen hatte, beunruhigt. Er hielt die norwegische Küste für die verwundbarste Stelle seines Westwalls. Er hatte außerdem erfahren, daß britische Geleitzüge Panzer, Flugzeuge und Artillerie an die Ostfront schafften. Unter diesen Umständen — und weil er sowieso überzeugt war, daß die Briten dort eine zweite Front eröffnen würden — erkannte er Norwegen jetzt eine noch größere strategische Bedeutung zu.

Indessen flog die RAF fast pausenlos ihre Bombereinsätze gegen Brest. Einen Monat nach Raeders Ablehnung des Kanal-Planes, am 1. Juli, erwischte es *Prinz Eugen.* Das Schiff lag neben dem östlichen Bassin des Handelshafens, als eine RAF-Bombe seine Panzerung durchschlug und in den empfindlichsten Abteilungen detonierte — in der Zentrale und im Funkraum. 47 Mann, darunter der Erste Offizier, Fregattenkapitän Otto Stooß, wurden getötet, 32 verwundet. Für die nächsten drei Monate war die *Prinz Eugen* nicht einsatzbereit.

Scharnhorst hingegen lief am Morgen des 23. Juli zur Erprobung der Überhitzer nach dem 250 Meilen weiter südlich gelegenen La Pallice aus. Kapitän z. S. Hoffmann entschied sich für die flachen Gewässer um La Pallice, weil er dort vor U-Booten am sichersten war und mit einigen wenigen Wachbooten auskam.

An Stelle der *Scharnhorst* wurde ein Tanker ins Dock verlegt und mit Netzen getarnt. Den Kurs der *Scharnhorst* versuchten die Deutschen durch falsche Ölspuren zu verschleiern, die von Brest aus nach Norden gelegt wurden. Trotz dieser sorgfältigen Täuschungsmaßnahmen beobachtete die stets wachsame RAF, daß *Scharnhorst* den Liegeplatz in südlicher Richtung verließ. Wollte sie in den Atlantik durchbrechen? Aufklärer beschatteten sie von nun an ständig, denn die Briten wurden den Verdacht nicht mehr los, daß es sich um das langerwartete Absetzmanöver handle.

Aber davon ahnten die Deutschen nichts. Das Schlachtschiff lief sehr gut und erreichte mühelos eine Geschwindigkeit von dreißig Knoten. Am nächsten Morgen lief *Scharnhorst* in La Pallice ein, wo noch kleinere Reparaturen vorgenommen werden sollten.

Bei Dämmerung überflog ein RAF-Luftbildaufklärer die Werft in Brest. Da er nur geringen Sachschaden meldete, beschlossen die Briten, gegen beide Schiffe einen massiven Schlag bei Tag zu führen.

Etwa um 14 Uhr am 24. 7. befanden sich 99 RAF-Bomber über den Schlachtschiffen. Drei „Fliegende Festungen", 63 Wellingtons und 18 Hampdens bombardierten die *Gneisenau* in Brest, 8 Halifax die *Scharnhorst* in La Pallice. Es war das erste Mal, daß Fliegende Festungen mit dem neuen Sperry-Zielgerät für Bomben aus großer Flughöhe gegen die Brester Schlachtschiffe eingesetzt wurden. Drei Monate vorher waren sie in England eingetroffen; der Angriff an diesem heißen Julinachmittag war erst ihr dritter Flug gegen den Feind.

Da sie in geringen Höhen operieren sollten, hatte man die Maschinen mit besonders ausgewählten Fliegern besetzt. Keiner der Männer war älter als vierundzwanzig Jahre. Die Piloten, Oberstleutnant MacDougall, Major MacLaren und Fliegerleutnant Mathieson, konzentrierten sich weisungsgemäß auf die *Gneisenau*. Acht Minuten nach zwei warf jede Maschine aus über 9000 Metern vier 1100-Pfund-Bomben ab, die in die Kais und Docks einschlugen. So genau die deutsche Flak auch zielte — ihre Geschosse kamen nur auf 300 Meter an die britischen Maschinen heran. Gleich nach dem Bombenwurf stiegen drei Messerschmitts auf, aber die Fliegenden Festungen drehten ab und entkamen.

Zur gleichen Zeit ging Oberstleutnant Maw mit seinen Bombern aus britischer Produktion im Tiefflug auf 1800 m hinunter. Die Bomben explodierten zwischen den Werftgebäuden. Leutnant Payne deckte die *Gneisenau* gar aus 1000 m Höhe mit Bomben ein. Er und sein Bugschütze, Feldwebel Wilkinson, wurden durch Flakbeschuß verwundet.

Die Halifax über La Pallice griffen die *Scharnhorst* aus 3600 m Höhe an. Da der Himmel wolkenlos war, konnten die Piloten das Schiff selbst aus solcher Entfernung unschwer ausmachen. Sie erzielten fünf Bombentreffer in einer Reihe. Gewaltige Explosionen erschütterten den Stahlleib, Rauch quoll auf. Zwei Bomben hatten einen klaffenden Spalt ins Deck gerissen. Aber die *Scharnhorst* hatte Glück: drei der schweren Bomben durchschlugen das gepanzerte Oberdeck und den Rumpf, ohne zu explodieren. Immerhin drangen durch die Lecks 3000 t Wasser ein.

Das Schiff bekam starke Schlagseite, die von der Leckwehr jedoch behoben wurde. Bald waren auch die sonstigen Schäden repariert. Bei den Hafenbehörden angeforderte Taucher stellten fest, daß die Bomben deshalb nicht gezündet hatten, weil beim Aufschlag ihr Stahlmantel abgesprungen war.

Die *Scharnhorst* hatte wirklich Glück gehabt — es gab keinen einzigen Verletzten. Mit 27 Knoten fuhr sie nach Brest zurück.

Im Herbst 1941 brachen schlechte Zeiten für die deutsche Wehrmacht an. Der Blitzkrieg gegen die Sowjetunion geriet in den Temperaturen des russischen Wintereinbruchs ins Stocken. Hitler leitete den Feldzug persönlich von seinem Hauptquartier „Wolfsschanze" bei Rastenburg in Ostpreußen aus.

Seit dem Beginn des Rußlandfeldzuges hatte Raeder nichts mehr von seinem vollauf beschäftigten Führer gehört. Als der Großadmiral den neuerlichen Einsatz seiner Schlachtschiffe gegen Schiffahrtswege im Atlantik plante, wurde er unerwartet zu einer Konferenz in die Wolfsschanze gerufen.

Hitler wollte von den Atlantikplänen nichts wissen. Er war nun einmal überzeugt, daß die Briten die Invasion in Norwegen starten würden. Norwegen sei die „Schicksalszone", den Atlantik dürfe man getrost den U-Booten überlassen, meinte er zu Raeder. Vielmehr müßten die Schlachtschiffe, alle größeren Einheiten, an der norwegischen Küste stationiert werden, wo sie bei der Verteidigung Norwegens gegen eine Invasion von Nutzen sein könnten. Außerdem wären sie dort vor Luftangriffen sicherer als in Brest.

Da die großen Geschütze, nörgelte Hitler — der sich Raeder

gegenüber einmal als „Landratte" bezeichnet hatte —, in Küstenstellungen brauchbarer und weniger verwundbar sein würden, plane er, die schwimmenden Stahlgiganten abzurüsten und für die Verteidigung der norwegischen Küste zu verwenden.

Im November folgte eine zweite Besprechung. Hitler zeigte den Herren auf einer Karte der norwegischen Küste die bereits eingezeichneten Bereiche, von denen aus die beiden Schlachtschiffe und *Prinz Eugen* gegen die Briten operieren konnten. Schließlich verlor er die Geduld. Es sei einfach ein Unding, daß der größte Teil der deutschen Flotte wie in einer verkorkten Flasche in Brest liege und sich Bomben auf Deck regnen lasse. Unwirsch fragte er: „Welche Lösung hat die Kriegsmarine anzubieten?"

Um ihn zu beschwichtigen, trug Raeder den Vorschlag des Marinegruppenkommandos West vor, der schon zu den Akten gelegt worden war. Während die Schlachtschiffe instand gesetzt wurden, sollte *Prinz Eugen* einen verwegenen Vorstoß durch den Kanal zu einem deutschen Hafen riskieren. Hitler, bisher uninteressiert, horchte plötzlich auf und sagte: „Warum nur *Prinz Eugen*? Warum nicht alle Schiffe?"

Raeder hatte nun nicht einmal erwartet, mit seinem Prinz-Eugen-Plan ernst genommen zu werden, und war völlig verblüfft. Der Vorstoß eines einzelnen Kreuzers durch den Kanal, wandte er ein, sei etwas ganz anderes als die Überführung der ganzen Flotte.

Aber Hitler war der letzte, den man mit solchen Gründen aus dem Konzept bringen konnte. „Der Krieg wird in Norwegen entschieden", sagte er. „Wenn die Briten keine Narren sind, werden sie uns dort angreifen."

Der Großadmiral war entlassen. Er flog nach Berlin zurück und ließ sofort beim Oberbefehlshaber des Marinegruppenkommandos West in Paris, Admiral Saalwächter, den frühestmöglichen Auslauftermin der Schlachtschiffe erfragen. Mit dem Bescheid „Nicht vor Dezember" war Raeder durchaus zufrieden — bis dahin hatte Hitler, von der russischen Front voll in Anspruch genommen, diese haarsträubende Idee vielleicht wieder vergessen.

Raeder versuchte Zeit zu gewinnen und schützte zunächst interne Stabsdiskussionen dieses Planes vor. Seinem Stabschef, Admiral Fricke in Berlin, sowie Admiral Wagner, dem Chef der Operationsabteilung, erläuterte er: „Hitler will die Schiffe in Heimatgewässer zurückhaben, weil er glaubt, daß die Briten im Raum Norwegen eine Invasion unternehmen könnten."

Die Berliner Marineoffiziere analysierten den Plan gründlich und stießen sich vor allem am Ausbildungsstand der Besatzungen: Je besser diese vorbereitet seien, desto eher würde ein so gewagtes Vorhaben gelingen. Übrigens konnten Kapitän Hoffmann und seine Kollegen wahrlich nichts dafür, daß Ausbildung und Moral der Schiffsbesatzungen zu wünschen übrigließen. Da sie in Brest praktisch festsaßen und stets die Gefahr eines britischen Luftangriffs bestand, waren die Ausbildungsmöglichkeiten sehr beschränkt. Das meiste Kopfzerbrechen bereitete indes nicht die Ausbildungsfrage, sondern die erforderliche strikte Geheimhaltung des Planes. Außer den höchsten Offizieren in Brest durfte niemand eingeweiht werden. Mit Schilderungen bevorstehender Heldentaten im Kanal würde man die Männer also nicht anspornen können.

Doch je länger Admiral Wagner den Führer-Plan studierte, desto positiver bewertete er ihn — zumal mit Amerikas Eintritt in den Krieg am 6. Dezember 1941 für die deutsche Marine eine völlig veränderte Lage entstanden war. Wagner hielt es jetzt nicht mehr für angebracht, die Schiffe als eine ständige Bedrohung im Atlantik weiter in Brest zu belassen, sondern erblickte darin auf lange Sicht Katastrophen. Die Situation schien klar; zum einen wuchs das Zerstörungspotential der britischen Luftwaffe von Tag zu Tag, zum anderen drohte der Führer: „Entweder Sie überführen die Schiffe, so daß ich sie für den norwegischen Kriegsschauplatz einsetzen kann, oder Sie geben mir die Schiffsgeschütze für meine Küstenbatterien. Entscheiden Sie sich, meine Herren!"

Gab es da überhaupt eine Alternative zu einem Kanaldurchbruch? Man konnte die schweren Kästen durch die Island-Passage um Nordengland herumlancieren. Aber dort lauerte die britische Flotte in Scapa Flow, die sie zweifellos abfangen und ebenso erledigen würde wie die *Bismarck*.

Zudem besagten die Abwehrberichte, daß die Briten im Kanal offenbar nur über ein geringes Potential verfügten.

Großadmiral Raeder mochte sich mit dem Plan nach wie vor nicht befreunden. Genau wie Sir Dudley Pound, Erster Seelord der Admiralität in London, fürchtete er um seine Großkampfschiffe. Wenn es der RAF oder der Royal Navy gelang, die Schiffe auszuschalten, wäre die deutsche Kriegsmarine so gut wie erledigt. Raeder gab den riesigen Schiffen in den engen Kanalgewässern kaum eine Chance und vertraute Wagner an: „Ich sehe mich nach meiner innersten Überzeugung nicht in der Lage, eine derartige Überführungsoperation in Vorschlag zu bringen."

Wagner hingegen meinte, man werde das Risiko wohl doch eingehen müssen. „Wenn die Schiffe abgerüstet werden", sagte er, „schenken wir den Briten einen kampflosen Sieg. Nie wird die deutsche Marine dann wieder auf die Beine kommen. Dem Feind den Sieg einfach überlassen, heißt das Todesurteil der Marine fällen."

Dieses Argument und das fanatische Beharren des Führers beeindruckten Raeder zwar, überzeugten ihn aber nicht restlos.

Am 29. Dezember hatte er eine stürmische Unterredung mit Hitler. Wieder beharrte der Führer auf seinem Plan. Als Raeder einwarf, daß man nach einem so langen Hafenaufenthalt von seinen Schiffen nicht verlangen könne, sich der starken britischen Home Fleet ohne einige Vorbereitung zu stellen, verbreitete sich Hitler erneut über die „Nutzlosigkeit der Schlachtschiffe". Sogar die von Raeder verlangten Probefahrten und Schießübungen lehnte er brüsk ab. Nicht zu Unrecht machte er geltend, daß die Schiffe auf solchen Abstechern zu leicht bombardiert und versenkt werden könnten.

Raeder flog nach Berlin zurück und übertrug die ganze Angelegenheit dem Marinegruppenkommando West in Paris. Zwar würde den unmittelbaren Befehl Vizeadmiral Ciliax haben, der Befehlshaber der Brester Schiffe, dessen Flagge auf *Scharnhorst* wehte; aber für alle operativen Weisungen war das Marine-gruppenkommando West verantwortlich.

Der dortige Oberbefehlshaber war der 59jährige General-Admiral Alfred Saalwächter, ein blonder, knapp mittelgroßer Mann von außergewöhnlicher Intelligenz, der in deutschen Marinekreisen als „riesengroß" bezeichnet wurde.

Der blauäugige Preuße Saalwächter stammte aus Neusalz an der Oder und war im Ersten Weltkrieg U-Boot-Kommandant gewesen. Mit dem Führer hatte er wie so mancher deutsche Admiral Differenzen gehabt, und so war er trotz Verleihung des EK I 1940 kein Freund des Führers geworden.

Zwischen den beiden Weltkriegen war er u. a. verantwortlich für den Ausbau der Hafenanlagen der Kriegsmarine und für die Bereitstellung des Personals. Für die Kriegsmarine schrieb er die „Seekriegsanleitung", die zum Lehrbuch sämtlicher Offiziere wurde.

Saalwächters Hauptquartier befand sich unweit des Bois de Boulogne in der Avenue Marechal Faijolle. Außer zwei gestreiften Schilderhäuschen am Eingang und den zwei deutschen Matrosen, die dort in Bluse und Gamaschen mit geschultertem Gewehr Posten standen, gab es keinen Hinweis auf die Bedeutung dieses vierstöckigen Hauses aus der Zeit Napoleons III.

Der Stab bestand aus ungefähr fünfzehn hohen Marineoffizieren sowie mehreren hundert Unteroffizieren und Technikern. In den Obergeschossen der Villa wohnten und aßen die Offiziere des Stabes. Die Großgarage im Keller beherbergte eine ganze Flottille von Stabswagen, die von Zivilisten — zumeist Weißrussen — gefahren wurden. Ihr Boß war, Ironie des Schicksals, im Ersten Weltkrieg russischer Admiral gewesen.

Da damals in Paris nur wenig deutsches Militär stationiert war, führten die Offiziere von Saalwächters Stab ein merkwürdig isoliertes Dasein. Sie arbeiteten so angestrengt, daß sie oft tagelang nicht aus dem Haus kamen. Stets aber waren für sie Plätze in der Pariser Oper reserviert, denn der Chef liebte diese Kunstform und wirkte überhaupt nur dann entspannt, wenn er sich einen Abend für die Oper freigenommen hatte.

Ende 1941 weilte Admiral Otto Ciliax, Befehlshaber des Brester Geschwaders, auf Weihnachtsurlaub in Deutschland. Erst zu Neujahr wurde er zurückerwartet. Ciliax, Absolvent der Deutschen Marineschule Flensburg und ehemaliger Kommandant der *Scharnhorst*, war ein hochgewachsener, schwarzhaariger, ziemlich schroffer Herr. Die Leute mochten ihn nicht; er galt als berüchtigter Leuteschinder und trug den Spitznamen „Der schwarze Zar". Die Miene des schwarzen Zaren verfinsterte sich zum Beispiel sofort, wenn ein Offizier beim Gruß die Hand nicht schneidig genug zur Braue riß. Garantiert ließ ihn dann der Admiral wenig später durch einen Läufer zu sich bitten: „Ich möchte Ihnen nur zur Kenntnis geben, daß mir Ihr Gruß mißfallen hat!" Wie die Deutschen sagten — er fühlte sich als „starker Mann".

Offiziere, die er nicht leiden konnte, bekamen seine Abneigung bei jeder Begegnung zu spüren. Er hatte einen kranken Magen und litt oft Schmerzen, was zum Teil an seiner Reizbarkeit schuld sein mochte. Immerhin wahrte er bei aller Schroffheit stets eine gewisse Würde.

Sein Stabschef, der ruhige, pfeifenrauchende, 41jährige Kapitän z. S. Hans Jürgen Reinicke, wußte schon vor seinem Dienstantritt über Ciliax' Eigenheiten Bescheid. Er schwieg, als Ciliax ihn das erstemal öffentlich anfuhr, sagte ihm aber später unter vier Augen, daß er seine Versetzung erwirken würde, wenn das so weiterginge. Von da an hatte er keine Schwierigkeiten mehr und gehörte bald zu den wenigen Offizieren, die den Herrn Admiral zu nehmen wußten.

Am 30. Dezember, kurz nach dem Abendessen, erhielt Reinicke auf *Scharnhorst* ein dringendes Fernschreiben. Das Marinegruppenkommando West, Paris, forderte ihn auf, sich am Neujahrstag um 10 Uhr morgens in Paris einzufinden. Admiral Ciliax wurde ebenfalls hinbeordert — und daran erkannte Reinicke, daß es sich nicht um eine Routineangelegenheit handelte.

Für den Abendzug war es zu spät; deshalb reiste Reinicke erst am nächsten Morgen. Abends traf er am Gare Montparnasse ein und fuhr sofort quer durch die Stadt zum Gare de l'Est, um Admiral Ciliax abzuholen, der mit der gleichen mysteriösen Weisung aus seinem Heimaturlaub in Deutschland abberufen worden war. Kein Wunder, daß Ciliax, ohnedies meist schlecht gelaunt, vor Wut kochte, als er dem Zug entstieg.

„Was soll das, Reinicke?" knurrte er immer wieder. Sein Stabschef wußte es auch nicht. Sie mußten schon bis zum nächsten Vormittag warten.

Es war Silvester. Die beiden Herren speisten, tranken eine Flasche Champagner und gingen frühzeitig zu Bett.

Am Morgen fuhren sie zum Marinegruppenkommando West und warteten im Konferenzzimmer auf Alfred Saalwächter. Bald erschien der Admiral in Begleitung von Admiral Schniewind, dem neuen Chef der Seekriegsleitung. Saalwächter teilte Ciliax und Reinicke kurz mit, daß nach dem Willen des Führers die drei Schiffe Brest verlassen sollten, um zunächst ihre deutschen Heimathäfen aufzusuchen und von dort zu weiterer Verwendung nach Norwegen auszulaufen.

Saalwächter verhehlte auch nicht, daß ihm die Zukunft der großen Schiffe Sorge bereitete. Nachdem er die beiden Herren von Hitlers Wunsch informiert hatte, wollte er ihre ungeschminkte Meinung hören — denn er gedachte den Führer durch organisierten Widerstand der Fachleute von seiner Idee abzubringen. Als Ciliax gegen den vorgetragenen Plan mehrere Einwände erhob, bat ihn Saalwächter, sich gleich zurückzuziehen und seine Bedenken schriftlich niederzulegen. Und diese Stellungnahme Ciliax' schickte er zusammen mit einem eigenen Bericht an Raeder.

Er schrieb:

„Anliegend lege ich das Ergebnis der befohlenen Überprüfung der Frage des Durchbruchs der Brestgruppe durch den Kanal nach Osten vor.

Am Schluß der Anlage sind die Gefahren nochmals zusammengefaßt, die sich bei einem Marsch von schweren Schiffen durch den Kanal nach Osten bei der augenblicklichen Lage ergeben.

Ich sehe diese Gefahren als sehr hoch an. Ich glaube daher, schon allein aus diesem Grund von der Durchführung dringend abraten zu müssen.

Ich habe am 12. 11. eine einmalige überraschende Ost-West-Verlegung von einem oder mehreren schweren Schiffen für durchführbar gehalten, dagegen eine West-Ost-Verlegung der schweren Schiffe als mit zu großem Risiko verbunden erklärt und dabei darauf hingewiesen, daß damit auch für später eine Rückverlegung durch den Kanal unmöglich gemacht würde, weil dann das Moment der Überraschung verlorengegangen sei ...

Vorbedingung für meine Stellungnahme war ferner Durchführung nur während der Periode der längsten Nächte, Beherrschung der Minenlage und Luftüberlegenheit im Kanal, die bald wieder zu erringen seinerzeit erhofft werden konnte.

... Ich bin nicht der Auffassung, daß die jüngsten Erfahrungen auf dem ostasiatischen Kriegsschauplatz* schon als Beweis genommen werden können für die Wertlosigkeit des Schlachtschiffes bei Aufgaben, wie sie sich in unserer Atlantik-Kriegführung ergeben. Auch unsere Gegner denken nicht so, wie die in den Grundzügen unveränderte Verteilung ihrer schweren Streitkräfte zeigt ...

Ich vertrete nach wie vor die Auffassung, daß die eigentlichen Aufgaben unserer Schlachtschiffe im Atlantik liegen. Bei unserer großen zahlenmäßigen Unterlegenheit ergeben sich Erfolgsmöglichkeiten nur durch offensives überraschendes Auftreten an schwachen Stellen des Gegners — die wohl nur auf seinen langen Zufahrtswegen im Atlantik zu finden sind — und nicht bei defensivem Einsatz, dem der Gegner stets mit großer Überlegenheit gegenüberstehen wird.

Z. Zt. sehe ich die besten Erfolgsmöglichkeiten für die Brestgruppe im überraschenden Einsatz gegen den Nord-Süd-Geleitzugweg.

Wie sich gerade in diesen Tagen, wo die Brestgruppe ihrer Fertigstellung entgegengeht, zeigt, fühlt und fürchtet der Gegner diese

---

* Die Versenkung der *Repulse* und *Prince of Wales* durch japanische Flugzeuge.

Bedrohung und versucht, zunächst durch Luftangriffe, sich davon zu befreien.

Auf die Dauer wird dieser Druck nur aufrechterhalten werden, wenn unsere schweren Streitkräfte tatsächlich in See gehen. Doch wird auch bei länger dauernden Reparaturzeiten die Wirkung bestehen bleiben, da der Feind kaum so genau übersehen kann, wann ein oder mehrere Schiffe auslaufen können.

Ein Abzug der Brestgruppe vom Atlantik bedeutet Befreiung des Gegners von diesem strategischen Druck. Die Bindung seiner schweren Streitkräfte im Atlantik fällt fort. Die Entlastung anderer Kriegsschauplätze wie Ostasien und Mittelmeer hört auf. Dagegen kann dann eine sehr fühlbare Verstärkung der englischen Seestreitkräfte in Ostasien erfolgen, die Japan die schnelle Erreichung seiner ja auch in unserem Interesse liegenden Ziele erschwert. Neben dem tatsächlichen strategischen Gewinn ergibt sich ein hoher Prestigegewinn für unsere Gegner, anderseits ein hoher Prestigeverlust für uns, der ungeheuer vergrößert würde, wenn die Schiffe beim Kanaldurchmarsch verlorengingen. Politische Auswirkungen — sehr schädlich für uns und unsere Verbündeten, von Nutzen für unsere Gegner — sind unausbleiblich.

Man würde mit Recht von einer ‚verlorenen Schlacht' sprechen, wenn unsere Schiffe vom Atlantik oder aus der Atlantik-Position verschwinden. Ihr Einsatz von Norwegen aus ist in keiner Weise ein Ausgleich dafür.

Wir stehen dort eben nicht am Atlantik, d. h. mit der Zugriffsmöglichkeit gegen die feindl. Zufuhrwege (abgesehen von dem Weg Schottland—Island—nördl. Eismeer—Rußland, der bezgl. unseres Hauptgegners keinerlei entscheidende Bedeutung hat).

... Die Luftgefahr und damit die Belastung für die Luftwaffe würde in den norwegischen Häfen kaum geringer sein.

Bei defensivem Einsatz von Norwegen aus sind keine entscheidenden Erfolge zu erringen, da der Gegner stets in der Lage wäre, mit großer Überlegenheit bei Wahl von Ort und Zeit durch ihn aufzutreten. Diese Überlegenheit würde erdrückend sein, da Bindung irgendwelcher schweren Schiffe im Atlantik entfällt.

Bei der Länge der Küsten und Größe des dortigen Seeraums würden aber auch gleichstarke Feindgruppen in vielen Fällen gar nicht zu fassen sein.

Ich bin überzeugt, daß die Aufgabe der Atlantik-Position in der jetzigen Lage später nicht wieder gutzumachen ist. Jedenfalls ist klar, daß ein Wiederherausbringen der Schiffe ungeheuer schwierig sein würde ...

Schließlich ist es notwendig, auf die große, nachteilige Auswirkung auf die eigenen Besatzungen, die gesamte Kriegsmarine und das deutsche Volk hinzuweisen, wenn unsere Schiffe sich vom Atlantik zurückziehen, ‚nach einer verlorenen Schlacht‘ wieder in den heimischen Gewässern erscheinen und dort bleiben.

Ich bin deshalb der Überzeugung, daß es ein ungeheuer schwerwiegender Fehler von uns wäre, die jetzt in der Atlantik-Position Brest stehenden Schiffe von dort zurückzuziehen. Ich halte ihr Verbleiben dort, auch wenn mit schweren Beschädigungen und längeren Reparaturzeiten gerechnet werden muß, für unbedingt richtig.

... Sollte an der Absicht des Abzuges der Brestgruppe nach Osten festgehalten werden, so wäre zu prüfen, ob auch *Prinz Eugen* daran teilnehmen soll. Unser Gegner hätte bei Verbleib des Kreuzers in Brest wenigstens noch mit einem Schiff zu rechnen, das gegen seine Zufuhrwege auf dem Atlantik operieren kann, und wenigstens ein Teil der jetzigen strategischen Wirkung der Brestgruppe würde erhalten bleiben. Zu bedenken bliebe, daß wohl nur eine geringe Entlastung der Luftwaffe in Brest eintreten könnte, zumal Brest immer stärker als U-Boot-Stützpunkt gebraucht wird.

Ich lege mit diesem Bericht Abschriften von drei Schreiben des B. d. S. vor, die dieser mir nach der ersten Besprechung im Gruppenkommando eingereicht hat und die meiner Auffassung entsprechen.

Sollte die Kriegsmarine durch den Obersten Befehlshaber der Wehrmacht vor die Frage gestellt werden: Durchbruch *oder* Desarmierung, so würde ich schweren Herzens dem Durchbruch mit seinem ungeheuren Risiko die vorübergehende Desarmierung vorziehen, da diese durch Rückführung der Geschütze bei Änderung der Lage wieder aufgehoben werden kann, während ein Verlust dieser wertvollen Schiffe und seiner Besatzungen dann nur Schaden ohne jeden Gewinn bringen würde.

Saalwächter"

Das war ein düsteres, beinahe defaitistisches Dokument, gar nicht in Hitlers Sinn; denn den Führer irritierte in erster Linie, daß die unausgesetzten RAF-Angriffe auf Brest die Moral der Schiffsbesatzungen langsam, aber sicher untergruben.

Die RAF wußte weder von Hitlers Plan noch von Saalwächters Bedenken, verstärkte indes ihre Bombertätigkeit im Dezember. Erstmalig meldeten Luftbildaufklärer, daß sich anscheinend alle drei Schiffe auslaufbereit hielten.

Am Weihnachtsabend gab die britische Admiralität Befehl, die Einfahrten zum Brester Hafen durch einen „Eisernen Kordon" von sieben U-Booten abzuriegeln.

Als der Navigationsoffizier der *Scharnhorst,* der 42jährige Helmuth Gießler, seinen Weihnachtsurlaub antrat, konnte er genausowenig wie andere Marineoffiziere in Brest ahnen, daß Hitler seinem Großadmiral die Pistole auf die Brust gesetzt und den Abzug der Schiffe aus Brest verlangt hatte. Nicht einmal Admiral Ciliax konnte damals auch nur ahnen, was ihm bevorstand.

Gießler meldete sich am selben Tag aus dem Urlaub zurück, als Ciliax nach der Pariser Neujahrskonferenz mit Saalwächter in Brest eintraf. Am selben Abend noch ließ ihn der Admiral in seine Kajüte rufen. Da er als Navigationsoffizier der Flaggschiffe die Verantwortung für das gesamte Geschwader trug, wurde er von Ciliax — übrigens unliebenswürdig wie immer — als erster informiert. „Überlegen Sie sich, was Sie alles brauchen, Gießler, und welche Vorbereitungen Sie treffen müssen, Sie haben Zeit bis morgen früh."

Mit dieser knappen Weisung versehen, kletterte Gießler in seine Koje, fand aber keinen Schlaf. Die ganze Nacht über kreisten seine Gedanken um den Kanaldurchbruch.

Eine Fahrt der großen Schlachtschiffe durch den engen Ärmelkanal war so unwahrscheinlich gewesen, daß Gießler sich nie mit Seekarten vom Kanal befaßt hatte. Den Kanal als Gewässer zu betrachten, das die *Scharnhorst* einmal würde durchfahren müssen, war ihm nie in den Sinn gekommen. Und jetzt mußte er schnell das erforderliche Kartenmaterial beschaffen, ohne Verdacht zu erregen oder zu Gerüchten Anlaß zu geben.

Am nächsten Morgen rief er den Obersteuermann Werlich zu sich und händigte ihm eine Liste aus. „Ich brauche Karten vom Mittelmeer und von den isländischen Gewässern", sagte er, „und von der westafrikanischen Küste auch." Weiter forderte er die Seehandbücher über das Mittelmeer und jede andere Gegend an, die ihm nur einfiel. Werlich schleppte so viel Navigationsunterlagen herbei, daß Gießler sich abends in seiner Kammer vor lauter Karten- und Bücherstapeln kaum noch rühren konnte. Aber zwischen all diesem Papierkram steckten auch die Kanalkarten, die er ganz beiläufig hatte mitbringen lassen.

Noch einen zweiten Punkt mußte Gießler klären. Er wußte, daß nicht Werlich, wohl aber dessen Vorgänger, der jetzige Leutnant z. See Johann Hinrichs, die nötige Erfahrung für ein Unternehmen dieser Größenordnung besaß. Er war der Mann, den er in den entscheidenden Stunden an seiner Seite brauchte.

Hinrichs war jetzt Kommandant eines U-Boot-Jägers. Nachdem Gießler seinem Vizeadmiral die Sache dargestellt hatte, wurde Hinrichs zu seiner Überraschung durch einen geheimen Befehl auf die *Scharnhorst* zurückversetzt. Sobald er an Bord war, weihte ihn Gießler in das Geheimnis ein. Tag um Tag hockten sie in diesem Januar zusammen in der Kajüte des Navigationsoffiziers. Aha, so ist das!' murmelte Gießler immer wieder, als sie Gezeiten, Einbruch der Dunkelheit und Wassertiefen ermittelten und einen kompletten Zeitplan für die Fahrt der Schiffe von Brest nach Wilhelmshaven aufstellten.

Während Gießler über seinen Plänen saß, arbeitete ihm, ohne daß er es wußte, die britische Marineleitung in die Hände. Am 2. Januar zogen die Briten die sieben U-Boote von der Hafeneinfahrt zurück. Hohe U-Boot-Verluste im Mittelmeer und ein

Engpaß im Ausbildungsprogramm erzwangen diesen Schritt. Nun lag die Überwachung der Deutschen in Brest allein bei der RAF.

Wie um Hitlers Ansicht zu bekräftigen, traf am 6. Januar 1942 um 20.30 eine RAF-Bombe die *Gneisenau,* die in Dock Nr. 8 lag, riß mehrere Meter Panzerung auf und zwei Abteilungen leck.

Am 12. Januar fanden sich die Admirale Raeder, Saalwächter und Ciliax zur letzten entscheidenden Besprechung in der Wolfsschanze ein. Raeder brachte seinen Stabschef Admiral Fricke mit, Ciliax seinen Stabschef Kapitän z. S. Reinicke, und Saalwächter seinen Minenspezialisten Kommodore Friedrich Ruge. Anwesende Vertreter der Luftwaffe waren Görings Generalstabschef, Generalleutnant Jeschonnek, und Deutschlands berühmtes Flieger-As Oberst Adolf Galland, Spanienkämpfer der deutschen Legion Condor und Veteran der Luftschlachten um Frankreich und England.

Bei Schneesturm langten sie in der Wolfsschanze an, in jenem Führerhauptquartier, das Hitlers persönlicher militärischer Berater Jodl, der dort wohnte und arbeitete, einmal eine Kombination aus Kloster und KZ genannt hatte.

Hitler verließ seinen Betonbunker mit der sechs Meter dicken Decke fast nie. Tag und Nacht saß er in dieser Steinkiste, die weder Fenster noch einen direkten Auslaß ins Freie besaß. Einen ähnlichen Betonbunker nebenan benutzte er als Kartenraum. Hier empfing er stehend die hohen Offiziere. Nach dem Nazigruß bat er sie, am großen Konferenztisch Platz zu nehmen.

Auf Hitlers Wunsch eröffnete Raeder die Sitzung mit folgenden Worten: „Die Frage des Kanalmarsches der Brestgruppe ist von allen beteiligten Stellen unter dem starken Eindruck der Auffassung des Führers, daß die deutsche Flotte unter allen Umständen die Aufgabe der Verteidigung der norwegischen Küste und Häfen zu erfüllen hat und dafür voll einzusetzen ist, geprüft worden ... Da Sie, mein Führer, mich haben wissen lassen, daß Sie an der Rückführung der schweren Schiffe in die Heimat festhalten, schlage ich vor, daß Vizeadmiral Ciliax Einzelheiten der Vorbereitungen und der Durchführung, anschließend Kommodore Ruge die Notwendigkeiten der Sicherung, des Minensuchens usw. vortragen, damit danach Sie, mein Führer, die endgültige Entscheidung treffen können."

Nach diesen Worten führte Hitler aus: „Das Geschwader hat in Brest in erster Linie die willkommene Wirkung der Bindung von feindlichen Luftstreitkräften, die somit von Angriffen auf das deutsche Heimatgebiet abgehalten werden. Diese Wirkung besteht nur so lange, wie der Gegner glaubt, angreifen zu müssen, weil die Schiffe unbeschädigt sind. Eine Bindung von Seestreitkräften von Brest aus ist nicht stärker vorhanden, als wenn die Schiffe in Norwegen liegen. Falls ich die Möglichkeit sähe, daß die Schlachtschiffe vier bis fünf Monate unbeschädigt bleiben und dann auf Grund einer neuen Feindlage zu Atlantikoperationen kommen könnten, würde ich den Verbleib in Brest eher in Betracht ziehen.

Da dies nach meiner Auffassung jedoch nicht zu erwarten ist, will ich die Schiffe unter allen Umständen von Brest abziehen, um sie nicht täglich Zufallstreffern auszusetzen. Fernerhin befürchte ich auf Grund vorliegender Nachrichten und auf Grund zunehmender Verschlechterung der schwedischen Haltung eine norwegisch-russische Großaktion im norwegischen Raum. Ich bin der Auffassung, daß an der norwegischen Küste eine starke Kampfgruppe aus Schlachtschiffen und Kreuzern, praktisch die ganze deutsche Flotte, in Zusammenarbeit mit der deutschen Luftwaffe entscheidend zur Sicherung des norwegischen Raumes beitragen kann."

Nun war Ciliax an der Reihe. Er betonte die Notwendigkeit, Brest im Schutze der Dunkelheit zu verlassen und die Straße von Dover dann zur völligen Überraschung des Feindes bei Tag zu durchlaufen. So könne man die zur Verfügung stehenden Abwehrmöglichkeiten am besten nützen.

Der Führer pflichtete ihm bei und wies noch einmal auf die Wichtigkeit des Überraschungseffektes hin, der sich mit einem Auslaufen der Schiffe nach Einbruch der Dunkelheit erzielen lasse.

Er wisse auch um die entscheidende Rolle, die die Luftwaffe hier spielen müsse.

General Jeschonnek meldete sich zu Wort — er glaube, mit den vorhandenen 250 Jägern, für die er keine Verstärkung aufbringen könne, einen ständigen sicheren Schutz der Schiffe nicht gewährleisten zu können.

Selbst in Gegenwart des Führers bekundete er die traditionelle Abneigung der Luftwaffe, mit der Marine zusammenzuarbeiten. Aber auf einen eisigen Blick Hitlers hin versicherte er, daß er für die Dämmerung noch die verfügbaren Zerstörerflugzeuge zum Schutz der Schiffe hinzuziehen werde.

Dann fragte der Führer die Herren, was sie von der Nord-Route hielten. Ihm sei es im Prinzip gleichgültig, welchen Weg die Marine wähle, er wolle lediglich die Schiffe im Bereich von Norwegen haben.

Die vier Admirale erklärten, daß „bei der derzeitigen Ausbildungslage, der Unmöglichkeit, eine vollwertige Gefechtsausbildung von Brest aus durchzuführen, und angesichts der derzeitigen Dislokation des Feindes — zwei bis drei Schlachtschiffe, zwei Flugzeugträger bei der Heimatflotte — und angesichts des Fehlens einer Unterstützungsmöglichkeit durch die deutsche Luftwaffe dieser Weg nicht gangbar ist".

Im Anschluß daran trug Kommodore Ruge, der Befehlshaber der Minenleger- und Minenräumverbände, vor. Er konnte Hitler versichern, daß die Minengefahr, die bisher als die größte Gefahr für den Kanaldurchbruch gegolten hat, nicht so groß war wie angenommen.

Raeder, der noch immer nicht an die volle Unterstützung der Luftwaffe glaubte, wies erneut auf die Notwendigkeit einer lückenlosen Deckung aus der Luft hin. Außerdem verlangte er für den frühen Morgen des Durchbruchstages, gegebenenfalls auch einige Tage vorher, Angriffe auf die feindlichen Torpedoflugzeug-Stützpunkte.

Steif erwiderte Generalleutnant Jeschonnek: „Von den vorhandenen 250 Jägern werden bei dreimaliger Ablösung auf Grund der Forderung des B. d. S. 60 für den ständigen Jagdschutz verbraucht. Die restlichen 190 werden nach meiner und Oberst Gallands Aufassung für die schweren Luftschlachten, welche sich am Durchbruchstage entwickeln werden, kaum ausreichen und zumindest in den Nachmittagsstunden eine starke Jagdschwäche eintreten lassen. Im übrigen ist auf die erfahrungsgemäß einsetzende Ermüdung der eigenen Flak in den Nachmittagsstunden hinzuweisen."

Auch Galland, der den Einsatz der Luftwaffe befehligen sollte, äußerte seine Meinung. Auch er hielt die Lage der eingesetzten Zerstörerflugzeuge wegen der starken Spitfire-Kräfte der Briten für gefährlich.

Raeder stellte dann die Frage, „wie verfahren werden soll, wenn ein oder mehrere Schiffe angesichts der aus navigatorischen und Helligkeitsgründen festliegenden Termine nicht teilnehmen können". Daraufhin wird entschieden, daß beide Schlachtschiffe auch ohne Kreuzer, ein Schlachtschiff mit Kreuzer auf jeden Fall die Operation durchführen sollen, *Prinz Eugen* allein jedoch nicht.

Der Führer hörte sich alles an und wischte dann die Einwände von Luftwaffe und Marine mit der Bemerkung vom Tisch, daß der Verbleib in Brest auf die Dauer nichts bringe, während die Verlegung der Schiffe nach Deutschland gewisse Chancen auf spätere nutzbringende Betätigung der Brestgruppe eröffne. Außerdem müsse der Durchbruch bei Dover am Tage erfolgen, weil er den Engländern das Fassen und Durchführen blitzartiger Entschlüsse nach seinen bisherigen Erfahrungen nicht zutraue. Er hatte im Verlauf der Konferenz bereits ausgeführt, daß „die Verlegung von Luftkampf- und Jagdkräften in den Südostraum Englands zum Angriff auf die Schiffe in der Dover-Enge nicht so schlagartig erfolgen wird, wie Seekriegsleitung und Befehlshaber der Schlachtschiffe annehmen".

Hitler argumentierte, man müsse sich die Lage einmal mit umgekehrten Vorzeichen denken: „Stellen Sie sich eine überraschende Meldung vom Auftauchen englischer Schlachtschiffe bei der Themsemündung mit Kurs auf die Dover-Enge vor. Dieser Auffassung nach würden auch wir kaum in der Lage sein, schnell und planmäßig Luft-, Jagd- und Kampfkräfte heranzuziehen." Er verglich dann die Lage der Brestgruppe etwas theatralisch mit der eines Krebskranken, dem nur eine Operation — sei deren Ausgang auch ungewiß — gewisse Aussichten auf Rettung eröffne.

„Daher muß die Operation durchgeführt werden!" sagte Hitler abschließend. „Die Fliegenpapier-Wirkung in Brest bleibt nur so lange erhalten, wie der Gegner glaubt, die einsatzbereiten Schiffe angreifen zu müssen. Diese Notwendigkeit kann durch Beschädigungen jeden Tag entfallen, so daß dann auch der einzige Nutzeffekt in Brest hinfällig wird. Ich befehle daher abschließend, wie auch vom Oberbefehlshaber der Marine vorgeschlagen, die Operation in der vorgetragenen Form vorzubereiten."

Das war's. Hinterher bat Hitler die Admirale und Generale zu einem — für ihn wie üblich frugalen — Essen in den Wohnbunker. Er gab sich freundlich, wie man ihn lange nicht erlebt hatte, und meinte in fast jovialem Ton: „Sie werden sehen, diese Operation bringt den spektakulärsten Marineerfolg des ganzen Krieges!"

Nur bezüglich der Luftwaffe hatte er Bedenken. Er war sich der entscheidenden Bedeutung von Gallands Jägern für das Unternehmen vollkommen bewußt und fragte den Fliegeroberst daher beim Abschied leise: „Glauben Sie, daß Sie es schaffen werden?"

Galland bejahte, und der Führer — was selten vorkam — lächelte.

Die Entscheidung war gefallen: Statt Abrüstung der großen Schlachtschiffe, Kanaldurchbruch bei Tag. Einen so tollkühnen Versuch hatte seit über dreihundert Jahren kein Feind Englands mehr riskiert, genauer gesagt, seit dem Untergang der Spanischen Armada 1588.

2

EINLADUNG ZUM MASKENBALL

Nach der Konferenz in der Wolfsschanze am 12. Januar ver-
blieb bis zum Beginn der Operation, die den Kodenamen „Operation Cerberus" erhielt, nur noch ein Monat.

Man hatte sich bereits überlegt, wann der Durchbruch erfolgen
sollte: in einer mondlosen Nacht mit tiefhängenden Wolken, mit
möglichst sich ständig verschlechternden Wetterbedingungen und
Sichtverhältnissen. Ab Anfang Februar würde die Dunkelheit
von 19.30 bis 7.30 G. M. T. währen; für den 15. Februar stand
Neumond bevor, die günstigsten Gezeiten und Strömungen
waren zwischen dem 7. und 15. Februar zu erwarten. In diesem
Zeitraum mußte das Unternehmen durchgeführt werden, der
genaue Termin hing nur noch vom Wetter ab.

Mangel an ausreichenden Unterlagen erschwerte den deutschen
Meteorologen eine präzisere Vorhersage — denn bislang waren
Fernaufklärer über dem Atlantik ihre einzige Informations-
quelle. Deshalb wurden drei Unterseeboote aus dem Atlantik
zur Wetterbeobachtung in den Raum von Island verlegt, und auf
Grund ihrer genauen Berichte ermittelten die deutschen Meteorologen als günstigsten Tag den 11. Februar. Also wurde beschlossen, die Schiffe in dieser Nacht auslaufen zu lassen.

Als Startzeit setzte man 19.30 Uhr am 11. Februar fest. Aber die
weit kritischere Zeit war der Mittag des nächsten Tages, wenn
die Schlachtschiffe durch die Dover-Enge dampfen würden.

Der Zeitplan für die Operation war folgender. Abends: Auslaufen. Mittag des folgenden Tages: Fahrt durch die Meerenge
von Dover—Calais. Nachmittags: Fahrt längs der holländischen
Küste. Abends: Einlaufen in die Nordsee. Befohlene Marschfahrt: 28 Knoten.

Die Deutschen hielten einen Durchbruch bei Tageslicht für die einzige Möglichkeit. Sämtliche eingeweihten Offiziere hielten die Fahrt durch die Straße von Dover bei Tag für einen zwar gefahrvollen, aber doch realistischen Plan. Da der Gegner ein Auslaufen der Schiffe bei Tag mit Sicherheit entdecken würde, erschien eine anschließende Nachtfahrt durch die Enge zu riskant. Die längst alarmierten Briten würden die deutschen Schlachtschiffe dann bereits erwarten. Eine Nachtfahrt entlang der französischen Küste hingegen bot die Chance, die Briten zu überrumpeln.

Die größte Gefahr aber drohte doch von den stark verminten engen Gewässern. Die Hauptlast des schwierigen Vorhabens, hier den Weg zu bahnen, trug der Befehlshaber sämtlicher Minensuchflottillen an der Kanalküste, Kommodore Ruge.

Marinegruppe West befahl den Einsatz jedes verfügbaren Minensuchers zur Räumung einer Fahrrinne im Kanal. Bei einer Besprechung im Gruppenkommando, an der Gießler und die drei Kommandanten teilnahmen, wurde an Hand einer Planquadratkarte ein vorläufiger Kurs festgelegt. Er führte an den Minenfeldern der RAF und der Royal Navy vorbei und war dann eigentlich nur noch durch deutsche Minenfelder gefährdet.

Ruges Führungsstelle befand sich im Bois de Boulogne — nicht einmal hundert Meter vom Marinegruppenkommando West entfernt. Eingeweiht waren nur Ruges Stabschef Kapitän z. S. Hagen und sein erster Führungsoffizier, Fregattenkapitän Hugo Heydel. Natürlich durfte Heydel aus Gründen der Geheimhaltung nicht weiter im Lagezimmer arbeiten. Da aber auch sein Auszug Argwohn erwecken konnte, wurde nach einem Ruge-Einfall folgendermaßen verfahren: Heydel beschwerte sich beim Kommodore, daß bei dem Lärm im Lagezimmer konzentrierte Arbeit undurchführbar sei. Ruge griff die Beschwerde auf und tauschte Heydel gegen einen Offizier aus, der ein eigenes Zimmer für seine dienstlichen Obliegenheiten hatte. Heydel zog um — und niemand schöpfte den geringsten Verdacht. Nun konnte der Führungsoffizier in aller Ruhe seinen Plan ausarbeiten.

Aber es gab ein noch größeres Problem. Weder war es möglich, eine allgemeine Lagebesprechung abzuhalten, noch, die Minensuchverbände auf einen so auffallenden Kurs zu schicken. Deshalb zerlegte Ruge die Route in ein Puzzle-Spiel und ließ die Einheiten jeweils nur einzelne Abschnitte räumen, die Heydel täglich auf einer Geheimkarte in seinem Sonderraum vermerkte.

Ruge mußte sich auch überlegen, womit er seine Aktionen begründen wollte, falls die Besatzungen der ungewöhnlich intensiven Tätigkeit wegen Fragen stellten. Eine unauffällige Räumung des gesamten Kanalweges ließ sich nur mit einer Vielzahl von Vorwänden motivieren. In eigens angefertigten Berichten bezeichnete man deutsche Minenfelder einfach als britische und übergab den Offizieren der Suchflottillen diese Meldungen als Einsatzgrundlage.

Der Kommodore erteilte seinen Einheiten genaueste Weisungen. Er befahl, den Kanal nur bei Nacht zu räumen und sich auf die Sekunde an die festgelegte Zeit zu halten. Dennoch erschien das Vorhaben den ausführenden Offizieren, die ja den wahren Sachverhalt nicht kannten, völlig konfus und abwegig.

Obgleich Ruge bei den Männern keine Begeisterung für das Unternehmen wecken konnte, leisteten seine Leute ganze Arbeit. In diesen Januartagen tasteten sich die deutschen Minensucher im Schutz der Dunkelheit durch die stark verminten Gewässer. Fortgesetztes Schlechtwetter erschwerte ihnen ihre Aufgabe erheblich.

Am 25. Januar lief der Zerstörer *Bruno Heinemann* auf dem Weg nach Brest, wo er sich am Geleitschutz für die Schlachtschiffe beteiligen sollte, vor Ruytingen auf eine Mine und sank. Daraus ersah man erstmals, daß die Briten auf dem für die Brestgruppe ins Auge gefaßten Kurs ein neues Minenfeld gelegt hatten. Trotz miserablen Wetters, das sich noch weiter verschlechterte, wurden in jenem Gebiet über dreißig Magnetminen geräumt. In den ersten Februartagen waren sie in der Straße von Dover, nur noch wenige Meilen von der britischen Küste entfernt. Bis zum letzten Augenblick wurde die Fahrrinne ständig gesäubert. So konnte Ruge der Gruppe West schließlich melden, daß seine kleine Minensuchflottille ihren schwierigen Auftrag termingerecht und mit dem geringen Verlust von nur zwei Booten erledigt hatte.

Zur selben Zeit dampften Zerstörer und Torpedoboote, die die Schlachtschiffe beim Durchbruch geleiten sollten, in westlicher Richtung durch den Kanal. Ihre Fahrt konnte Ruge als Vorwand für notwendige Minenräumoperationen benutzen.

Nun mußte man sich über die Markierung der freigelegten Fahrrinne einigen. Bojen waren nur in Küstennähe zu gebrauchen; darüber hinaus war es in Anbetracht der britischen Aufklärertätigkeit zu gefährlich, die Zahl der Bojen vor Brest plötzlich zu vermehren. Da man überdies in jenen Kriegstagen versuchte, möglichst ohne Kennzeichen auszukommen, hätten beim Auslegen neuer Bojen auch die französischen Hafenbehörden Verdacht schöpfen können.

Um alle diese Schwierigkeiten zu umgehen, befahl Ruge einigen seiner Minensuchboote, während der „Operation Cerberus" an den wichtigsten Punkten des geplanten Weges als „Markboote" zu ankern.

Als die Kommandanten der Boote ihre Geheimorder öffneten, fragten sie sich ratlos, wieso sie zu bestimmter Zeit eine bestimmte Position im Kanal anlaufen und sich dort als lebende Bojen britischen Bombern förmlich präsentieren sollten. Man hatte ihnen ja vorher nicht erklären dürfen, welche entscheidende Rolle sie spielten.

Inzwischen stellten Admiral Saalwächters Offiziere in Paris nach Ruges Berichten die Navigationsunterlagen zusammen. Die Karten wurden den Brester Schiffen aus Sicherheitsgründen durch Offiziere überbracht. Doch trotz umsichtigster Planung befanden sich am Tag X mehrere Boote nicht am vorgesehenen Standort. Keine Operation, auch die durchdachteste nicht, ist eben gegen Fehler gefeit.

Gefahr drohte den Schlachtschiffen nicht nur von Minen, sondern auch von den unsichtbaren Augen des britischen Radars an der Kanalküste. Aus den Berichten Kapitän Brinkmanns von der

Prinz Eugen wußten die Deutschen bereits, daß ihnen die Briten auf diesem Gebiet voraus waren, allerdings nicht, wie weit.

Schon vor Kriegsausbruch hatte das britische Radar ihr Interesse erregt. Im Frühjahr 1939 errichteten die Briten von der Isle of Wight bis zu den Orkneys eine Kette von über einhundert Meter hohen Antennenmasten, die die deutsche Abwehr eindeutig als Rundfunksender erkannte. Nur General Wolfgang Martini, der Chef des Fernmeldedienstes der Luftwaffe, gab sich mit dieser Erklärung nicht zufrieden.

Es irritierte ihn, daß jene Gitterantennen nicht die gleichen Wellenlängen hatten wie die noch recht primitiven Funkmeßsysteme Freya und Würzburg, die die Deutschen gerade entwickelten. Verfügten die Briten über ein besseres Radar? Bei einer Besprechung mit Göring und Milch machte Martini einen verblüffenden Vorschlag: Zeppelin-Aufklärung. Warum nicht durch Flugzeuge? fragte Göring. Martini setzte ihm auseinander, daß ja nur ein Luftschiff in einer bestimmten Position in der Luft verharren könne, um Reihen von Funkzeichen aufzufangen. Auf Görings Befehl wurde dann eine der beiden Deutschland verbliebenen „Zigarren" in eine fliegende Radar-Beobachtungsstation umgewandelt.

Eines Maiabends 1939 verließ der 235 Meter lange Zeppelin LZ 127 Frankfurt mit Kurs auf die Nordsee. Die Unterseite der Gondel war mit Antennen gespickt. General Martini, der sich an Bord befand, ließ zunächst die hochragenden Masten der Bawdsey Research Station in Orfordness (Suffolk) anfliegen. Aber an der gesamten Küste von Suffolk konnten die Techniker mit ihren Spezial-Funkempfangsgeräten nichts hören als ein anhaltendes, lautes Knistern.

In der Station Bawdsey beobachtete man indessen erstaunt den größten Echoimpuls, der dort je über die Schirme gewandert war. Ganz richtig vermuteten die englischen Radarleute ein deutsches Luftschiff, das Radaraufklärung betrieb. Auch entlang der Ostküste setzte sich das unablässige Geknister fort, aber andere Signale blieben aus. Bei der Landung in Frankfurt war General Martini genauso schlau wie vorher.

Einen Monat vor Kriegsbeginn, am 2. August 1939, unternahm LZ 127 einen zweiten Versuch, vor der britischen Ostküste aus einem Abstand von fünfzehn Meilen Wellenlängen, Stärke und Standorte sämtlicher Hochfrequenzsender zu orten. Martini war nicht mit von der Partie, dafür aber sein dienstältester Offizier, Oberstleutnant Gosewisch. Wieder gelang es den Deutschen nicht, irgendwelche Funksignale aufzufangen, und sie selbst wurden diesmal auch nicht vom britischen Radar erfaßt.

Dafür sichteten Küstenwachen in Aberdeenshire den Zeppelin. Von Dyce stiegen zwei RAF-Jäger auf und identifizierten den fremden Besucher — der sich allerdings, wie Martini befohlen hatte, weit außerhalb der Hoheitsgewässer befand.

Beim britischen Marinestützpunkt Scapa Flow sahen die Deutschen durch die Wolken ein paarmal britische Kriegsschiffe und nahmen dann wieder Kurs auf Deutschland, ohne irgendwelche Hochfrequenzsignale empfangen zu haben.

Einen Monat später brach der Krieg aus und machte solche Zeppelinflüge vor der britischen Küste unmöglich. Doch ungeachtet jener beiden ergebnislosen Spähflüge glaubte General Martini unbeirrt an die Überlegenheit des britischen Radars und bemühte sich deshalb weiterhin um entsprechende technische Informationen.

Mit der Niederlage Frankreichs 1940 war seine Stunde gekommen. Spezialistentrupps der Fernmeldedienste von Luftwaffe und Marine wurden an die Kanalküste geschickt und sollten prüfen, ob es an der britischen Südküste radarähnliche Einrichtungen gab. Noch fehlten den Deutschen ja schlüssige Beweise, daß das britische Funkmeßwesen besser war als das ihre. Nachdem diese Radarspähtrupps auf Meter- und Dezimeterwellenlängen mehrere britische Funkmeßstationen entdeckt hatten, setzte man Aufklärer ein, um die Sender exakt zu lokalisieren und kartographisch zu erfassen. Aus diesen detaillierten Beobachtungen vermochten sich die Deutschen ein ziemlich genaues Bild vom Stand der britischen Radartechnik zu machen. Martini beschloß, diese Stationen zu stören.

Im Verlauf des nächsten Jahres wurden in Ostende, Boulogne,

Dieppe und Cherbourg Störsender errichtet. Sie verfügten über sehr leistungsfähige, mit den Suchimpulsen der britischen Sender synchronisierte Richtantennen. So gelang es, das gegnerische Radar auf der Isle of Wight von Cherbourg aus nachhaltig zu stören. Auch mehrere Flugzeuge hatten Störgeräte an Bord.

Als General Martini von „Operation Cerberus" erfuhr, übernahm er persönlich die Leitung seiner Störaktion. Den ganzen Januar über wurden vor Tagesanbruch britische Stationen einige Minuten lang in der Art gestört, daß der Eindruck atmosphärischer Störungen entstehen mußte. Von Tag zu Tag verlängerte man die Störzeit geringfügig. Im Februar hatten sich die britischen Radarbeobachter bereits an diese Phänomene gewöhnt und interpretierten sie wunschgemäß als „verursacht durch atmosphärische Bedingungen".

Diese brillante, minuziöse Operation hat später entscheidend zur Verzögerung der britischen Abwehrmaßnahmen im Kanal beigetragen.

Einen Tag nach der Neujahrskonferenz fuhr am Lannion-Kai ein Stabswagen vor. Offiziere erkannten in dem Besucher den berühmten Jagdfliegeroberst Adolf Galland.

Galland war bei der Marine beliebt — das war ungewöhnlich, weil die Luftwaffe, und besonders ihr Chef, Göring, bei der Marine kaum Ansehen genoß. Es mißfiel ihnen, daß die Luftwaffe als das viel jüngere Kind offensichtlich vorgezogen wurde, und Göring grollte man besonders, weil er Hitler dazu veranlaßt hatte, der Marine keine eigenen Flottenfliegerverbände nach dem Vorbild der Royal Navy zu bewilligen.

Die drei auf *Scharnhorst* vorhandenen Aufklärungsflugzeuge konnten für das Unternehmen Cerberus — für das eine gewaltige Luftstreitmacht unerläßliche Voraussetzung war — nicht eingesetzt werden. An Bord des Flaggschiffs besprach Galland mit Admiral Ciliax und dessen Stabschef Reinicke die Frage der Luftsicherung und stellte einen genauen Abwehrplan für Jagdverbände unter seinem Kommando auf.

Zu Gallands Hauptquartier wurde Le Touquet, das im geographischen Zentrum der Operation lag, auserkoren. Für den ersten Abschnitt des Durchbruchs wollte der Oberst in Caën, für den letzten im holländischen Schiphol eine Befehlsstelle einrichten.

Das eigentliche Problem bestand darin, zu jedem Zeitpunkt möglichst viele Flugzeuge zur Verfügung zu haben; denn nach Hitlers Prognose hing der Erfolg des Durchbruchs davon ab, wie schnell die Briten ihre gesamte RAF gegen die überraschend auftauchenden deutschen Schiffe mobilisieren würden.

Infolge der enormen Anforderungen des Rußlandfeldzuges war die Luftwaffe knapp an Flugzeugen. Gleichwohl standen drei Jagdgeschwader mit 250 Jägern und 30 Nachtjägern bereit. Zur Sicherung des Verbandes sollten alle 280 an der Kanalküste stationierten Jäger ins Gefecht geworfen werden. Bis zur Morgendämmerung würden Nachtjäger, von da an sechzehn Tagjäger ständig über den Schiffen kreisen. Die Dauer der Einzelflüge wurde mit 35 Minuten angesetzt; zehn Minuten vor dem Abdrehen sollte der Nachschub eintreffen. Zur Zeit der Ablösungen waren dann tatsächlich bis zu 32 Flugzeuge bisweilen 20 Minuten beim Flottenverband.

Solange die Treibstoffvorräte reichen, bleiben die Maschinen über den Schiffen. Dann fliegen sie den nächsten Flugplatz an, nehmen neue Munition und Brennstoff an Bord und starten sofort wieder. Die ersten Flugzeuge erfassen die Schiffe irgendwo in der Seinebucht vor Dämmerungsanbruch und eskortieren sie in die Nordsee.

Um 14 Uhr wird der Befehlsstand von Le Touquet die Leitung an Schiphol abgeben; die Luftstützpunkte an Rhein- und Scheldemündung müssen um diese Zeit bereit sein. Gegen Abend sollen die Flugzeuge auf ihren Horsten im Raum Wilhelmshaven landen.

Zur Unterstützung der deutschen Jäger im Kampf gegen die RAF beim Kanalmarsch postierte Galland auf jedem der drei großen Schiffe Luftwaffenoffiziere. Vorgesehen waren Oberst Max Ibel als Jagdfliegerführer auf *Scharnhorst* sowie Jägerleitoffiziere für *Gneisenau* und *Prinz Eugen*.

Nach der Hitlerkonferenz bekam Oberst Ibel den Befehl, den Luftschirm zu koordinieren und seine Leitung zu übernehmen. Am 20. Januar war er mit Oberstleutnant Hentschel und Oberstleutnant Elle sowie Stabspersonal zur Stelle. *Gneisenau* wurde Hauptmann Rutsch, *Prinz Eugen* Oberleutnant Rothenberg zugeteilt. Um von RAF-Angriffen unbehelligt arbeiten zu können, bezogen die Offiziere in einem Chateau mit dem trefflichen Namen „Beau Repos" Quartier.

Die Luftwaffe baute auf den Schiffen zusätzliche Funkgeräte für die Jägerführung ein. Den Funkkontakt zwischen dem Flaggschiff *Scharnhorst* und den Befehlsstellen an der deutsch besetzten Küste sicherten UKW-Sprechfunk (VHF) oder verschlüsselte Funksprüche auf Langwelle. Zwischen den Funkbefehlsständen der Jäger und den Flugplätzen wurde Funksprechverbindung eingerichtet. Besonders wichtig, dabei technisch schwierig, war eine Frühwarn-Verbindung auf *Scharnhorst* zwischen Krähennest und Brücke, um Feindanflüge rechtzeitig melden zu können.

Als nächstes mußte die tadellose Abstimmung der Geräte an Bord der Schiffe sichergestellt werden, damit der Jägereinsatz vom Schiff aus möglich war, ferner den Sprechverkehr des Tiefschutzes — vor allem in der Morgen- und Abenddämmerung — aufzunehmen und die auf einer Tastlinie vom Geschwadergefechtsstand ausgestrahlten Feindmeldungen zu empfangen.

Die Luftwaffenoffiziere befanden sich an Bord, als die Schiffe zur Funkbeschießung der Funkpeiler zum Dalbenplatz in der Brester Bucht fuhren. Dieser Dalbenplatz war kein gewöhnlicher Liegeplatz, an dem Schiffe festmachen, vielmehr ein großer, in tiefem Wasser ständig verankerter Eisenrost, der es gestattete, Schiffe fast unbeweglich zu vertäuen und dann auf dem schwimmenden Fahrzeug die notwendigen Feinabstimmungen durchzuführen. Am 22. Januar wurde *Prinz Eugen,* am 23. *Gneisenau* und am 28. Scharnhorst beschickt. Danach besprachen die drei Luftwaffenobersten mit Admiral Ciliax, wie die Schiffe am besten gegen fortgesetzte Luftangriffe geschützt werden konnten.

Das Problem der Geheimhaltung bestand nicht nur für Ruge

und die hohen Schiffsoffiziere, sondern auch für Galland — denn die deutschen Flugzeugbesatzungen durften ja die Wahrheit über das Unternehmen ebenfalls nicht erfahren. So sog sich Galland für die Probeflüge, auf denen der ausgedehnte Nachrichtenapparat getestet und koordiniert wurde, die apartesten Begründungen aus den Fingern. Später sagte man den Luftwaffenpiloten, sie müßten einen Konvoi mit sehr wichtiger Fracht in ost-westlicher Richtung durch den Kanal eskortieren.

Den Besatzungen erklärte man die Vorbereitungen der Luftwaffe mit einem angeblich geplanten gemeinsamen Manöver von Marine und Luftwaffe südlich von Brest. Die Schiffe, so wurde fabuliert, sollten Brest nach Sonnenuntergang am 11. Februar verlassen, den ganzen 12. über zwischen La Pallice und St. Nazaire Übungen absolvieren und in der folgenden Nacht nach Brest zurückkehren. Um jedem Verdacht vorzubeugen, schickte man wie üblich einige wenige Männer auf Urlaub.

Man arrangierte die Ziele für das Übungsschießen vor St. Nazaire und setzte im gleichen Raum starke U-Jagdgruppen gegen britische U-Boote ein. Diese deutschen U-Jäger waren eigentlich überflüssig, weil die nächsten britischen U-Boote fünfzig Meilen weit draußen auf dem Atlantik auf den deutschen Durchbruch warteten — und zwar auf einen Durchbruch in den Atlantik, nicht etwa durch den Kanal!

Ein derart umfangreicher Luftsicherungsapparat mußte natürlich gründlich eingespielt sein. In der ersten Februarwoche flog die Luftwaffe 450 Einsätze unter möglichst wirklichkeitsnahen Bedingungen. Mit kauzigem Humor gab die Luftwaffe diesen Übungen den Kodenamen „Frühlingsanfang". Das britische Radar erfaßte die Maschinen zwar, sie beunruhigten aber auf britischer Seite niemanden.

Auch Admiral Ciliax hatte so seine Sorgen. Denn *Scharnhorst*, *Gneisenau* und *Prinz Eugen* waren nicht mehr die stolzen schwimmenden Festungen von ehedem. Sie sahen auch nicht mehr danach aus. Die einst so wohlgepflegten Schiffe setzten Rost an, und der auf dem Brester Hafenwasser treibende Ölfilm hatte an ihrer Wasserlinie häßliche Flecken hinterlassen.

Im allgemeinen soll einen deutschen Seemann so leicht nichts erschüttern können. Aber in Brest mußten die Besatzungen unter Bedingungen leben, die den soldatischen Geist langsam, aber sicher zermürbten. Der Fliegerangriffe wegen waren die Matrosen auf ihren Schiffen praktisch nur noch Tagesgäste.

Überdies hatte man, während die Schiffe in Brest lagen, einen guten Teil der Leute abgezogen, darunter besonders viele vom Maschinenpersonal, die man anderswo dringend brauchte.

Jetzt füllte man die gelichteten Reihen unauffällig wieder auf, indem man die Versetzung von Oberfeldwebeln und Unteroffizieren mit großer Gefechtserfahrung rückgängig machte. Da es jedoch keine Gelegenheit zu längeren Probefahrten gab, blieb die Ausbildung der unerfahrenen Besatzungen weiterhin schwierig.

Hitlers Befehl hatte seinerzeit nur einen Monat Frist gelassen, so daß man sich ernsthaft fragte, ob die Leute in diesen knappen vier Wochen überhaupt in Form zu bringen waren. Außerdem errichteten Zeitmangel und strikte Geheimhaltungspflicht weitere Schranken, innerhalb derer die neu Kommandierten kaum angemessen eingewiesen werden konnten. Hinzu kam, daß selbst die Ausbilder von „Operation Cerberus" nichts erfahren durften. Deshalb war stets nur die Rede von Übungen, die keinen begeisterten.

Immerhin ging die Instandsetzung der Schiffe trotz anhaltender schwerer Luftangriffe der RAF gut voran. Was allerdings an Werftarbeit zu tun blieb, ließ sich nicht beschleunigen, wollte man kein Aufsehen erregen. Aus dem gleichen Grund riskierten die Schiffe nur ein bis höchstens zwei Probefahrten vom Hafen zum Dalbenplatz zwecks Einschießen auf Land- wie Seeziele. Da die Schiffe mit so kurzen Manövern nicht in Gefechtsbereitschaft zu versetzen waren, wurden Schießübungen in den Liegeplätzen am Lannion-Kai abgehalten. Man maß diesen Übungen so viel Gewicht bei, daß auf *Scharnhorst* die Geschützbedienungen sogar im Trockendock an die Geschütze mußten.

Den Mienen der fünf oder sechs Offiziere, die um den bevorstehenden Ausbruchsversuch wußten, war nicht die geringste

Spannung anzumerken. Dennoch rechneten alle damit, daß sich das Geheimnis auf die Dauer nicht würde wahren lassen.

Die Gefahren einer Entdeckung waren zahlreich. Regelmäßig überflogen Aufklärer der RAF Brest. Bedenklicher noch schien, daß der übliche Hafenbetrieb von französischen Arbeitskräften aufrechterhalten wurde. Küstenverkehr und Fischfang liefen normal; die Deutschen benutzten französische Schlepper mit französischer Besatzung. Jeder dieser Einheimischen konnte Verdacht schöpfen und Agenten der Widerstandsbewegung informieren, die als unsichtbare Armee auch in Brest Augen und Ohren aufsperrte.

Indes trösteten sich die Deutschen damit, daß es in Brest noch keine Sabotageanschläge gegeben hatte. Obwohl die Bevölkerung Lieblingsvergnügen, Reiten, nicht verzichten und galoppierten einsam und allein an der Küste.

Während die Deutschen ihre Schiffe am Lannion-Kai insgeheim den Besatzern feindselig gegenüberstand, spazierten die Deutschen doch ungehindert an Land. Viele Offiziere wollten auf ihr auf den Durchbruch vorbereiteten, wollten sie die Franzosen in Sicherheit wiegen, daß die Einheiten den Brester Hafen noch lange nicht zu verlassen gedachten. Um die wahren Ziele der Schiffe zu vertuschen, wurden demonstrativ Tropenhelme an Bord geschafft. Das sollte Beobachtern Afrika oder Südatlantik als Marschziel suggerieren. In aller Öffentlichkeit ließ man französische Dockarbeiter Schmierölfässer mit der überdeutlichen Aufschrift „Für die Tropen" auf die Schiffe verladen. Unter der Hand streute man in den Cafés Gerüchte aus, daß die Schlachtschiffe auf einen südlichen Kurs gehen würden.

Der gleichen Irreführung diente ein Kostümfest an Land, für das der traditionelle deutsche Fasching vor Frühlingsbeginn den Vorwand lieferte. In Brest hob unter den deutschen Marinehelferinnen das große Kostümschneidern an. Überdies lud man zahlreiche französische Beamte mit ihren Familien zum Maskenfest.

Kapitän z. S. Hoffmann tat sein Bestes, um die deutschen Damen in Brest für den Fasching zu aktivieren. Eingedenk der alten

Erfahrung, daß Damen neue Faschingskostüme zwar unbedingt brauchen, aber nie haben, drängte er sie: „Kaufen Sie ohne Hemmungen ein, der Abend muß ein Erfolg werden!" Wenn er später von jener Zeit erzählte, setzte er hinzu: „Dabei fand unser *Kostümball* nachher auf See statt!"

Um den Gegner noch mehr zu verwirren, ließ man in den Offiziersmessen der drei Schiffe Listen mit den Namen jener Offiziere zirkulieren, die Admiral Saalwächter für den 11. Februar zum Diner nach Paris und anschließend für den 12. zur Jagd nach Rambouillet lud. Die Jagd sollte in großem Rahmen stattfinden. Formvollendet wie in Friedenszeiten verschickte der Admiral an dreißig auserkorene Brester Offiziere gedruckte Einladungen mit der Bitte um Bestätigung, daß er die Herren am Mittwoch, dem 11. Februar, um 20.00 Uhr in Paris zu seinen Gästen zählen dürfe. Um das Ganze auch technisch zu untermauern, wurden Sportgewehre besorgt und an Bord gebracht. So wußten bald viele Brester von dem bevorstehenden gesellschaftlichen Großereignis.

Man tat noch mehr. Eine Abteilung Marine-Küstenartillerie wurde mit ihren 20-mm-Vierlingsgeschützen eingeschifft. Die Soldaten trugen graue Heeresuniform, aber statt der üblichen Knöpfe goldene mit Anker. Aus dem Auftreten dieser Küstenartilleristen, die ja normalerweise nicht zur See fuhren, sollten feindliche Späher schließen, daß die Schiffe offenbar für immer im Hafen bleiben würden. Dabei waren die Geschütze Fla-Waffen, bestimmt zur Abwehr britischer Flieger während des Durchbruchs.

Obwohl das Unternehmen dann unter der Bezeichnung „Operation Cerberus" lief, gaben die Deutschen den einzelnen Planungsabschnitten sechs weitere Namen. Auch dieses Täuschungsmanöver richtete sich an die britische Adresse.

Unterdessen lag die RAF keineswegs auf der faulen Haut. Am 1. Februar zerstörte sie mit einem Luftangriff dreihundert Marinequartiere in Brest. Zum Glück ging es ohne Verletzte ab.

Tags darauf ließ Admiral Saalwächter an Ciliax, Ruge, Kapitän z. S. Bey, dem Führer der Zerstörer, und Luftwaffen-Oberst

Galland eine sechsseitige „Operative Weisung für den Durchbruch der Brestgruppe durch den Kanal nach Osten" übermitteln. Darin hieß es:

„1. Aufgabe: Durchbruch der Brestgruppe — *Scharnhorst, Gneisenau* und *Prinz Eugen* — unter Führung des B. d. S. in der Neumondperiode durch den Kanal in die Heimat. Die Aufgabe ist auch durchzuführen, wenn am Tag der Stichwortausgabe nur ein Schlachtschiff klar sein sollte. Die Aufgabe entfällt, wenn nur der Kreuzer klar ist.

5.

b) Teilnehmende Streitkräfte:
Schiffe: *Scharnhorst, Gneisenau, Prinz Eugen*, in Brest
Zerstörer: *Beitzen, Jacobi, Ihn, Schoemann, Z 25, Z 29*, in Brest
Torp.-Boote: 2. T.-Flottille mit *T 2, T 4, T 5, T 11, T 12*, in Le Havre
3. T.-Flottille mit *T 13, T 14, T 15, T 16, T 17*, in Dünkirchen
5. T.-Flottille mit *Kondor, Falke, Seeadler, Iltis, Jaguar*, in Vlissingen
S-Boote: 2., 4., 6. S-Flottille (Aufmarschhäfen folgen)

c) Der in navigatorischer Hinsicht günstigste Zeitabschnitt für die Durchführung der Aufgabe reicht vom 10. bis 15. Februar. Frühester Zeitpunkt für das Auslaufen ist der 10. Februar. Der Befehl zum Auslaufen wird durch Stichwort erteilt . . .
F. d. T., T- und S-Flottillen, Marbef. Kanalküste und Kommandant der Seeverteidigung Pas de Calais erhalten versiegelte Befehle, die zu einem bestimmten Zeitpunkt zu öffnen sind . . .

d) . . .
Falls das Auslaufen durch Luftangriffe auf Brest um kurze

Zeit verzögert wird, ist Aufgabe durchzuführen. Bei Verspätung um mehr als 2 Stunden ist nicht auszulaufen. Sofortige Meldung an Gruppe West. Wiederanlaufen der Aufgabe nach neuer Stichwortausgabe ...

Wird der Verband auslaufend aus Brest auf reinem Westkurs oder in Richtung Ouessant (Ushant) auf nordwestlichem Kurs vom Feind erkannt (Luftfühlungshalter), kehrtmachen. Neuanlaufen der Unternehmung auf Grund neuer Stichwortausgabe.

Wird der Verband vom Feind nach Passieren Ouessant auf nordöstlichem oder östlichem Kurs festgestellt, durchhalten.

Die Entscheidung trifft B. d. S. oder Gruppe West (z. B. auf Grund von B-Dienst-Ergebnissen). Gruppe West ist beschleunigt von dem Kehrtmachen des Verbandes zu unterrichten, damit schnellste Unterrichtung aller anderen beteiligten Stellen und Geheimhaltung der Absicht sichergestellt bleibt.

f) *B. S. W.*- (Befehlsh. Westl. Sicherungs-)Verbände:

B. S. W. legt Verteilung der Sicherungsstreitkräfte vor. Hilfeleistung bei Havariefällen einschl. Anlaufen der Nothäfen ist zu berücksichtigen. B. d. S., Flottillen und Luftflotte werden über Verteilung durch Gruppe West unterrichtet.

g) F. d. Z. (Führer der Zerst.-Flottille) hat bei entsprechender Wetterlage vorzusehen: aa) in der Stichnacht Ablenkungsunternehmung einer S-Bootsgruppe im Seegebiet Dungeness — Beachy Head. ...

7. Küstenbatterien: Die Fernkampfbatterien im Abschnitt des Seekommandanten Pas de Calais erhalten Befehl, feindliche Batterien, die das Feuer auf den B. d. S.-Verband eröffnen, durch eigenes Feuer möglichst niederzuhalten. Die Küste wird im übrigen über die Aufgabe, soweit notwendig, in den versiegelten Befehlen unterrichtet.

8. Nothäfen: Im Bereich der Gruppe West sind die Häfen Cherbourg und Le Havre als Nothäfen vorgesehen. Hafen- und Liegeplatzbeschreibungen sind B. d. S. 4fach ausgehändigt. Besondere Vorbereitungen für Aufnahme von Schiffen werden nicht getroffen. Marbef. Kanalküste erhält durch Umschlagbefehl erst in der X-Nacht Weisung für Freimachen der Liegeplätze . . .

10. Verhalten bei Havariefällen: Wenn ein Schiff, Zerstörer oder Boot infolge feindlicher Waffeneinwirkung oder technischer Störung ausfällt oder in der Geschwindigkeit herabgesetzt wird, setzt der Verband seinen Marsch ohne Aufenthalt fort. B. d. S. entsendet geeignete Streitkräfte nach Lage zur Unterstützung. B. S. W.-Streitkräfte werden nach Lage so schnell wie möglich herangeführt.

Grundsätzlich haben die Schiffe, solange sie nicht wesentlich in der Geschwindigkeit herabgesetzt sind, Fortsetzung des Marsches nach Osten anzustreben. Bei Havaristen, die bewegungsunfähig sind, ist mit allen Mitteln Einbringen in den nächsten Nothafen anzustreben . . ."

In der ersten Februarwoche waren alle zum Schutz der drei Schlachtschiffe erforderlichen Kräfte von Paris eingeteilt. Die Zerstörer und Torpedoboote standen in ihren vorgesehenen Häfen.

Die Durchführung der Operation laut Geheimweisung des Gruppenkommandos West lag bei Vizeadmiral Ciliax. Ihm fiel ein nicht geringer Teil der Einzelplanung sowie die Verantwortung für den planmäßigen Ablauf zu. Was nicht klappte, würde er auf seine Kappe nehmen müssen.

Aber trotz der emsigen, umsichtig getarnten Vorbereitungen fragte sich Ciliax immer wieder, ob es wirklich ratsam war, die Hauptgefahrenzone, nämlich die Straße von Dover, ausgerechnet mittags zu passieren.

Die Deutschen schätzten die Reichweite der britischen Küstenradarstationen auf höchstens 35 Meilen und hofften nun, ihnen beim Marsch durch den westlichen Kanal nicht mehr auf die Schirme zu geraten. Radar würde bei diesem Unternehmen ohnehin keine große Rolle spielen — denn wenn die Schlachtschiffe die enge Straße vor der französischen Küste bei klarem Wetter durchfuhren, konnte man sie von den Kenter Klippen aus leicht mit Doppelgläsern beobachten.

Sicherlich würden die Royal Navy und die RAF in der Dover-Enge zu einem Großangriff ausholen. Planer der Gruppe West beurteilten die Lage bei Dover folgendermaßen: Auf den ersten Blick erscheine es verlockend, diesen Punkt bei Nacht im Schutz der Dunkelheit zu passieren. Nachteilig wäre allerdings, daß die Schiffe Brest am Vormittag verlassen und dann in hellem Tageslicht durch den Kanal fahren müßten. Damit wäre die britische Luftaufklärung rechtzeitig gewarnt; der Gegner werde nicht nur seine Torpedo- und Bombenflugzeuge und Schnellbootflottillen bereit halten, sondern unter Umständen auch größere Einheiten von Scapa Flow heranführen. Mit Sicherheit werde die Anwesenheit der deutschen Schlachtschiffe in der Nacht bekanntwerden, und deshalb sei eine Durchfahrt bei Tag geraten, um Abwehrmöglichkeiten maximal ausnützen zu können.

Die deutschen Admirale wußten um die ständige Gefahr, die von der britischen Grand Fleet drohte. Die Entfernung von Brest nach Terschelling betrug 575 Meilen, von Scapa Flow aber nur 450 — die Strecke war für die Briten damit um 125 Meilen kürzer. Eine gleich nach dem Auslaufen der deutschen Schlachtschiffe gewarnte Royal Navy hätte dann noch genügend Zeit, um im Kanal eine überwältigende Seemacht auffahren zu lassen.

Fraglich blieb indes, ob die Briten diese Kräfte auch wirklich einsetzen würden. Wie Saalwächter in seinem Bericht betonte, hatten sie zwei Monate zuvor zwei Schlachtschiffe verloren, die zu dicht vor der malaiischen Küste operiert hatten. Die Deutschen unterschätzten diese Lektion, die den Briten am 10. Dezember 1941 mit der Versenkung zweier Schlachtschiffe, 400 Meilen vom nächsten japanischen Flugplatz entfernt, erteilt worden war, keineswegs und trugen nun ihrerseits starke Bedenken, drei schwere Schiffe elf Stunden lang durch den englischen Kanal fahren zu lassen. Gleichwohl entschieden sie sich für eine Durchfahrt der Straße von Dover bei Tag — obgleich sie sich an der engsten Stelle London bis auf 100 Meilen nähern würden.

Es war ein wohlüberlegter Entschluß. Die Deutschen bedachten vor allem auch, daß sie bei einer Nachtfahrt durch die Straße ohne wirksamen Jagdschutz operieren und mit stark behinderter Flugzeugabwehr auskommen mußten, während ständige Nachtangriffe britischer Schnellboote oder Torpedoflugzeuge den Schlachtschiffen das Schicksal der *Bismarck* zu bereiten drohten. Bei Tag war damit zu rechnen, daß Gallands Luftschirm gegen die RAF und die schwere Artillerie des Geschwaders in Verbindung mit der Feuerkraft der Geleitfahrzeuge gegen Torpedo- und Bomberangriffe ausreichenden Schutz boten. Allerdings würden die deutschen Schiffe bei einer Tagdurchfahrt des westlichen Kanals in Richtung Dover einen von britischen Luftstreifen ständig beobachteten Raum durchlaufen müssen und wohl nicht lange unentdeckt bleiben. Das war die Hauptgefahr.

Während sich die Deutschen im geheimen und sehr gründlich auf ihr Projekt vorbereiteten, trafen die Briten, die einen solchen Durchbruchsversuch im Grunde für ausgeschlossen hielten, wenigstens einige Gegenmaßnahmen.

Im Januar meldeten RAF-Jäger und das Coastal Command wiederholt Kanaldurchfahrten von Zerstörer- und Schnellbootflottillen in Richtung Brest und starke Minenräumtätigkeit an der französischen Küste. Sie hatten also Ruges Einheiten entdeckt. In einem Bericht hieß es: „Nach dem 24. Januar ist jederzeit mit dem Auslaufen von *Scharnhorst* und *Prinz Eugen* zu rechnen. *Gneisenau* ist noch nicht seetüchtig und kann erst Ende Januar auslaufen." Mit anderen Worten, die Briten waren nicht nur gewarnt, sondern hatten auch den möglichen Zeitpunkt eines deutschen Durchbruchs bereits zu kalkulieren versucht.

Was tat nun die Royal Navy auf diese Meldungen hin, um das Brester Versteck der *Scharnhorst* und *Gneisenau* in eine Falle zu verwandeln? Der „eiserne" U-Boot-Kordon, der vor Brest einen deutschen Ausbruchsversuch mit Torpedos hätte vereiteln sollen, war längst zurückgezogen. Nun schickte man am 29. Januar zwei alte 440-Tonnen-U-Boote, *H. 50* und *H. 34*, los, um 35 Meilen vor dem Hafen jene Strecke zu überwachen, die man für den wahrscheinlichsten Ausbruchsweg hielt — nämlich die Route hinaus in den offenen Atlantik. Zwei Tage darauf mußte *H. 34* mit Maschinenschaden nach Falmouth zurückkehren. Am 1. Februar nahm *H. 43* seinen Platz ein. Vierundzwanzig Stunden, nachdem die beiden U-Boote der H-Klasse Spähposition bezogen hatten, meldeten RAF-Beobachtungsflugzeuge starke Aktivität auf den deutschen Schiffen.

Am 2. Februar gab die RAF eine recht zutreffende Lagebeurteilung: „In Brest liegen möglicherweise fünf große und fünf kleine Zerstörer. Der kürzeste Weg für die deutschen Schiffe geht durch den Kanal. Es sind 240 Meilen von Brest bis Cherbourg, dann noch 120 Meilen von Cherbourg bis zur Dover-Enge. Schiffe können den Marsch Brest—Cherbourg oder Cherbourg—Dover-Enge in einer Dunkelheitsperiode bewältigen, brauchen für die gesamte Fahrt von Brest bis zur Dover-Enge jedoch länger.

Ein Durchbruch durch den Kanal muß den Deutschen riskant erscheinen. Da indes ihre schweren Schiffe nicht voll einsatzfähig sind, könnten sie diesem Kurs dennoch den Vorzug geben. Sie würden sich auf den Schutz durch ihre schlagkräftigen Zerstörer- und Luftwaffeneinheiten verlassen, wohl wissend, daß wir ihnen im Kanal keine schweren Schiffe entgegenstellen können.

Ein Marsch beider Schlachtkreuzer und des schweren 20,3-cm-Kreuzers mit fünf schweren und fünf leichten Zerstörern sowie einem ständigen Luftschirm von etwa zwanzig Jägern durch den Kanal ist deshalb nicht ausgeschlossen. Wir können dagegen nur sechs Schnellboote bei Dover aufbieten, aber keine Zerstörer mit Torpedobewaffnung.

Auf unsere Bomber ist in diesem Zusammenhang nicht viel Verlaß, da sie gezeigt haben, daß sie den Feind kaum wirkungsvoll zu schädigen vermögen. Die Zahl unserer Coastal-Command-Torpedoflugzeuge beläuft sich insgesamt auf neun Maschinen.

Nach Abwägen aller Faktoren ergibt sich, daß die deutschen Schiffe den Kanal in östlicher Richtung mit geringerem Risiko als angenommen durchfahren könnten."

Das war genau Hitlers Ansicht — obwohl er gar nicht wußte, wie schlecht die Briten vorbereitet waren.

Wie das britische Oberkommando vorausgesagt hatte, bestand das Schlachtgeschwader dann aus *Scharnhorst, Gneisenau* und *Prinz Eugen* sowie sechs schweren Zerstörern. Hinter Cherbourg, beim Einlaufen in den engen Kanal, sollten zwei Schnellbootflottillen von je zehn Booten an den Verband anschließen. Weiter war geplant, vor Cap Gris Nez an der Einfahrt zur Dover-Enge die Gesamtstärke des Geschwaders um weitere vierundzwanzig Schnellboote mit Kanonen- und Minenräumbooten des Marinegruppenkommandos West auf dreiundsechzig Schiffe zu erhöhen.

Die sechs Zerstörer dieser respektheischenden Flotte durften im Gegensatz zu den sechs kleinen und langsamen britischen Zerstörern, die sie abfangen sollten, als schwerbewaffnete moderne Fahrzeuge gelten. Die deutschen Schnellboote waren rascher und wendiger als die britischen und ihnen zudem im Verhältnis von drei zu eins überlegen. Der deutsche Jagdschirm endlich von 250 Jägern vermochte es mit der RAF durchaus aufzunehmen.

Dennoch blieb die deutsche Marine skeptisch, machte sich auf den Verlust eines Schlachtschiffes gefaßt und rechnete mit schweren Beschädigungen des anderen.

So hätte es auch leicht kommen können. Auf den RAF-Bericht vom 2. Februar hin ließ Admiral Sir Max Horton, Flaggoffizier und Befehlshaber der U-Boote, den beiden U-Bootkommandanten folgende streng vertrauliche Mitteilung übermitteln: „Geheiminformationen deuten an, daß Feindschiffe in Brest auslaufbereit sind." Ferner berichtete die Admiralität: „Nach hiesiger Einschätzung werden Feindschiffe in Brest höchstwahrscheinlich in östlicher Richtung durch den Kanal in Heimatgewässer vorstoßen."

In den ersten Februarwochen hatte Konteradmiral Power, Stellvertreter Stabschef der Marine (Operative Führung Heimat), der die Verbindung zwischen den Planungsstäben von Marine und Luftwaffe herstellte, eine Unterredung mit Sir Philip Joubert, dem Chef des Küstenkommandos. Beide waren überzeugt, daß die Deutschen den Kanal passieren und bei Dunkelheit in die Straße von Dover einlaufen würden. Konteradmiral Power fuhr zum Befehlshaber von Dover, Vizeadmiral Sir Bertram Ramsay, und trug ihm diese Ansicht vor. Auch Ramsay glaubte, daß die Deutschen die Straße von Dover wahrscheinlich zwei Stunden vor Morgengrauen erreichen würden. Entsprechend unterrichtete Power den Ersten Seelord, Sir Dudley Pound.

Dann meldeten Hudson-Aufklärungsflugzeuge weitere umfangreiche Minenräumoperationen der Ruge-Flottillen im Kanal. Sir Philip Joubert gab daraufhin Alarm und notierte am 8. Februar in einer Lagebeurteilung des Küstenkommandos: „In Brest liegen vier große Zerstörer und eine Anzahl kleiner Schnell- und Minenräumboote. Es gibt Anzeichen dafür, daß die Zahl der Zerstörer erhöht werden könnte. In den letzten Tagen haben alle drei großen Schiffe Übungsfahrten in offenen Gewässern durchgeführt; sie müßten mehr oder weniger seeklar sein.

Ab 10. Februar werden im Kanal Wetterbedingungen herrschen, die einen Durchbruchsversuch bei Dunkelheit vertretbar erscheinen lassen. Der 15. Februar ist mondlos. Die Gezeiten bei Dover würden eine Durchfahrt zwischen 04.00 und 06.00 Uhr begünstigen.

Außerdem scheint die große Zahl der in Brest zusammengezogenen Zerstörer und kleinen Torpedoboote darauf hinzudeuten, daß ein Durchbruchsversuch durch den Kanal jederzeit nach Dienstag, 10. Februar, unternommen werden könnte."

Das war bemerkenswert gut geschätzt. Dennoch zögerte Sir Philip, nun auch nach seiner Überzeugung zu handeln. Die womöglich gefährlichsten Gegner der deutschen Schiffe, die unter seinem Kommando stehenden Beaufort-Torpedobomber, blieben, wo sie waren. Keine einzige Maschine wurde nach Dover verlegt — ein Versäumnis, das den Ausgang der Schlacht entscheidend mitbestimmen sollte. Beeindruckt von den strikten Geheimhaltungsbefehlen, verschlossen Jouberts RAF-Stabsoffiziere ihre Einsatzpläne in den Safes — sie meinten, das hochbrisante Material nicht an das fliegende Personal weiterreichen zu dürfen. So wußte beim Start kein Pilot wirklich Bescheid.

Admiral Power und seine Planer bewerteten ein Treffen mit den Deutschen im Kanal zunächst als „eine einfache Schlacht". Aber als sie die Möglichkeit eines Durchbruchsversuchs der *Scharnhorst* und *Gneisenau* voll erkannten, mußte die Home Fleet bis auf diejenigen Schiffe, die die Dänemarkstraße überwachten, in Scapa Flow vor Anker gehen, um das in einem Fjord unweit Drontheim untergeschlüpfte deutsche Schlachtschiff *Tirpitz* im Auge zu behalten.

Was konnten die Briten den deutschen Schlachtschiffen in den Weg stellen? Sehr wenig. Das Minenschiff *Welshman*, das 39 Knoten schaffte, legte zwischen Ushant und Boulogne eintausend Magnet- und Kontaktminen, und das Bomber Command warf in der ersten Februarwoche vor den ostfriesischen Inseln achtundneunzig Magnetminen.

Ferner ordnete die Admiralität drei kleinere Abwehrmaßnahmen an. Sie verlegte sechs Swordfish-Maschinen mit Torpedoausrüstung von ihrem Stützpunkt Lee-on-Solent auf den Jagdfliegerhorst Manston an der Spitze der Kenter Küste, versetzte sechs in Dover sowie drei in Ramsgate stationierte Schnellboote in Alarmbereitschaft und befahl sechs alte Zerstörer nach Harwich, um die deutschen Schlachtschiffe abzufangen.

Es geht jedoch nicht an, die Admiralität dieser erstaunlich unzureichenden Vorkehrungen wegen rückblickend zu verurteilen. Für die Briten war der Krieg damals in sein schlimmstes Stadium eingetreten. Bei der Verteidigung von Singapur — achtundvierzig Stunden nach dem Durchbruch *Scharnhorst* und *Gneisenau* fiel die Stadt in japanische Hände — waren die beiden britischen Großkampfschiffe *Repulse* und *Prince of Wales* von landgestützten japanischen Luftstreitkräften versenkt worden. Mit *Prince of Wales*, dem Schwesterschiff *King George V.*, hatte die Royal Navy zugleich den Oberbefehlshaber, Admiral Sir Tom Phillips, verloren. Der Untergang dieses neuen Schlachtschiffes traf die britische Marine wie ein Keulenschlag.

Unter dem lähmenden Eindruck dieses Verlustes stand nun auch der Erste Seelord, Sir Dudley Pound. Seine Seestreitkräfte waren von Singapur bis Scapa Flow auseinandergezogen und hatten ihre Leistungsgrenze erreicht. Der Gedanke, daß seine großen Schiffe bei Operationen nahe der vom Feind besetzten europäischen Küste versenkt werden könnten, entsetzte ihn. Wie Jellicoe, der Chef der britischen Flotte im Ersten Weltkrieg, konnte er „den Krieg an einem Nachmittag verlieren". Wenn es dem Gegner gelingen würde, mehrere seiner Schlachtschiffe zu versenken oder gefechtsunfähig zu schießen, mußte sich das gesamte Bild der Seekriegführung in europäischen Gewässern entscheidend ändern.

Deshalb verkündete Sir Dudley: „Unter keinen Umständen werden schwere Schiffe nach Süden verlegt, wo sie dem Angriff feindlicher Flieger und Torpedoboote sowie dem Risiko eigener und feindlicher Minentreffer ausgesetzt sind."

In seinem Stab sagte man sich indessen besorgt, daß die verfügbaren leichten Kräfte für eine Auseinandersetzung mit den deutschen Schlachtschiffen nicht im entferntesten ausreichen würden. Das Gegenargument lautete kurz und bündig: „Wir haben alles zusammengekratzt, was wir derzeit haben."

In Wirklichkeit glaubte Sir Dudley nicht im Traum daran, daß die Deutschen so wahnsinnig sein würden, ihre Schiffe bei Tag durch die Dover-Enge zu schicken. Er war ein konservativer Karriereadmiral der alten Schule. Das Dictionary of National Biography beschreibt ihn als „reserviert und halsstarrig". 1939 ernannt, hatte er mit seinen 65 Jahren die Pensionsgrenze bereits überschritten. Er war überarbeitet, erschöpft und krank. Allein war er seiner Aufgabe ganz und gar nicht mehr gewachsen — und dabei hatte er nicht einmal einen Stellvertreter*. Überdies

* Wenige Monate nach dem Durchbruch, im Sommer 1942, erhielt er einen Stellvertreter — jedoch zu spät, um ihn nachhaltig zu entlasten. Seine Gesundheit war bereits angeschlagen. Er blieb bis zu seiner letzten Krankheit auf dem Posten und starb in den Sielen am 21. Oktober 1943 im Alter von sechsundsechzig Jahren, achtzehn Monate nach dem deutschen Durchbruch. Am 27. Oktober lief von Portsmouth ein Kreuzer aus und übergab seine Asche der See.

unterschätzte er gröblich die Entschlossenheit des ehemaligen österreichischen Gefreiten, der „Landratte" Adolf Hitler, auf den der gewagte Plan zurückging.

Immerhin unternahm Pound noch etwas: er ließ ein drittes U-Boot, H. M. S. *Sealion,* unter Korvettenkapitän G. R. Joe Colvin eilends von Portsmouth nach Brest verlegen. Die *Sealion* war ein schneller 768-Tonner der S-Klasse, Baujahr 1934, und lief 14 Knoten. Colvin hatte Order, „in Ihrem Operationsgebiet die Haupteinheiten des Feindes abzufangen, falls sie einen Ausbruch in den Atlantik versuchen oder nach Südosten zu einem anderen Biskaya-Hafen vorstoßen sollten". Da man sich in der Admiralität über den möglichen Kurs der deutschen Schlachtschiffe nicht einig war, beschloß Colvin, sich so dicht wie irgend vertretbar an Brest heranzupirschen.

Warum setzte man auf ein so wichtiges Objekt nur Colvins neue *Sealion* und zwei alte U-Boote an? Ganz einfach — weil die Briten allein im Mittelmeer, seit dem Kriegseintritt Italiens im Juni 1940, siebzehn U-Boote verloren und andere U-Boote gegen die Japaner in den Fernen Osten geschickt hatten.

Obwohl man der *Sealion* gute Chancen einräumte, den Schlachtschiffen entweder bei Tag oder bei Nacht zu begegnen, war diese Aufgabe für Colvin aus mehreren Gründen außerordentlich heikel. Die Gezeitenströme an der Normandie- und Bretagneküste entwickelten Geschwindigkeiten zwischen drei und vier Knoten, und die über die Felsen stürzenden Wellen machten es fast unmöglich, das Boot stets auf genauem Kurs zu halten.

Aber es gab ein noch größeres Problem. Da die *Sealion* gerade von einem dreimonatigen Einsatz gegen die sowjetische Marine zurückgekehrt war, hatte man den größten Teil der aus Reservisten bestehenden Besatzung zunächst einmal beurlaubt. Unter den neuzugeteilten Ersatzmännern befand sich der Torpedo-Maschinenmaat, dem an Bord eines U-Bootes eine der wichtigsten Funktionen zufiel; Colvins Erster Offizier E. P. Young war mit zwei weiteren Offizieren erst kurz vor dem Auslaufen an Bord gegangen.

Als Colvin an jenem Morgen von Portsmouth in See stach, zweifelte er nicht an dem Mut seiner zusammengestoppelten Crew. Aber noch kannten sich die Männer mit den vielen komplizierten Skalen und Hebeln ihres modernen U-Bootes nicht genügend aus. Colvins Hauptsorge war die Bedienung der Torpedorohre — denn wenn es ums Ganze ging, mußte jeder Handgriff sitzen. Auch die Torpedos selbst waren ein Problem. Da die *Sealion* so rasch hatte aufbrechen müssen, verfügte sie jetzt nur über vier neuzeitliche Torpedos und vier alte, nicht sehr wirkungsvolle Torpedos vom Typ Mark Four.

Mit dieser unerfahrenen Besatzung steuerte Colvin die Iroise-Bucht um Brest in der Absicht an, sich während einer Übung zwischen die deutschen Schlachtschiffe zu schleichen, seine Torpedos abzufeuern, unterzutauchen und auf das offene Meer hinauszufahren. Drei Tage kreuzte er in Sehrohrtiefe und wartete. Vergebens — die Schlachtschiffe verließen den Hafen nicht.

Am 7. Februar meldete Sir Max Horton, daß die deutschen Schiffe bei Übungen im Raum von Brest beobachtet wurden. Abermals patrouillierte Colvin achtundvierzig Stunden lang 14—20 Meilen vor dem Brester Hafen — wieder nichts.

Am 9. Februar schien ihm ein Zusammentreffen mit den deutschen Schiffen unmittelbar bevorzustehen. Er verschoß seine vier alten Mark-Four-Torpedos auf See in einer Salve und ließ die Rohre mit den vier modernen Torpedos sofort wieder gefechtsklar machen. Dann tauchte er und nahm Kurs auf die Hafensperre im Nordabschnitt der Bucht. Kurz nach Mittag fuhr er bei bewegter See, aber guter Sicht sein Periskop aus und entdeckte am Ende des minengeräumten Einfahrtsweges zum Brester Hafen die Heulboje. Da dort die Fahrrinne der deutschen Schlachtschiffe verlief, ging Colvin unweit der Boje bis zum Anbruch der Dunkelheit auf Tauchstation. In der Hoffnung, die Deutschen auf dem Weg zu einer Nachtübung zu erwischen, tauchte er um 20.00 Uhr auf. Während die *Sealion* in der Dunkelheit auf dem Wasser lag, traf eine weitere Meldung von Sir Max Horton ein, daß die deutschen Schiffe ihre Liegeplätze nicht verlassen hätten. Aber Colvin blieb auf der Lauer.

Eine Stunde nach Eingang des letzten Spruches näherte sich in

einer Höhe von ca. 60 Metern ein Dornier-Bomber mit auf-
geblendeten Suchscheinwerfern. Als das Flugzeug vor der *Sealion*
auf dem Wasser eine Fahrrinne ausleuchtete, zogen sich Colvin
und seine Männer rasch vom Kommandoturm zurück und tauchten ab. Dennoch wurde das Schiff gesichtet. Eine Stunde später
lag die *Sealion* dicht bei der Heulboje unter Wasser. Plötzlich
erzitterte der Bootsleib und begann zu schaukeln. Die Wasserbomben detonierten aber in zu großer Entfernung und richteten
keinen Schaden an. Sobald die Propellergeräusche verstummt
waren, tauchte Colvin und fuhr weiter auf See hinaus.

Was unternahmen die Briten außerdem noch, um den Deutschen
den Weg durch den Kanal zu versperren? Zunächst gaben sie
dem möglichen Durchbruchsversuch den Decknamen „Fuller".
Bei Eintreffen dieses Stichworts waren alle verfügbaren Kräfte
in Alarmzustand zu versetzen.

Aber was für Kräfte? Da der Erste Seelord, Sir Dudley Pound,
den Einsatz von Großkampfschiffen ein für allemal ausgeschlossen hatte, konnten seine übrigen Vorkehrungen nur unzulänglich
bleiben.

Nach Sir Dudley Pounds Auffassung würde die RAF die Deutschen in Grund und Boden bombardieren — wie die japanische
Luftwaffe die *Repulse* und den *Prince of Wales*. Anscheinend
übersah man, daß die Besatzungen der schweren Bomber auf
Zielanflug und Angriffe aus großer Höhe trainiert waren, nicht
aber auf einen genauen Bombenangriff auf 30 Kn laufende
Schiffe. Die zweifellos eindrucksvollste Bomberflotte der da-
maligen Zeit war kaum imstande, schnell fahrende Schiffe auf
See zu treffen.

Zum Hauptgegner der deutschen Luftwaffe hatte man das britische 11. Jagdgeschwader mit den Gruppen in Kenley, Hornchurch, Debden, Biggin Hill und Tanmere bestimmt. Sie sollten
die britischen Bomber gegen den deutschen Jagdschutz abschir-
men.

Die einzigen Flugzeuge, von denen sich die Briten einige Wirkung gegen die deutschen Großkampfschiffe erhoffen durften,
waren die zwei vorhandenen Typen von Torpedoflugzeugen —

die Swordfish der Marinefliegerverbände und die Beauforts der RAF.

Die größte Erfahrung besaß die 825. Swordfish-Staffel, die an der Vernichtung der *Bismarck* beteiligt gewesen war. Nach diesem Einsatz formierte sich die 825. im Dezember 1941 in Lee-on-Solent neu. Sie hatte nur sechs Swordfish-Maschinen mit sieben Piloten, sechs Beobachtern und sechs Bordschützen. Nur zwei Piloten und vier Beobachter waren kampferprobt; als voll ausgebildet und einsatzbereit konnten nur die Bordschützen angesprochen werden. Einer von ihnen, Leading Airman A. L. „Ginger" Johnson, war für den Angriff auf die *Bismarck* mit der Distinguished Service Medal ausgezeichnet worden.

Die Führung der Halbstaffel von sechs Swordfish lag bei Eugene Esmonde, einem 32jährigen Iren aus Drominagh, Tipperary. Vor dem Krieg war er bei Imperial Airways, einer Vorläuferin der BOAC, als Flugzeugführer. Im April 1939 trat er im Rang eines Kapitänleutnants bei den Marinefliegern ein und erhielt in Lee-on-Solent, dem Marinefliegerstützpunkt bei Portsmouth, das Kommando einer Swordfish-Ausbildungsstaffel.

Der nur einssiebenundsechzig große Mann gehörte zu den erfahrensten und erfolgreichsten Piloten. Zudem war er die geborene Führernatur. Ohne jemals in rüden Befehlston zu verfallen, erteilte er seine Weisungen so ruhig und knapp wie möglich. Solange seine Leute dienstfrei hatten, war ihm ziemlich gleichgültig, was sie anstellten; wenn sie wollten, ließ er sie sogar auf ein paar Stunden nach London flitzen. Daher fühlten sich die Männer, die zumeist mindestens zehn Jahre jünger waren als Esmonde, mit der Zeit verpflichtet, den Chef auch bei riskantesten Einsätzen nicht im Stich zu lassen.

Im Gegensatz zu ihnen war Esmonde natürlich ein alter Hase im Metier. Er wagte Tiefflüge mit Torpedo an Bord, was die anderen — zu seinem anhaltenden Kummer — aus Angst vor Überschlagen nicht riskierten.

Ihre einmotorigen Doppeldecker, die einzigen Torpedobomber der Royal Navy, waren wie Flugzeuge des Ersten Weltkrieges konstruiert: sie hatten einen stoffbespannten Rumpf aus leichten

Metallstreben, offene Kanzeln, und wurden mit einem Piloten, einem Beobachter und einem Heckschützen für das schwenkbare Vickers-MG bemannt.

Diese alten „Einkaufsnetze", wie die Marine sie mit gutmütigem Spott nannte, konnten zwar enorme Belastungen aushalten — Flakgeschosse durchschlugen die Stoffbespannung, ohne, wie bei modernen Metallrümpfen, zu explodieren —, waren jedoch mit ihrer Spitzengeschwindigkeit von nur 90 Knoten zu langsam und deshalb bei Tag zu gefährdet.

Den ganzen Januar über versuchte Esmonde, seinen jungen Fliegern das nötige Können für Feindeinsätze beizubringen und unterwarf sie einem rigorosen Ausbildungsprogramm mit Torpedo-Scheinangriffen auf Lee-on-Solent. Da es unvorstellbar schien, daß die Admiralität die 825. Staffel auf halber Sollstärke belassen würde, wartete Esmonde von Tag zu Tag auf das Eintreffen weiterer Swordfish mit ihren Besatzungen. Aber die kamen nicht.

In der ersten Februarwoche wurden die sechs Maschinen im Rahmen der „Operation Fuller" nach Manston in Kent verlegt, von wo aus sie die Brester Schiffe im Fall eines Durchbruchversuches angreifen sollten.

In heftigem Schneesturm flogen die sechs Swordfish von Lee-on-Solent nach Manston und landeten auf dem verschneiten, vereisten Flugfeld. Unmittelbar danach sprach Esmonde mit Wing Commander Tom Gleave, dem Kommandanten des Fliegerhorsts Manston: „Ich werde einen Monat brauchen, um meine Leute fit zu kriegen." Am nächsten Morgen rollte auf Lkws unter Führung von Beobachter Edgar Lee das Wartungspersonal aus Lee-on-Solent an.

Dann wurde Esmonde zusammen mit RAF-Staffelkapitänen zu einer Lagebesprechung beordert, wo Stabsoffiziere der Admiralität und der Luftwaffe ausführten: „Unserer Ansicht nach steht ein feindlicher Durchbruchsversuch durch den Kanal unmittelbar bevor. Des weiteren wird der Feind unseres Erachtens versuchen, die Straße von Dover im Schutz der Dunkelheit ungefähr zwei Stunden vor Morgengrauen zu passieren, wenn Gezeiten und Hochwasserstand am günstigsten sind. Es gibt nur einen Weg, das zu verhindern und den Gegner zu vernichten — Einsatz der größtmöglichen Torpedo-Feuerkraft durch kombinierte Luft- und See-Angriffe. Deshalb werden die Swordfish der Flottenfliegerverbände und die Beaufort-Torpedobomber des Coastal Command fortan in Bereitschaft bleiben, um gegebenenfalls leichte Marineeinheiten zu unterstützen.

Wenn's losgeht, wird's ziemlich schlimm. Aber nach dem Angriff habt ihr im Schutze der Dunkelheit mit euren Swordfish eine gute Überlebenschance. Wir erwarten, daß die großen Kästen getroffen werden, damit unsere schwereren Einheiten sie danach leichter versenken können."

Später traf für Esmonde folgender Befehl ein: „Staffelkapitän wird angewiesen, nur solche Besatzungen einzusetzen, die seiner Meinung nach zur Erreichung des Zieles beitragen können."

Esmonde konnte sich ein melancholisches Lächeln nicht verkneifen — denn erstens reichten die ausgebildeten Leute für seine Maschinen kaum aus, und zweitens hatte die Hälfte der Männer überhaupt keine Gefechtserfahrung.

Da die Admiralität einen Durchbruch der deutschen Schlachtschiffe bei Tageslicht für völlig unwahrscheinlich hielt, bereitete Esmonde die Staffel weiterhin auf einen Nachtangriff vor. In Zusammenarbeit mit Wing Commander Tom Gleave versuchte er, seine Leute durch hartes Training mit Tiefflug-Torpedoangriffen auf den bestmöglichen Ausbildungstand zu bringen.

Außer den sechs Swordfish hatten nur die Beaufort-Torpedoflugzeuge einige Aussicht, die Schlachtschiffe treffen oder gar versenken zu können. Die Beauforts waren schlagkräftig und fast doppelt so schnell wie die lahmen Swordfish.

Zur Verfügung standen drei Staffeln unter dem Befehl von Sir Philip Joubert, dem Chef des Coastal Command. Die eine Staffel, die mit mit 14 Beauforts in Leuchars (Schottland) stationierten 43., war eigentlich als Unterstützung von Marineeinheiten bei Einsätzen gegen das deutsche Schlachtschiff *Tirpitz* in norwegischen Fjorden gedacht.

Entsprechend der Lagebeurteilung des Coastal Command beorderte Joubert diese Beauforts von Leuchars nach Süden in das unweit Norwich gelegene Coltishall. Es war eine korrekte, aber nicht vom Glück begünstigte Entscheidung. Drei Tage konnten die Flugzeuge in dichtem Schneetreiben nicht aufsteigen. Dazu stellten sich die üblichen „administrativen Schwierigkeiten" ein — mit anderen Worten: Die Maschinen konnten nicht starten, weil das Bodenpersonal versagte. Obwohl Joubert die Leuchars-Staffel wegen der unmittelbaren Bedrohung nach Süden verlegte, arbeitete er keine Pläne für einen gemeinsamen Angriff seiner Torpedoflugzeuge aus.

Zwölf Maschinen der 86. Beaufort-Staffel, verstärkt durch drei Beauforts der 217. Staffel, lagen in St. Eval (Cornwall). Sie sollten im Falle eines Ausbruchs der Brestgruppe in den Atlantik eingreifen. Die sieben restlichen Maschinen der 217. auf Thorney Island nahe Portsmouth standen für Kanal-Einsätze bereit.

Diese Maschinen waren den Deutschen viel näher und hätten vor den Manston-Swordfish angreifen können. Aber weil Stabs-Offiziere überzeugt waren, daß die Deutschen bei Nacht durch die Dover-Enge fahren würden, sollten in erster Linie die Swordfish eingreifen. Sie wären dafür übrigens auch bestens geeignet — unter ähnlichen Umständen hatten Swordfish-Flugzeuge 1940 die italienische Flotte im Hafen von Taranto vernichtet.

Ferner alarmierte die britische Admiralität sechs zwanzig Jahre alte Zerstörer der 21. Flottille in ihrem Stützpunkt Sheerness und die 16. Flottille in Harwich. Bei diesen sechs hochbetagten Zerstörern befanden sich vier kleinere Zerstörer der Hunt-Klasse ohne Torpedos. Dieser Verband sollte nach der Entscheidung der Admiralität die Deutschen im Kanal anfallen, sobald sie dort auftauchten.

Chef der gesamten Flottille war der 42jährige Kapitän z. S. Mark Pizey auf H. M. S. *Campbell*. Er erhielt Befehl, *Campbell* in Begleitung der *Vivacious* nach Harwich zu überführen und sich dort Kapitän z. S. Wright, dem Chef der 16. Zerstörerflottille auf der *Mackay*, und seinen Schiffen *Worcester*, *Whitshed* und *Walpole* anzuschließen. Beide Flottillen waren normalerweise damit ausgelastet, Konvois an der Ostküste entlangzueskortieren und vor deutschen Schnellbooten zu schützen.

Am Spätnachmittag des 4. Februar lief die *Campbell* in Harwich ein. Sofort ging Kapitän Pizey in das Büro des Kommodore und ließ sich über das grüne Geheimtelefon mit Dover verbinden. Er erfuhr, wie die Admiralität die Möglichkeit eines *Scharnhorst*-*Gneisenau*-Durchbruchs beurteilte, und wurde angewiesen, die Brestgruppe gegebenenfalls mit seinen sechs Torpedo-Zerstörern anzugreifen. Deshalb sollte er im Hafen von Harwich in jener Acht-Tage-Periode, die günstige Gezeiten versprach, zum sofortigen Auslaufen klar sein.

Captain Pizey erhielt auch ein am 3. Februar um 20.09 abgesetztes Fernschreiben der Admiralität, in dem es hieß: „An Kapitän D 21. Z-Flottille von Vizeadmiral Dover. Auf Stichwort ‚Erteilte Befehle zur Ausführung bringen‘ sollen die Zerstörer möglichst mit Höchstgeschwindigkeit über Boje 53 North-West Hinder Buoy 051 Grad 33 Min. Nord, 002 Grad 36 Min. Ost anlaufen. Sie werden über Bewegungen der Feindschiffe ständig informiert und sollen Abfangversuche auf etwa 051 Grad 30 Min. Nord unternehmen. Schnellbooteinsatz nicht nördl. von 051 Grad 23 Min. Nord. Bestätigen.“

Pizey bestätigte den Erhalt des Befehls und kehrte auf *Campbell* zurück. Mit Morselampen wurden alle fünf Kommandanten, deren Zerstörer an Bojen im Harwicher Hafen festgemacht hatten, zur Unterrichtung auf das Führerboot gerufen. Ab sofort sollten die Schiffe von der Abenddämmerung bis zum Morgengrauen in 5 Minuten Bereitschaft liegen, was bedeutete, daß der leitende Ingenieur imstande sein mußte, nach maximal fünf Minuten zu melden „Maschinenraum klar“. Im Interesse eines raschen Auslaufens wurden die Schiffe mit Leinen, die sofort eingeholt werden konnten, am Ring ihrer Festmachebojen festgemacht. Fortan schliefen die Leute nur noch in voller Montur. Der Funkraum war Tag und Nacht empfangbereit für Funkbefehle der Admiralität. Jeden Nachmittag um fünf Uhr besprachen Pizey und die fünf Kommandanten auf der *Campbell* die

Gefechtspläne und eventuelle taktische Änderungen. Man wälzte Karten und Unterlagen, man diskutierte jede nur denkbare Situation — aber es kam kein Einsatzbefehl.

Da kein Nachturlaub mehr genehmigt wurde, argwöhnten Matrosen bald, daß sich irgendwelche bedeutsamen Dinge zusammenbrauten. Auch Ted Tong, der 41jährige Steward auf der *Whitshed,* vertraute seiner bei Harwich lebenden Frau an, daß etwas Gewaltiges am Kochen sein müsse — denn sein Kommandant, Commander W. A. Juniper, laufe in der Offiziersmesse auf und ab und drehe unaufhörlich eine Streichholzschachtel in den Fingern. Das sei ein untrügliches Anzeichen dafür, daß er ein schwieriges Problem durchdenke.

Einsatzbereit bei Alarm waren dann des weiteren nur noch sechs Schnellboote in Dover und drei in Ramsgate. Die Dover-Einheiten wurden von Commander Nigel Pumphrey, die Ramsgate-Einheiten von Leutnant Commander D. J. Long befehligt.

Die Royal Navy gedachte also, sich den deutschen Schlachtschiffen in der Straße von Dover mit ganzen sechs Swordfish-Maschinen der Marineflieger aus Manston, neun Schnellbooten aus Dover und Ramsgate und sechs 20 Jahre alten Zerstörern aus Harwich entgegenzustellen. Angesichts des deutschen Schlachtgeschwaders, das unter der größten aller bisherigen Luftsicherungen mit 30 Knoten auf den Kanal zudampfte, kann man das Aufgebot der Briten nur als kläglich bezeichnen.

Am 11. Februar meldeten Aufklärer, daß *Scharnhorst, Gneisenau* und *Prinz Eugen* die Docks verlassen und an den Kais zur Übernahme festgemacht hätten. Desgleichen befänden sich sechs Zerstörer im Hafen, aber noch sei die Hafensperre an ihrem Platz.

In Dover traf Admiral Ramsay seine Vorbereitungen. Sein Plan: Die Schlachtschiffe mit kombinierten Torpedoschüssen der Schnellboote und Swordfish-Flugzeuge zu langsamer Fahrt zwingen und beschädigen, solange sie sich noch im Bereich der schweren Geschütze in Dover befinden. Bei Mondschein sollten die Swordfish die Deutschen in Staffelformation in einer mondlosen Nacht einzeln angreifen. Die Führung hatte Hauptmann Gerald Kidd, RAF-Fliegerleitoffizier in Swingate. Hurricane-Jabos sollten

Leuchtbomben über den deutschen Schiffen abwerfen. Falls den Schlachtschiffen die Fahrt durch die Straße von Dover gelang, würde die gesamte RAF zuschlagen. Der Einsatz von Pizeys sechs Zerstörern war vor der niederländischen Küste vorgesehen, wo die Schiffe außerhalb britischer Minenfelder operieren konnten.

Selbst für einen Nachtangriff war das kein überwältigendes Konzept.

3

„HEUTE NACHT SIND SIE BEI IHRER FRAU!"

Am 11. Februar ging ein deutscher Verwaltungsmaat wie gewohnt an Land, um Offizierswäsche und Post zu holen. Sehr lange sollten diesmal die Offiziere auf ihre sauberen Hemden, die Mannschaften auf ihre Briefe warten — denn zusätzlich wurde der Unteroffizier angewiesen, vorerst nicht an Bord zurückzukehren und in Brest weitere Instruktionen abzuwarten. Die erhielt er, als sich die Schiffe bereits auf See befanden, und sie lauteten: Wäsche- und Postsäcke nach Wilhelmshaven und Kiel umleiten. Und brav hat der Mann die Sachen an den regulären deutschen Zug gebracht, der von Brest quer durch Frankreich nach Wilhelmshaven fuhr. Es war der „Unterseebootzug", so genannt, weil er überwiegend U-Boot-Versorgungsgüter und Urlauber beförderte.

Zu den Offizieren, die so lange auf ihre Hemden warten mußten, gehörte Stabschef Reinicke. Obgleich er die meiste Zeit auf *Scharnhorst* war, hatte er auch an Land einige Zimmer, in denen er persönliche Dinge aufbewahrte. Als er an jenem Morgen an Bord der *Scharnhorst* ging, ließ er seine gesamte Kleidung zurück. Er wagte nicht, etwas einzupacken und mitzunehmen, weil er befürchtete, daß die französischen Arbeiter am Lannion-Kai seinen Koffer bemerken und stutzig werden könnten.

Wegen dieser Vorsicht mußte sich Reinicke dann sieben Wochen lang frische Hemden und Kragen ausborgen. Doch selbst mit so ausgeklügelten Tarnmanövern ließen sich nicht alle täuschen. Kleine Versehen waren unvermeidlich. Der 36jährige Kapitänleutnant Wilhelm Wolf war einer jener Offiziere, die nicht an das Märchen von der „Übungsfahrt" glaubten. Für den Transport zwischen den Schiffen und dem Lager außerhalb Brests, in dem die Besatzungen der nächtlichen RAF-Angriffe wegen übernachteten, stand den Offizieren ein Auto zur Verfügung. Als Wolf sah, wie dieser Wagen an Bord gehievt wurde, fand er, daß dies eine reichlich merkwürdige Fracht für eine kurze Übungsfahrt war.

In den deutschen Marinehäfen Kiel und Wilhelmshaven war der bevorstehende Durchbruchsversuch ein offenes Geheimnis, besonders für die Frauen der Zerstörerbesatzungen. Da einer nach dem anderen in westlicher Richtung, mit Kurs auf den Kanal, davonfuhr, sagten sich die Frauen beim Kaffeeklatsch: Sie werden die Schlachtschiffe durch den Kanal begleiten müssen! Aber trotz dieser Indiskretionen sickerte nichts durch. Denn hier handelte es sich nicht um französische Häfen wie Brest mit einer feindseligen Bevölkerung, sondern um Flottenstützpunkte in der deutschen Heimat.

Alles war bereit für das große Abenteuer. Ruges Minensucher meldeten, daß sie eine sichere Fahrrinne geräumt hatten. Kapitän z. S. Beys Zerstörer und Torpedoboote wurden in Brest zusammengezogen.

Oberst Galland hatte für einen Luftschirm von 280 Flugzeugen gesorgt. Auf französischen Flugplätzen in Küstennähe standen Treibstoffreserven bereit; außerdem waren provisorische Rollbahnen angelegt worden. Wie wiederholte Versuche ergaben, klappte die Verbindung zwischen Ibels Luftwaffenoffizieren an Bord der Schiffe und dem Jagdschutz reibungslos. General Martinis hervorragende Sender an der Kanalküste warteten nur darauf, das britische Radar durch Störungen völlig durcheinanderzubringen.

Auch die Natur schien mitzuspielen: sie verhieß einen starken Gezeitenstrom in Fahrtrichtung der Schiffe. Die Meteorologen sagten eine niedrige Wolkendecke und diesiges Wetter im Kanal voraus.

Als die Dinge soweit gediehen waren und die Wetterprognosen geradezu ideal klangen, rief Vizeadmiral Ciliax gegen Mittag die Kapitäne z. S. Helmuth Brinkmann von *Prinz Eugen* und Otto Fein von *Gneisenau* zu sich auf die *Scharnhorst*. Kapitän z. S. Kurt Hoffmann war schon anwesend, als Ciliax die Herren in seiner Kajüte empfing.

Noch einmal wiederholte er, wie wichtig es sei, die Weisungen des Marinegruppenkommandos West bis ins kleinste Detail zu befolgen. Im Grunde waren in dieser Hinsicht kaum Fehler zu befürchten, weil die Geheimbefehle ihrem Temperament entsprachen — bis ins kleinste festgelegte Pläne mit nur ganz geringen Möglichkeiten zur Entfaltung persönlicher Initiative. Ciliax sagte: „Es ist ein unerhört kühnes Unternehmen der deutschen Kriegsmarine, das gelingen wird, wenn wir uns strikt an unsere Befehle halten. Es gibt keinen Spielraum für Interpretationen. Die Befehle müssen stets beachtet werden. Die Schiffe laufen in der Reihenfolge *Scharnhorst, Gneisenau, Prinz Eugen* aus. Die Sicherungskräfte beziehen außerhalb des Hafens entsprechend ihren Instruktionen Position.

Suchen Sie das Gefecht nicht, sondern greifen Sie den Feind nur an, wenn es die Durchführung des Unternehmens unbedingt erfordert. Vorrang hat der zügige Vormarsch nach Osten."

Dann ließ er Champagner kommen, und man trank auf den Erfolg der „Operation Cerberus". Nach dem Toast verabschiedete sich der Admiral von seinen Kommandanten und wünschte ihnen viel Glück.

Der Admiral hatte zwar auf das Gelingen des Unternehmens angestoßen — aber insgeheim blieb er pessimistisch und bei der Ansicht, die er seinerzeit in dem Memorandum an Saalwächter formulierte. Daß die Befehle von Gruppe West ihm keine Handlungsfreiheit ließen, störte ihn nicht — denn er gab der Sache ohnedies nur die Chance eines Teilerfolges.

An diesem Nachmittag, als sich die Kommandanten verabschiedet hatten, setzte er sich hin und schrieb in sein *Kriegstagebuch des Befehlshabers der Schlachtschiffe:*

„Bei Eingang des Stichwortes für den Kanalmarsch der Brestgruppe nehme ich nochmals Gelegenheit, zu der Räumung der Atlantikposition Stellung zu nehmen:

Nach im großen und ganzen erfolgter Erfüllung der seit langem bezüglich des Luftschutzes dieses Stützpunktes 1. Ordnung gestellten Forderungen in Form von Flakschutz, Jagdschutz, Tarnung, Ballon- und Nebeleinsatz sehe ich die Luftgefährdung nach den bisherigen Erfahrungen nicht mehr als so groß an, daß sie eine Räumung Brests erforderlich machte.

Es scheint sich vielmehr auch beim Gegner die Erkenntnis durchzusetzen (ähnlich wie auf unserer Seite bzgl. Scapa Flow), daß Brest für angreifende Kampfverbände bei Tage eine harte Nuß geworden ist, und daß auch nachts die Flakabwehr in ihrer Stärke und unterstützt durch das Einnebeln der Schutzobjekte die Wirksamkeit der Angriffe stark einschränkt. Zufallstreffer sind wohl möglich und in Rechnung zu stellen, doch ist dies in allen anderen Einsatzhäfen und Stützpunkten ebenso der Fall.

Wenn somit Brest im derzeitigen Verteidigungszustand als brauchbarer Stützpunkt angesehen werden muß, zumal auch die Werft mit der Zeit sich allen Anforderungen in zunehmendem Maße gewachsen zeigt, so bin ich der Auffassung, daß die Wirkungsmöglichkeiten der Gruppe *Scharnhorst, Gneisenau, Prinz Eugen* von Brest ... gerade durch die Entwicklung der Gesamtkriegslage seit dem Kriegseintritt Japans—Amerikas sich wesentlich verbessert haben. Nach wie vor sind zwar Dauerunternehmungen wie im Frühjahr 41 noch nicht angängig, wohl aber Vorstöße im Rahmen der Fahrbereiche, welche im Verein mit Luft- und U-Bootsaufklärung mindestens einmal zu schönen und bedeutungsvollen Erfolgen gegen den feindlichen Nord-Süd-Geleitweg oder auch im Seegebiet westlich Gibraltar führen können. Die Bindung feindlicher schwerer Seestreitkräfte würde durch derartige Unternehmungen, ebenso wie durch das Vorhandensein der Schiffe in Brest nicht nur in Scapa, im Nordatlantik und in Gibraltar erreicht, sondern als Entlastung gerade auch im Mittelmeer für die bedrohte Seeverbindung Italien—Afrika, sowie im Fernostraum empfunden werden.

Demgegenüber steht der Abmarsch nach Osten durch den Kanal mit all den Imponderabilien, welche in der Operation liegen. Wenn ich auch überzeugt bin, daß der Durchbruch durch den Kanal gelingt, so muß doch mit Beschädigungen gerechnet werden, welche die betroffenen Einheiten in Verbindung mit der noch notwendigen Ausbildung erst nach längerer Zeit im neuen Operationsgebiet einsatzklar erscheinen lassen werden.

Ich vermag von Brest aus nicht zu übersehen, wie stark die strategische Bedrohung des Norwegischen Raumes ist. Ich kann deshalb die Notwendigkeit oder Zweckmäßigkeit eines defensiven Einsatzes der Schiffe an der Norwegischen Küste bzw. im Nordmeer nicht beurteilen. Demgegenüber stehen die Lagebeurteilung und Entscheidung des Führers, die klar und eindeutig sind und seit Wochen die Tätigkeit der Brestgruppe auf das neue Ziel eindeutig und mit voller Hingabe ausgerichtet haben.

Es ist aber festzustellen, daß das Operieren von einem Stützpunkt ohne Werft und ohne Dock, wie Drontheim oder Narvik, doch starke Gefahren in sich birgt. Beschädigungen von schweren Einheiten können diese mangels Reparaturmöglichkeiten und angesichts der Gefahren einer Überführung in die Heimat für Kriegsdauer in Drontheim oder Narvik festnageln. Luftschutzmäßig reicht keiner der Norwegenstützpunkte an Brest heran, die Annäherung von Flugzeugträgern oder der Angriff von Langstreckenbombern kann durch die vorläufig noch schwache Luftwaffe in Norwegen nicht mit der gleichen Erfolgsaussicht abgewehrt werden wie in Brest.

Die Bindung schwerer feindlicher Streitkräfte nimmt — wie bereits erwähnt — ab, zum mindesten im Nordatlantik auf der Hauptverkehrslinie und in Gibraltar bzw. auf dem Nordsüdweg.

Die Gefahr der Islandpassage der Schiffe wird vom Gegner gering geachtet werden, da er diese Engen in Verbindung mit anzunehmenden Minensperren und seinen Aufklärern, LT.-Flugzeugen und wenigen, mit Dete-Geräten ausgerüsteten Kreuzern beherrscht, und mit schnellen Kampfgruppen von Scapa bzw. Reykjavik aus jederzeit zur Stelle sein kann. Er wird auch aus dem Ostmarsch der Brestgruppe zwangsläufig entnehmen, daß eine Atlantiktätigkeit in nächster Zeit nicht zu erwarten ist, denn das hätten wir von Brest aus einfacher haben können.

Ich fürchte also, daß sich der Abzug der Brestgruppe aus dem Atlantik auf die strategische Linie des Gegners günstig auswirken und ihm Kräfte freigeben wird zum Einsatz im Mittelmeer oder in Fernost.

Demgegenüber wird, abgesehen von der abstoßenden Wirkung, die Aufgabenstellung im Norwegischen Raum in bezug auf die aktiven Abwehraufgaben nur schwer zu lösen sein.

Geht der Gegner wirklich mit starken Kräften nach Norwegen, so wird kaum mit einer eigenen Überlegenheit zu rechnen sein.

Bei der langgestreckten Küste wird es auch kaum gelingen, im entscheidenden Augenblick, d. h. bei Annäherung der Landungsflotte bzw. bei Beginn der Landung rechtzeitig zur Stelle zu sein.

Auch kleinere, raid-artige Operationen werden im allgemeinen nicht verhindert werden können. Im übrigen wird die Konsequenz und Zielstrebigkeit, mit der der Engländer die Bekämpfung unserer größten Überwassereinheiten betreibt, nicht nachlassen.

Von Anbeginn des Einsatzes unserer Überwasserstreitkräfte an war es immer die Offensive in die Schwäche des Gegners hinein, welche uns trotz unserer Unterlegenheit an Schiffszahl Erfolge brachte. Das Ungewöhnliche führt zum Ziel.

Dieses Prinzip wird jetzt verlassen, den Seestreitkräften eine im strategischen Sinne defensive Aufgabe gestellt, deren operativ-offensive Lösung zwar angestrebt, nicht aber mit Sicherheit wird durchgeführt werden können, denn das Gesetz des Handelns geht zum Teil in die Hand des Gegners über.

Abschließend gebe ich der Hoffnung Ausdruck, daß der Entschluß der Aufgabe der mühselig errungenen Atlantikposition durch unsere schweren Überwasserstreitkräfte auch in Zukunft durch die weitere Kriegsentwicklung seine Rechtfertigung findet und nicht in kürzerer oder längerer Zeit ein Bedauern darüber Platz greifen muß, daß die Position am freien Atlantik in Brest geräumt wurde."

Wenige Stunden nach der Niederschrift dieser nonkonformistischen Gedanken stach er in See — wie der Führer befohlen hatte.

Bei Einbruch der Dunkelheit am Abend des 11. Februar 1942 wurden die Kessel der Schiffe hochgefahren. Gegen 18 Uhr herrschte auf allen Fahrzeugen die für das bevorstehende Auslaufen typische Geschäftigkeit. Dann kam der Befehl: „Klarhalten zur Durchführung der Übung." Laut ihren Instruktionen sollten die Schiffe am 12. zwischen La Pallice und St. Nazaire Übungen abhalten und in der folgenden Nacht nach Brest zurückkehren.

Das war der „Geheimbefehl", der den Schiffen, den Zerstörern und den Hafenbehörden übermittelt worden war. Jetzt tuckerten Schlepper mit roten, grünen und weißen Positionslaternen durch den Hafen, bereit, die großen Kästen von ihren Liegeplätzen abzutauen. Boote wurden herabgelassen, Fernsprech- und Dampfleitungen wie die übrigen Landverbindungen abgeschlagen. Alle bis auf ein paar hohe Offiziere glaubten, dies seien die Vorbereitungen für eine um 19.30 beginnende Nachtübung.

Um 19.25 hatten die deutschen Schiffe ihre Leinen klar zum Schippen und die Schleppleinen an die Schlepper gegeben. Das Wetter war, mit einer frischen nördlichen Brise, gut.

Das abgeblendete Licht umriß schattenhafte Gestalten, die sich auf der Brücke der *Scharnhorst* bewegten. Es waren Kapitän z. S. Hoffmann und sein Navigationsoffizier Helmuth Gießler.

„Es ist neunzehn Uhr dreißig", meldete ein Signalgast dem Kommandanten, der Befehl „Leinen los" gab. Die Schlepperschrauben begannen das Wasser aufzuwühlen.

Eben als von der *Scharnhorst* der Befehl zum Ablegen gemorst werden sollte, heulten in Brest die Sirenen auf. Die RAF. Innerhalb von Sekunden schlugen auf allen Schiffen die Alarmglocken an. Es war eine nervenzerreißende Situation. Die Schlachtschiffe lagen bereits unter Dampf, die Schlepper längsseits. Noch schlimmer: Um eine Behinderung der Feuerleitung und des Übungsschießens auf der angeblichen Übungsfahrt auszuschalten, hatte man die großen Tarnnetze entfernt und auf den Kai gelegt. Somit waren die Schiffe den gnadenlosen Blitzlichtbomben der RAF ausgeliefert. Deshalb wurden die Schiffe schnell eingenebelt. Das Zeug würgte jeden, der es einatmete: Kapitän Brinkmann auf

der Brücke der *Prinz Eugen* erlitt einen echten Erstickungs-
anfall.

Während die Flak das Feuer eröffnete, hörte man über der
Nebeldecke die feindlichen Maschinen herandröhnen. Zu sehen
waren nur die Mündungsfeuer der Flak. Doch als ein leichter
Windstoß den Rauchvorhang über dem Hafenbereich kurz aufriß, erblickten die Männer die weißen Lichtfinger der Scheinwerfer, die über den Sternenhimmel dahinschlichen. Durch das
Brüllen der Flak bohrte sich das Pfeifen fallender Bomben, und
dann hörte man die ersten Detonationen.

Kaum hatte sich in Brest herumgesprochen, daß die Schiffe ausliefen, kamen gleich wilde Gerüchte auf, die Deutschen hätten
den Fliegerangriff selber inszeniert, um die Menschen von den
Straßen zu scheuchen, während sich die schweren Kästen aus dem
Hafen stahlen. Aber der Angriff war echt. Zwischen 19.45 und
20.30 warfen sechzehn Wellington-Bomber ihre Ladungen ab.
Manche schlugen in der Stadt ein, keine indes auf den Schiffen.
Aber im Schein detonierender Blitzlichtbomben fotografierten
droben Luftbildaufklärer das Geschehen.

Damit begann für die Deutschen eine märchenhafte Glücks-
strähne. Denn auf einigen, noch in derselben Nacht in England
entwickelten Fotos war durch Nebellücken zu erkennen, daß die
deutschen Schiffe noch im Hafen lagen. Das beruhigte die Briten — offenbar hatten die Deutschen nichts weiter vor.

Um 21 Uhr, als die Wellingtons bereits in Richtung Heimat
flogen, war Brest immer noch nicht entwarnt. Admiral Ciliax
schaute auf die Uhr. Die Schlachtschiffe mußten um 21.30 auslaufen, sonst würden sie die verlorene Zeit unmöglich aufholen
und den minuziös ausgearbeiteten Aktionsplan nicht einhalten
können. Das hieße die Operation verschieben, wie es Gruppe
West für den Fall einer zweistündigen Verspätung vorgesehen
hatte.

Um 21.14 wollte Ciliax gerade alles abblasen, als die Entwarnung kam. Sofort gab er den Befehl zur Abfahrt. Für die Besatzungen war es nichts weiter als eine Verzögerung des Übungsschießens, wie sie es schon früher oft erlebt hatten.

Als der Nebel sich verzog und die Schlepper ans Werk gehen konnten, war der Zeitplan von Gruppe West fast um zwei Stunden überschritten. Selbst unter gewöhnlichen Umständen war das Verlassen des Brester Hafens bei Nacht nicht einfach, jetzt aber konnte man nicht einmal die beiden Molenköpfe ausmachen.

Angeführt von der *Scharnhorst*, suchten sich die Schiffe ihren Weg durch die nebelige Finsternis. Die Einfahrt, die sie durchfahren mußten, war nur zweihundert Meter breit. Plötzlich ragte genau dreihundert Meter vor der *Scharnhorst* eine der großen Sperrbojen aus dem Wasser. Die andere Markboje war indes nicht zu sehen. Damit drohte die *Scharnhorst* auf der falschen Seite, d. h. außerhalb der gesäuberten Rinne, die Boje zu umfahren. So war es. Im gleichen Augenblick, da die Boje endlich auftauchte, erkannte Kapitän Hoffmann, daß sein Schiff sich über der Netzsperre befand. Wenn sich die Schiffsschrauben in dem Stahlnetz verwickelten, war zumindest für die *Scharnhorst* diese Fahrt zu Ende. Es würde nichts weiter übrigbleiben, als das Schiff allein abdriften zu lassen. Hoffmann befahl „Maschinen stopp". Die Schrauben standen still. Langsam schob sich das Schlachtschiff über das Netz.

Dann hatte der 32.000-Tonner die schweren Drahtgeflechte überwunden. Ohne Schraubenschaden. Erleichtert atmeten die Offiziere auf der Brücke auf, als die Gefahr eindeutig vorüber war. „Langsame Fahrt voraus", befahl Hoffmann.

Bei der *Prinz Eugen* ging es nicht so glimpflich ab. Ihr Ablegen verzögerte sich, da der Bugschlepper nach dem Bruch der Schleppleine die Trosse in die Schraube bekam. Der Propeller des Heckschleppers verhedderte sich zuerst im Netz und dann in der Leine. Es sah wie Sabotage aus, ging aber wahrscheinlich nur auf die gewohnte Nachlässigkeit der französischen Schlepperbesatzungen zurück. Jedenfalls mußten sie jetzt zusehen, daß sie endlich losdampften.

Während Taucher die Schraube der *Prinz Eugen* untersuchten, trieb immer noch dicker künstlicher Nebel in Schwaden über dem Hafen. Denn um den Durchbruch abzusichern, wurde weiter vernebelt. Infolgedessen waren auch die Markbojen nicht auszumachen; Geschwadernavigator Gießler auf der *Scharnhorst* mußte die Schiffe nach dem Kompaß hinausmanövrieren. Seinen Standort mit dem Scheinwerfer zu überprüfen, fand er zu riskant. Er hätte ja auch höchstens eine Nebelwand angestrahlt.

Bald konnte *Scharnhorst* die beiden Schlepper entlassen. Die französischen Schlepper hatten Befehl, bis zum nächsten Mittag in Höhe Brest auf See zu bleiben. Angeblich, um dort die Rückkunft des Geschwaders von der „Übungsfahrt" abzuwarten. In Wirklichkeit war auch das eine Vorsichtsmaßregel; denn so würden sie in den Hafen erst dann einlaufen, wenn die Briten die Schlachtschiffe längst entdeckt hatten.

Während *Gneisenau* und *Prinz Eugen* im Kielwasser der *Scharnhorst* langsam aus dem Hafen glitten, bezogen die Geleitzerstörer ihre befohlenen Sicherungspositionen.

Als die Schiffe den Hafen verließen, blinkte eine abgedunkelte Lampe auf. Das war die einzige Nachrichtenverbindung, die zwischen den Schiffen benutzt werden durfte; Funkkontakt sollten sie so lange nicht aufnehmen, bis sie die Briten gesichtet hatten und solche Zurückhaltung überflüssig geworden war. Das Signal besagte: „Flaggschiff in Führung. *Gneisenau* und *Prinz Eugen* in Kiellinie folgen."

Wenig später merkten die Besatzungen an den stärker aufschäumenden, leicht phosphoreszierenden Bugwellen und am Vibrieren der Schiffsleiber, daß sie allmählich auf dreißig Knoten gingen. Langes, weißes Kielwasser hinter sich, rauschten die Zerstörer längsseits der großen Schiffe.

Es war eine dunkle Nacht mit schwach erkennbarem Sternenhimmel. Der Durchbruch hatte begonnen, wenn auch noch nicht unwiderruflich: falls eine RAF-Luftstreife oder Colvins U-Boot sie ausmachte, sollten sie umgehend nach Brest zurück. Vorläufig befanden sie sich auf westlichem Kurs; noch war es möglich, umzukehren und die Fiktion einer „Übungsfahrt" aufrechtzuerhalten.

Wo steckte Colvins *Sealion?* Am 10. Februar erfuhr er durch einen verschlüsselten Funkspruch, daß die deutschen Schiffe nach wie vor im Hafen lägen. Da sie somit seit vier Tagen nicht zu Übungsfahrten ausgelaufen waren, festigte sich Colvins Überzeugung, daß sie nun bald auftauchen müßten. Am nächsten Tag — es war der 11. Februar — schlich er sich wieder an die Heulboje und die Untiefen vor dem Brester Hafen heran.

Sein Boot stand nur sechs Meilen von den deutschen Schlachtschiffen entfernt, aber inzwischen waren seine Batterien fast leer. Obgleich er wußte, daß er bald abdrehen, auftauchen und die Aggregate aufladen mußte, beschloß er, so lange wie möglich auszuharren. Er blieb bis 14 Uhr, ohne etwas zu sehen, und lief dann mit der Ebbe auf See hinaus.

Als die deutschen Schlachtschiffe sich aus dem Hafen schoben, kreuzte Colvin in einer Entfernung von 30 Meilen über Wasser und lud seine Batterien auf. Er war fast so weit weg wie die beiden U-Boote der H-Klasse. Damit begann für die Briten eine wahre Pechsträhne.

Während die Schiffe durch die Sternennacht dampften und Brest allmählich im Hintergrund verblich, fragte Wilhelm Wolf, der wachhabende Offizier der *Scharnhorst,* Navigator Gießler nach dem Kurs. Gießler antwortete: „Neuer Kurs nach Steuerbord auf drei — vier — null gehen." Überrascht blickte Wolf ihn an — das war ja genau der Weg durch den Kanal. Gießler grinste und sagte: „Kurs ist korrekt. Morgen sind Sie bei Ihrer Frau, Wolf!"

Mit 27 Knoten, im Schutz des Zerstörergürtels, näherten sich die Schiffe dem Kanal. Um 22.20 sichtete die *Scharnhorst* das erste Markboot.

Auf den Schiffen war es totenstill. Nur die Bugwellen klatschten unablässig gegen den Stahl, und aus den Kesselräumen drang das leise Summen der Ventilatoren. Funkelnde Sterne am schwarzsamtenen Himmel kündigten einen Wetterumschlag an. Im ständig wechselnden Spiel der Bugwellen, die bald stiegen, bald sanken, ließen sich ein schwacher Wind und leichter Seegang ablesen. Der dünne Dunstschleier über dem Meer vertiefte die Schwärze der Nacht. Und dann — die Männer auf der Brücke sahen es durch ihre starken Ferngläser — tauchten schattenhaft die Umrisse der Steilküste von Ushant auf.

Um Mitternacht passierten die Schiffe Ushant — nur zweiundsiebzig Minuten später als geplant. Jetzt waren alle Brücken abgebrochen. Das große Abenteuer hatte begonnen. Aber wohin die Reise ging, das wußten die Besatzungen immer noch nicht.

Kurz nach Mitternacht hielt Vizeadmiral Ciliax folgende Ansprache an die Besatzungen der Brestgruppe:

„Soldaten der Brestgruppe! Der Führer hat uns zu neuen Aufgaben in anderen Gewässern gerufen. Nach großen Erfolgen im Atlantik sind die Schiffe der Brestgruppe allen Versuchen des Gegners, sie im Stützpunkt Brest außer Gefecht zu setzen und sich damit von dieser Bedrohung seiner Seeverbindungen zu befreien, zum Trotz, in unermüdlicher Arbeit jedes einzelnen unter tatkräftiger und einsatzbereiter Mithilfe des Werftpersonals wieder einsatzbereit gemacht worden.

Unsere nächste Aufgabe, deren Durchführung seit gestern abend angelaufen ist, liegt vor uns. Sie lautet: ‚Marsch durch den Kanal nach Osten in die Deutsche Bucht.‘

Diese Aufgabe stellt an Männer, Waffen und Maschinen die höchsten Anforderungen. Wir alle sind uns der Schwere der Aufgabe bewußt. Der Führer erwartet von jedem von uns restlosen Einsatz; es ist unsere Pflicht als Soldaten und Seeleute, diese Erwartungen zu erfüllen. Was uns nach dem Marsch in die Deutsche Bucht für Aufgaben erwarten, braucht uns jetzt nicht zu beschäftigen. Die Gegenwart allein muß uns erfüllen.

Ich führe den Verband in der Gewißheit, daß jeder Mann auf seinem Posten seine Pflicht bis zum äußersten tut."

Die Leute brachen in Jubel aus — jetzt wußten sie wenigstens alle, was ihnen bevorstand: ein erregendes, kühnes Abenteuer. Endlich weg aus diesem ewig bombardierten Brest, und sei's um den Preis der gefahrvollen Dover-Passage.

Die Nachricht wirkte elektrisierend und wurde überall diskutiert. Auf der Brücke der *Scharnhorst* erschienen als seltene Gäste der Schiffsarzt und der Verwaltungsoffizier, um die neue Lage zu besprechen.

Aber wie würde es enden? Bald verstummten Jubel und Freude, nachdenklich geworden, starrte so mancher in die düsterglänzende See. Bei Tageslicht durch die Straße von Dover? Das konnte nicht unbemerkt bleiben. Ob dann der Marsch durch den Kanal gelang, wie es der Führer erwartete, war fraglich. Wenn die Briten sie nun versenkten?

Auf der *Scharnhorst* wuchs die Unsicherheit, als man kurz nach Ciliax' Ansprache eine britische Ortungsfrequenz aufzufangen glaubte. Hatte der Feind sie bereits entdeckt? Obgleich die *Gneisenau* auf Anfrage meldete, daß auf dieser Wellenlänge nichts zu hören sei, argwöhnten die Funkmeßbeobachter auf der *Scharnhorst* weiterhin, britisches Flugzeugradar erwischt zu haben. Dann vermutete Ciliax auf Grund der ungefähr gleichbleibenden Richtung Impulse vom Zerstörer *Richard Beitzen*.

Durch Morsespruch wurde eine sofortige Kontrolle angeordnet. Zwanzig Minuten später war alles geklärt — die „britischen Radarechos" rührten von einem elektrischen Gerät an einem Geschütz des Zerstörers, das man versehentlich nicht ausgeschaltet hatte.

Während sie, noch immer unentdeckt, durch die Nacht weiter nach Norden dampften, stellte sich heraus, daß die meisten Sondernavigationshilfen nicht funktionierten. Als wirklich wertvolle Hilfe erwies sich lediglich der vom Wilhelmshavener Marine-Observatorium neu erarbeitete Stromatlas.

Zum erstenmal verwendeten die Deutschen Funkmeßgeräte. 1942 steckte die Radarnavigation noch in den Kinderschuhen; überdies waren die deutschen Systeme viel schlechter als die britischen. Aber Großbritanniens Radar konnte in jener Nacht auch keinen Erfolg buchen.

Neue deutsche Funkmeßanlagen an der französischen Küste sollten Kurs und Entfernungen der Schlachtschiffe ermitteln und Informationen über den Verlauf der Operation an die Stäbe von Marine und Luftwaffe weiterleiten.

Auf den Schiffen allerdings schwiegen die Funkmeßsender, weil man die Abhörgefahr für zu groß hielt und sich darauf beschränken wollte, Standortüberprüfungen nur an Hand aufgefangener Peilungen von den Küstenstellen durchzuführen. Aber entweder kamen die Peilungen zu spät, oder die Information stimmte nicht. Manche blieben ganz aus. Menschliches Versagen war an diesem Tag kein Privileg der Briten.

Allmählich dämmerte den Navigationsoffizieren, daß das ganze System nicht richtig arbeitete. Das hing zum Teil mit der übertriebenen Geheimhaltung zusammen. Denn aus Sicherheitsgründen hatten die Funkmeßbeobachter, die überwiegend ganz unerfahren waren und unter denen sich auch Franzosen befanden, die Geräte nicht in der Praxis erproben dürfen. Zudem hatte man den Leuten ja verschweigen müssen, weshalb gerade in dieser Nacht allergrößte Wachsamkeit geboten war.

Für Geschwadernavigator Gießler wuchs sich diese Situation zum Albtraum aus. Ohne Funkpeilung mußte er die Schiffe bei 27 Knoten mit Koppelnavigation durch die von Ruges Flottille bis in eine Tiefe von etwa 22 Meter geräumte, nur eine Meile breite Fahrrinne steuern. Nach dem Wilhelmshavener Gezeitenatlas war in diesem Zwangsweg ein gewisses Maß an Sicherheit vor losgerissenen Ankertauminen gegeben, das Gießler gerade noch ausreichend erschien.

Aber alle Gefahren der engen Sperrlücke verblaßten vor der unablässig bohrenden Frage, ob die Briten ihnen schon auf die Schliche gekommen waren. Die Zeit verrann, und nach wie vor blieb der Äther ruhig; keinerlei britische Funksignale wurden aufgefangen. Und dabei rückten Dover und die Dämmerung langsam näher.

Gelegentlich sahen die Deutschen schwache rote oder grüne Lichter und entzifferten Blinkzeichen aus abgedunkelten Morselampen — Minensucher, die den Schlachtschiffen den Weg gebahnt hatten und nun in Häfen an Frankreichs zerklüfteter Nordküste zurückkehrten. Dann glommen die Uferlichter der Casquets auf. Nun konnte Gießler seine Position überprüfen. Die günstige Strömung im Kanal ermöglichte es ihnen, so rasch nach Osten zu fahren, wie bei Dunkelheit nur irgend vertretbar war, und die in Brest verlorene Zeit aufzuholen.

Gruppe West sendete weiterhin kodierte Ortsangaben, rechnete jedoch unbeirrt mit dem zweistündigen, beim Auslaufen entstandenen Zeitverlust. Inzwischen hatten die Schiffe den Zeitverlust auf weniger als eine Stunde verringert — aber an den empfangenen Funksprüchen erkannte Ciliax, daß die Befehlsstellen an Land die Schiffe immer noch für verspätet hielten. Da gegen Morgengrauen Jäger eintreffen sollten, die die Schlachtschiffe nicht verfehlen durften, beschloß der Vizeadmiral, der Luftwaffe eine genaue Standortmeldung zu funken.

Er befahl einem Zerstörer, sich in Küstennähe zu begeben und einen entsprechenden Funkspruch abzusetzen. Die küstennahe Position des Zerstörers beim Abstrahlen der verschlüsselten Meldung sollte die britischen Peiler verwirren. Der Spruch wurde jedoch gar nicht aufgefangen — die britischen Sender blieben still. Einer der deutschen Funküberwacher, der britische Wellenlängen abhörte, rapportierte Ferngespräche im Kurzwellenbereich zwischen Wachbooten in Portland Bay und der Isle of Wight. Das war aber nicht weiter wichtig.

Um 4.00 Uhr morgens traf von einer Minensuchflottille die unangenehme Nachricht ein, daß man zwanzig Meilen südwestlich von Boulogne genau quer zum Kurs eine neue Minensperre entdeckt habe. Ein Ausweichen war nicht möglich, weil, wie man wußte, zu beiden Seiten der Fahrrinne neue und alte Minenfelder lagen, die man in letzter Zeit nicht mehr überprüft hatte.

Kommodore Ruge saß in seinem Pariser Hauptquartier gemütlich im Sessel und las einen — englischen — Kriminalroman von Dorothy Sayers, den er bei einem *bouquiniste* aufgestöbert hatte, als ihm die neue Minenwarnung übermittelt wurde. Sofort ordnete er an: Auch wenn es Boote koste, müsse der Flottillenchef der Sucheinheiten für die vor der Dämmerung dort eintreffenden Schlachtschiffe rechtzeitig eine Sperrlücke räumen. Dies war übrigens der einzige Befehl, den Ruge in jener Nacht erteilte.

Bis auf den Minenalarm ereignete sich nichts Ungewöhnliches mehr. Alles verlief nach Plan; die Morgendämmerung war nicht mehr fern, und nach wie vor kam von der deutschen Funkaufklärung keinerlei Hinweis auf besondere britische Funkaktivität. Demnach hatten die Deutschen den größten Teil des Kanals unbeobachtet durchfahren, eine Gewißheit, die natürlich jedem Mann enormen Auftrieb gab.

Um 6.13 erging Befehl, weiteren Morseverkehr nur noch mit Ultra-Rot-Richtblinker durchzuführen, den die Briten nicht empfangen konnten. Um 7.00 Uhr passierten sie Cherbourg — ungefähr vierzig Minuten vor Tagesanbruch.

Um 7.11 Uhr, als sie sich auf der Höhe der deutsch-besetzten Kanalinsel Guernsey befanden, wurden wieder Funkpeilungen aufgefangen, die abermals völlig unbrauchbar waren — sie waren ebenso falsch wie die von der französischen Küste.

Um 7.16 Uhr dröhnten die Lautsprecher durch die Dunkelheit: „Klarschiffzustand!" — „Alle Mann auf Gefechtsstationen!"

Die Sterne verblaßten, bleiches Grau kündigte die nahende Dämmerung an. Im ersten Büchsenlicht erschienen, den Verband von hinten anfliegend, vier deutsche Nachtjäger und übernahmen nach Abschuß ihrer Erkennungssignale den Begleitschutz der Schiffe in der Luft.

Auf der Admiralsbrücke spähte Ciliax mit Jagdfliegerführer Oberst Ibel angestrengt durch das Zwielicht. Jagdeinsatzleiter Oberst Hentschel hockte droben im Krähennest. Oberst Elle in der Nachrichtenzentrale der Luftwaffe hielt ständigen Kontakt mit den beiden Offizieren.

Die Umrisse der Schiffe traten bereits deutlich hervor, als die ersten Jäger Gallands auftauchten, um über dem Geschwader bis zum Abend den Jagdschutz zu übernehmen. Und bald konnten die Mannschaften auf den Gefechtsstationen die dunkel gestrichenen deutschen Nachtjäger mit ihren gelben Rumpfringen dicht unter den Wolken kreisen sehen.

Dunstverschleiert ging die Sonne auf, hoch am Himmel trieb eine dünne Wolkendecke rasch nach Nordosten — und die Deutschen freuten sich: das waren Vorboten eines aufziehenden Sturmes.

Aber sie fragten sich auch immer wieder: „Hat der Tommy Kenntnis von unserer Absicht?" Unbehelligt waren sie nun nahezu elf Stunden lang durch den Kanal gefahren, die Briten mußten doch einfach wissen, wo sie sich befanden! Voller Spannung wartete jedermann auf seinem Platz auf den unausbleiblichen britischen Angriff.

4

DREI RAF-PATROUILLEN

Indes, man hatte sie nicht entdeckt. Und das lag an den RAF-Nachtpatrouillen.

Beauftragt, die deutschen Schiffe im Kanal zu orten, hatte das Coastal Command die Gewässer von der Abenddämmerung bis zum Morgengrauen durch Hudson-Maschinen, die als Relaisstationen dienten, mit dem primitiven Radar ASV Mark II überwachen lassen. Die Vorausantennen der Hudsons konnten große Schiffe bis zu einer Entfernung von dreißig Meilen erfassen. Ende 1941 lieferten diese Funkmeßgeräte zwar 94 Prozent aller Nachtortungen, doch lag ihre Fehlerquote bei fünfzig Prozent.

Mit dieser Ausrüstung flogen jede Nacht drei einander überschneidende Streifen zwischen Brest und der Straße von Dover. Die wichtigste Streife war die westliche, *Stopper*, die von der Küste über Brest bis Ushant flog; die zweite, *Line SE*, überwachte den Raum zwischen Ushant und dem Nordostzipfel der Bretagne, und die dritte, *Habo*, Le Havre—Boulogne.

Einer so lückenlosen Luftüberwachung mit überschneidenden Uhrzeiten hätten die deutschen Schiffe eigentlich nicht entgehen dürfen. Aber das System setzte intensive Vorbereitung und Spezialausbildung der Flugzeugbesatzungen voraus, und daran fehlte es bei den Briten.

Am 11. Februar um 18.27 startete eine *Stopper*-Hudson unter Flt.-Lt. C. L. Wilson von der 224. Staffel von dem verdunkelten RAF-Horst St. Eval in Cornwall. Es war so dunkel, daß Wilson kaum die Spitzen seiner Tragflächen erkennen konnte. Unter solchen Umständen war Sichtaufklärung unmöglich. Wilson mußte sich bei seinem Flug über Brest und die Nordostecke der Bretonischen Halbinsel völlig auf sein Radar verlassen.

Um 19.17 — Wilson befand sich in 300 m Höhe nicht weit von Ushant — wäre Hudson beinahe mit einer deutschen Ju-88 kollidiert. Während Wilson rasch auswich, schaltete seine Besatzung das Radar aus, und als sie es wieder andrehten, blieb es tot. Die Männer, Sergeant George Thomas, Sergeant G. Cornfield und Sergeant R. Cooke, kriegten es trotz aller Mühe nicht wieder in Gang. Da das Gerät um 19.40 noch immer streikte, beschloß Wilson die Rückkehr zum Stützpunkt.

In St. Eval bemühten sich sofort die Techniker um das gestörte Radargerät. Volle vierzig Minuten suchten sie nach irgendwelchen tückischen, versteckten Fehlern — und dann war es nur eine durchgebrannte Sicherung. Weil sich die Reparatur so sehr verzögerte, sollte Wilson inzwischen mit einer anderen Hudson die Überwachung fortsetzen. Diese Maschine nun wollte und wollte nicht starten. Wieder verstrichen fünfzig Minuten, bis der Schaden gefunden war — ein feuchtgewordener Steckkontakt. Mittlerweile hatte man Sq.-Ldr. G. Bartlett in einer dritten Hudson als *Stopper* losgeschickt.

Während die Briten in St. Eval mit der durchgebrannten Sicherung und dem Stecker rangen, blieb Brest drei Stunden lang unbewacht. Um 19.40 hatte Wilson seinen Flug abgebrochen; als Bartlett über Brest erschien, war es 22.28 Uhr. Genau eine Stunde vorher waren die deutschen Schlachtschiffe ausgelaufen.

Um zwei Uhr sah Bartlett achteraus ein orangefarbenes Licht, das er für einen deutschen Nachtjäger hielt. Er flog ein Ausweichmanöver in Richtung See. Um diese Zeit hatte die Brestgruppe schon hundert Meilen auf östlichem Kurs hinter sich gebracht.

Einundzwanzig Minuten nach dem ersten *Stopper*-Start — um 18.48 — stieg Flt.-Lt. G. S. Bennett mit seiner *Line-SE*-Hudson auf. Als er um 19.40 sein Überwachungsgebiet zwischen Brest und Le Havre erreichte, hatte Wilson soeben den Abbruch seiner *Stopper*-Mission beschlossen.

Auch Bennetts Radar funktionierte nicht. Neunzig Minuten lang versuchte die Besatzung fieberhaft, das Gerät instand zu setzen. In diesem Zeitraum konnte Bennett der starken Dunkelheit wegen praktisch nicht aufklären. Um 21.13 Uhr brach Bennett die befohlene Funkstille und meldete den offenbar irreparablen Defekt, worauf man seine Maschine zurückbeorderte. Es muß sich um einen ganz vertrackten Fehler gehandelt haben, denn selbst drei Wochen später war er noch immer nicht gefunden.

Daß man Bennetts Maschine nicht durch eine andere ersetzte, erwies sich als folgenschweres Versäumnis. Eine Viertelstunde nach Mitternacht liefen die deutschen Schlachtschiffe an Ushant vorbei in den Bereich von *Line SE* ein. Da sie sich den größten Teil der Nacht in diesem Gebiet befanden, wären sie einer Ersatzmaschine wohl nicht entgangen. Wahrscheinlich ist es nur diesem Versagen zweier Radaranlagen zuzuschreiben, daß nicht wenigstens eine Hudson das Geschwader sichtete.

Die dritte Patrouille, *Habo,* bis zur Dämmerung auf das Gebiet Le Havre—Boulogne angesetzt, gehörte in die Zuständigkeit der auf Thorney Island stationierten 223. Staffel. Die Sergeanten Smith und Watt, die zwischen 12.32 und 5.54 Streife flogen, meldeten lediglich „weißes Licht vor Barfleur". Von 3.55 bis 7.15 befanden sich Flying Officer Alexander und Sergeant Austen mit der zweiten *Habo*-Maschine im Überwachungsgebiet.

Über diesem Kanalabschnitt hingen sehr tiefe Dunstschleier. Da der Fliegerleitoffizier des Horsts befürchtete, sie könnten sich zu Nebel verdichten und die Landung der Maschine verhindern, wies er Alexander an, nur zwei Schleifen zu ziehen und danach zurückzukehren. Dadurch war diese Streife eine Stunde früher als sonst beendet.

Abermals klaffte in der britischen Luftbeobachtung eine Lücke. Wäre die Patrouille tatsächlich bis zur Dämmerung fortgesetzt worden, hätte ihr Radar die deutschen Schiffe vor Le Havre vielleicht registriert. So aber trafen die deutschen Einheiten im Abschnitt *Habo* eine Stunde nach dem Rückflug des Luftaufklärers ein, und Alexander vermochte denn auch nichts weiter zu melden als „Auftrag ausgeführt — keine Beobachtungen".

Also hatten die Deutschen den britischen Verteidigungsring, dem ein U-Boot und drei Luftstreifen im Kanalgebiet von Brest bis Boulogne angehörten, bereits mehrmals durchbrochen. Das verdankten sie jedoch nicht der eigenen Geschicklichkeit, sondern dem schlechten Wetter, dem notorischen Pech der Briten und dem Versagen von RAF und Coastal Command.

Im Raum Dover mußten die deutschen Schlachtschiffe in den Wirkungsbereich der britischen Küstenartillerie geraten, deren schwere Ferngeschütze dem Unternehmen die entscheidende Wendung geben konnten.

Als das britische Expeditionsheer unter lautem Jubel der Bevölkerung nach Frankreich eingeschifft wurde, sah niemand voraus, daß eines Tages schwere Artillerie von Dover quer über den Ärmelkanal feuern würde. Dann kam 1940 — und Dünkirchen.

Nach dem Fall Frankreichs brachten die Deutschen im Pas de Calais sofort schwere Geschütze in Stellung. Sie stammten nicht, wie gerüchtweise verlautete, von der Maginotlinie, sondern waren fahrbare 20,3- und 28,5-cm-Eisenbahngeschütze. Veraltet und nicht sehr treffsicher, richteten sie nur geringen Schaden an, beherrschten aber die enge Straße und sollten erstens die französische Küste verteidigen, zweitens britische Schiffe beschießen und drittens die Küste von Kent durch Granatfeuer verunsichern. Im übrigen waren sie Teil der Vorbereitungen für eine Invasion der britischen Inseln.

Churchill wollte diese deutsche Herausforderung keinesfalls unbeantwortet lassen. Während Nazigenerale noch an den Plänen für „Operation Seelöwe" (Invasion Großbritanniens) bastelten, gab Churchill Weisung, die Klippen von Dover so rasch wie möglich mit schwerer Artillerie zu bestücken.

Am 10. Juni 1940, eine Woche nach Dünkirchen, beschlossen der Vierte Seelord, Vizeadmiral Sir Bruce Fraser, und der Beauftragte des Rüstungskonzerns Vickers-Armstrong auf einer Konferenz, bei Dover umgehend zwei Vierzehnzöller (35,6-cm-Geschütze) zu stationieren. Diese Schiffsgeschütze waren eigentlich für die neuen Schlachtschiffe der *King-George-V.* bestimmt, konnten aber, da sie 1590-Pfund-Granaten verschossen und eine Reichweite von 48.000 bis 50.000 Yards hatten, den Raum Calais—Boulogne ohne weiteres bestreichen.

Zwei Tage darauf wurden der Navy eintausend 14-Zoll-Granaten (35,6 cm) geliefert. Zugleich bestimmte der Chef der Operationsabteilung, Kapitän z. S. J. Leach, der später als Kommandant der *Prince of Wales* mit seinem Schiff unterging, den Standort für das erste Geschütz: eine Meile landeinwärts von St. Margaret's Bay bei Cliffe, wurde es mit Hilfe der drei größten Eisenbahnkräne Englands, zwei 50- und ein 45-Tonner, aufgestellt.

Auf Anordnung Churchills tarnte man das Ganze umständlich mit Stahlrohrgeflecht und Netzen mit eingewebter farbiger Stahlwolle. Aber die Deutschen ließen sich nicht täuschen. Interessiert verfolgten sie von „ihrer" Kanalseite aus die Montage. Sie waren damals fest zur Invasion Großbritanniens entschlossen und wußten, daß sie diese Kanalartillerie als erstes würden ausschalten müssen. Allerdings blieb ihnen verborgen, daß Churchill bereits am 3. August 1940 die erste Schiffsgeschützstellung und ihre von Royal Marines bedienten Vierzehnzöller besichtigte, die daraufhin *Winnie* genannt wurde.

Am 15. August griffen Junkers-Bomber *Winnie* im Sturzflug an, erzielten jedoch nur geringen Sachschaden. Aber es war der Auftakt zur Schlacht um England. Damals war *Winnie* noch nicht ganz feuerklar, aber eine Woche später wurde von Oberstleutnant H. D. Fellows die erste Salve gefeiert. Diese erste Granate, die je ein in England stationiertes Geschütz über den Kanal gejagt hatte, explodierte dreihundert Meter vor einer deutschen Batterie auf Cap Gris Nez. Nach zwei weiteren Schüssen wurde das Artillerie-Beobachtungsflugzeug von fünfzig Nazi-Jägern angegriffen und deshalb zurückgerufen.

Churchill war mit den beiden fast feuerklaren Vierzehnzöllern noch nicht zufrieden. „Wir müssen die Straße von Dover beherrschen", sagte er. Aber wo weitere derartig schwere Geschütze auftreiben?

Im Juni fand Oberst Stewart Montague Cleave, Experte für überschwere Eisenbahngeschütze des Ersten Weltkrieges, einen Ausweg. In einem Artilleriedepot unweit Nottingham entdeckte er vier 13,5-Zoll-Geschütze (34,3 cm) aus jenen vergangenen Tagen. Sie stammten von den Schlachtschiffen der alten Iron-Duke-Klasse und hatten 97 Tonnen schwere, mittlerweile spinnweben-verhangene Rohre. Bis Calais trugen sie mit ihren üblichen 1400-Pfund Granaten nicht; aber mit den leichteren 1250-Pfündern ließ sich eine Reichweite von ungefähr 40.000 Yards erzielen — fast die eines Vierzehnzöllers. Oberst Cleave empfahl den Einsatz der 13,5-Geschütze (34,3 cm) auf Eisenbahnlafetten, weil man sie so im Falle einer deutschen Invasion auf dem Schienenweg rasch transportieren und ansonsten in Tunnels abstellen konnte. Beeindruckt von der Mobilität und dem Aktionsradius dieser Kolosse befahl Churchill, sie instand zu setzen und sofort an die Kanalküste zu schaffen. So brachte man einen 13,5er in Lydden Spout, einen zweiten in einem Einschnitt vor dem Guston-Tunnel in Stellung.

Am 20. September 1940 — fünf Wochen, nachdem *Winnie* die Deutschen am Pas de Calais mit ihrem ersten Schuß begrüßt hatte — war das erste bewegliche Geschütz, *Scene Shifter*, einsatzbereit. *Peacemaker* folgte am 27. November 1940.

Am 8. Februar 1941 hatten die Briten das zweite 14-Zoll-Schiffsgeschütz (35,6 cm) *Pooh* hinter St. Margaret feuerklar. Die beiden anderen 13,5-Eisenbahngeschütze, *Gladiator* und *Bochebuster*, wurden am 8. Mai 1941 fertig.

Diese sechs klotzigen, schwerfälligen Stücke waren im Frühjahr 1941 die einzigen schweren Waffen auf der britischen Kanalseite bei Dover. Im weiteren Verlauf erwiesen sie sich als ziemlich nutzlos, denn die vier Eisenbahngeschütze ließen sich nur mit viel Mühe laden und richten, und *Winnie* vermochte genau wie *Pooh* nur in Abständen von fünf Minuten auf feststehende Ziele in Frankreich zu feuern. Die deutschen Batterien am Pas de Calais erreichten sie nur mit überschwerer Schiffsmunition, außerdem waren nach achtzig Schuß die Rohre hinüber — dann mußten wieder die drei größten Kräne Englands eingreifen und neue Seelenrohre einsetzen. Da die Deutschen diese komplizierte, zeitraubende Prozedur von der französischen Küste aus unschwer beobachten konnten, war jedesmal eine Kabinettsentscheidung erforderlich, bevor sie durchgeführt werden durfte.

Auf Grund dieser Schwierigkeiten setzte man die Geschütze nicht oft ein. Außerdem galt willkürlicher Beschuß französischen Gebiets als zwecklos und dem besiegten Verbündeten gegenüber zudem als unfreundliche Geste. Solche Rücksichten kannten die Deutschen nicht. Ohne besonderen Anlaß belegten ihre schweren Batterien Folkstone, Dover, Ramsgate und gelegentlich Deal mit Granaten. Immer, wenn die britischen Geschütze über die Straße von Dover feuerten, antworteten die Deutschen unverzüglich. Deshalb verständigten die Briten, bevor sie das Feuer eröffneten, die Bürgermeister der genannten vier Städte, damit sie die Bevölkerung durch doppelte Sirenenwarnung auf die mit Sicherheit zu erwartenden deutschen Granaten vorbereiten konnten.

Die Situation war unbefriedigend und gefährlich, man brauchte einfach weitertragende Geschütze mit schnellerer Schußfolge. Im September 1940 wurde entschieden, im Raum Dover drei neue Batterien zu errichten, darunter die 6-Zoll-Geleitzugabwehrgeschütz-Batterie (15,2 cm) in Fan Bay mit einer Reichweite von etwa 25.000 Yards. Im Februar 1941 konnten sie dem neugebildeten Küstenartillerieregiment unter Oberstleutnant J. H. Richards übergeben werden.

Danach kam die South-Foreland-Batterie mit vier 9,2-Zöllern (27,9 cm) an die Reihe. Sie schafften 31.000 Yards und feuerten fünfmal schneller als die veralteten Vierzehnzöller, nämlich immerhin einen Schuß pro Minute. Nach Fertigstellung der South-Foreland-Anlage Ende Oktober 1941 plante man eine dritte, noch schwerere 15-Zoll-Batterie (38,1 cm) bei Wanstone Farm.

Auch die Deutschen tauschten ihre Stücke auf der anderen Seite aus. Im Juni 1941, zu Beginn des Rußlandfeldzuges, nahmen sie ihre beweglichen Geschütze zurück und ersetzten sie durch schwere einbetonierte Geschütze der Küstenartillerieregimenter. Es handelte sich um die *Batterie Lindemann* mit drei, vom eroberten französischen Schlachtschiff *Jean Bart* stammenden 40,6-cm-Stücken, die panzerbrechende Granaten verschossen, die fünfzehn Meter durchschlugen, ehe sie explodierten; die beiden anderen waren *Batterie Todt* mit drei 38,1-cm und die *Batterie Großer Kurfürst* mit vier 27,9-cm.

Alle deutschen Batterien waren sehr aktiv und den Briten höchst lästig. Wenn britische Artillerie deutsche Schiffe in der Straße von Dover unter Beschuß nahm, dauerte es normalerweise kaum fünf Minuten, bis deutsche Granaten in Kent einschlugen. Offenbar waren die deutschen Geschütze ständig geladen.

Die Briten wußten genau, wo sich die deutschen Stellungen und Geschütze befanden. Bei gutem Wetter verfolgte z. B. Kanonier Albert Mister von der britischen 6-Zoll-Geleitzugabwehrbatterie in Fan Bay durch den Feldstecher den Ausbau der gegenüberliegenden Stellungen.

Durch tägliche Aufklärungsflüge kannten aber auch die Deutschen die Stellungen der britischen Batterien. Zur Täuschung stellten die Briten in der Nähe neuer Batterien Gipsattrappen auf. Jedoch vergebens — eines Tages erschien ein deutsches Flugzeug und warf den Briten zum Hohn eine hölzerne Bombe ab.

Die 15-Zöller (38,1 cm) der Batterie waren noch nicht feuerklar*, die sechs veralteten schweren Geschütze gegen bewegliche Ziele viel zu langsam und höchstens zu Zufallstreffern imstande. Die Sechszöller (15,2 cm) schossen zwar schnell, erreichten aber Schiffe nicht, die sich dicht an der französischen Küste hielten.

Wirklich gefährlich waren nur die 9,2-Zoll-Geschütze (27,9 cm) von South Foreland. Doch wie stets kam es auch hier auf möglichst frühzeitige Warnung an. Bei genauen Informationen hatten die Geschütze durchaus eine Chance, feindliche Schiffe in der Dover-Enge so schwer zu treffen, daß sie für Royal Navy oder RAF eine leichte Beute waren.

Je näher Dover rückte, desto besorgter fragten sich die Kommandanten der deutschen Schlachtschiffe, ob sie sich auf ihre Abwehr- und Aufklärerberichte auch wirklich verlassen konnten. Was, wenn die Briten mit anderen verborgenen Ferngeschützen die Straße von Dover doch noch in einen Hexenkessel verwandelten?

---

* Erst im Mai 1942 konnte die dritte, nach Wanstone Farm benannte 15-Zoll-Batterie (38,1 cm), die bis nach Frankreich hinüber trug, eingesetzt werden. Im August feuerten die 9,2-(27,9-cm-) und 15-Zoll-Geschütze (34,1 cm) erstmalig gemeinsam.

5

EIN OFFIZIER BEFOLGT SEINE BEFEHLE

Kurz nach acht Uhr setzte im Kanal Regen ein, allerdings bei
nur mäßigem Wind und ziemlich ruhiger See. Die deutschen
Kriegsschiffe, seit über zehn Stunden unterwegs, hatten 250 Meilen zurückgelegt und nur noch fünfzehn Minuten im Zeitplan
aufzuholen. Dank ihres den größten Teil der Nacht durchgehal-
tenen Tempos von nahezu 30 Knoten und trotz unzureichender
Navigationshilfen befanden sie sich fast genau dort, wo sie sein
sollten. Niemand hatte sie entdeckt — bis jetzt war der Bluff
gelungen. Die Londoner Admiralität wiegte sich in der seligen
Gewißheit, daß die Schlachtschiffe noch immer in Brest lägen.
Auf der Höhe von Barfleur, kurz nach der Dämmerung, hatten
sie den Zeitverlust bis auf wenige Minuten eingeholt. Hier im
oberen Kanalabschnitt war es kälter als in Brest, wenn auch ab
und zu die Sonne hervorlugte. Der Morgen verstrich ohne besondere Vorkommnisse. Der offizielle Filmberichterstatter nutzte
jeden Sonnenstrahl zu Aufnahmen an Deck. Die Geschützbedienungen bekamen Linsensuppe mit Würstchen und Kaffee.
Sie wußten, daß es für lange Zeit ihre letzte warme Mahlzeit
war. Eines der Probleme, auf das man besondere Aufmerksamkeit verwandt hatte, bestand in der Verpflegung der Soldaten
bei sehr langem Einsatz auf Gefechtsstation. Da die zwei abge-
teilten Köche nicht laufend warme oder kalte Mahlzeiten bereitstellen konnten, hatte man auf die einzelnen Stationen Gefechts-
proviant verteilt, der erst auf Befehl angebrochen werden durfte.
Denn man wußte aus Erfahrung, daß gegen Gefechtsaufregung
und körperliche Überanstrengung nichts besser half als kleine,
aber häufig ausgegebene Verpflegung. Überdies gaben die Schiffs-
ärzte Schokoladetafeln und Vitamintabletten aus.

Die Spannung auf den Schiffen wurde unerträglich. Jetzt begriffen die Männer, weshalb Offiziere der Luftwaffe und zusätzliche Flakbedienungen vor dem Auslaufen eingeschifft worden waren: die Decks, selbst die Geschütztürme starrten von Flakrohren.

Sehr deutlich wurde dieser Spannungszustand, als die *Scharnhorst* nochmals kurze Nebelstöße und einzelne Richtungsschüsse abgab. Aber da keine RAF-Maschine in Sicht war, blieb auf den anderen Schiffen der Grund für diese Maßnahmen unklar. Kapitän Fein von der *Gneisenau* ließ durch Winkspruch beim Kommandanten der *Scharnhorst* nachfragen und erhielt von Ciliax die Antwort: „Wir tun es für die Sicherheit des Verbandes." Jedenfalls schienen sich weder die RAF noch die Royal Navy zu rühren.

Auf der Höhe der Somme-Mündung, ungefähr 40 Meilen vor Dover, wurden die Nachtjäger abgelöst. Sie flogen nach Holland zurück, um aufzutanken und gegen Abend den Geleitschutz wieder zu übernehmen. Inzwischen traten Messerschmitt-109 an ihre Stelle.

Daß die Deutschen, die jetzt bei Tageslicht durch den Kanal dampften, noch immer nicht entdeckt worden waren, lag an den nächtlichen RAF-Luftstreifen des Coastal Command. Dieses Zusammentreffen von Pech und Schlamperei sollte sich auf britischer Seite noch mehrfach wiederholen; der bisherige Verlauf trug bereits deutlich die Merkmale dieser Entwicklung.

Jetzt waren die britischen Tagstreifen an der Reihe. Bei Morgen- und Abenddämmerung patrouillierte eine Spitfire von Cap Gris Nez bis Vlissingen, eine andere vom Cap Gris Nez bis Le Havre. Wenn sie etwas Wichtiges gesichtet hatten, sollten sie zwar Funkstille wahren, jedoch gleich zum Horst zurückkehren und Meldung erstatten. Als die Spitfire-Streife *Jim Crow* startete, näherten sich die deutschen Schiffe Dieppe.

Chef der *Jim Crow* war Major Bobby Oxspring von der 9. Staffel in Hawkinge, bei Manston. Seine Staffel hatte die Küstenhäfen aufzuklären und etwaige nächtliche Bewegungen von Schiffen an Hand der veränderten Standorte festzustellen.

Oxsprings Staffel und die *Habo*-Patrouille des Coastal Command, die bei Dämmerungsanbruch zurückflog, um sofort anschließend von den *Jim-Crow*-Spitfires abgelöst zu werden, wurden völlig getrennt eingesetzt und wußten nichts voneinander. Dieses Fehlen jeder Zusammenarbeit war um so gefährlicher, als Oxspring und seine Piloten das Stichwort „Fuller" nicht kannten, denn aus lauter Geheimhaltungssucht hatte man der *Jim-Crow*-Streife nicht mitgeteilt, daß „Fuller" das Code-Wort für den Kanalmarsch der Schlachtschiffe bedeutete. Über inoffizielle Kanäle war diese Information zwar doch zu einigen leitenden RAF-Fliegeroffizieren, so zu Bill Igoe in Südenglands wichtigstem Jagdfliegerhorst, Biggin Hill, gedrungen; aber die diensthabenden Offiziere des 11. Geschwaders in Uxbridge, Einsatzleiter für Hunderte von Jägern über Südengland, haben es nicht erfahren.

Eine der beiden Spitfires, die an jenem Morgen wie gewohnt gestartet waren, sahen in ihrem Aufklärungsraum Cap Gris Nez—Le Havre nahe Boulogne mehrere schnelle, leichte Fahrzeuge. Es waren die deutschen Schnellboote, die sich dort sammelten, um die Schlachtschiffe durch die Dover-Enge zu eskortieren. Als die Spitfire Kurs auf Dieppe nahm, lagen die Wolken fast auf dem Wasser. Der Pilot konnte nichts mehr erkennen und kehrte um. Es blieb ihm verborgen, daß im Schutz dieser Wolkendecke die deutschen Einheiten heranrauschten. Nur fünfzehn Minuten später hatten sie die von ihm überflogene Position erreicht.

Die zweite Spitfire der Vlissingen-Route sichtete lediglich kleine Schiffe vor Zeebrugge, die Fischerbooten ähnelten. Befehlsgemäß setzten beide Maschinen während des Fluges keine Funksprüche ab und meldeten ihre Beobachtungen erst nach der Landung auf dem Horst.

Heute fragt man sich wirklich nach dem Grund für dieses drakonische Funksprechverbot. Es hatte jedoch einen, sogar einen sehr triftigen. Damals nämlich flog die RAF täglich massive Jägereinsätze über Frankreich, an denen hunderte tapfere, aber sehr junge Piloten beteiligt waren. Bei Aufnahme von Funksprechverkehr bestand für sie in jeder beliebigen Höhe, ob dicht über dem Boden oder in 4500 Metern, größte Gefahr, von den Deutschen geortet und angegriffen zu werden. Deshalb der Befehl an alle, strikte Funkstille zu wahren und nur in Notfällen zu brechen.

Von der Auslegung des Begriffs „Notfall" hing sehr viel ab — später an diesem Vormittag zeigten zwei RAF-Offiziere in ihren Spitfires über dem Kanal, wie unterschiedlich da die Auffassungen sein können.

Als die beiden *Jim-Crow*-Spitfires landeten, registrierte britisches Küstenradar bereits zahlreiche Echoimpulse, die offenbar von ständig den Kurs ändernden deutschen Flugzeugen herrührten.

Aber wie viele Radarfrühwarnungen sind da nicht ignoriert worden! David Jackson, ein 23jähriger Unteroffizier, war verantwortlich für eine Radarabteilung in einer Baracke an der Spitze von Beachy Head. Wochenlang hatten die Männer mit den Bettgestellantennen ihrer alten M-Geräte immer wieder Störzeichen — wie sie meinten — von deutscher Seite empfangen. Sie schalteten dann die unmodernen Kästen ab und arbeiteten mit dem K-Gerät weiter, das sie erst seit drei Monaten in Betrieb hatten. Es war ein neueres, leistungsstarkes Kurzwellenradar, von dessen Existenz die Deutschen nichts wußten und das sie deshalb auch nicht stören konnten.

Kurz vor der Dämmerung bemerkte Jackson auf seinem Radargerät Objekte, die sich eigentlich zu schnell bewegten, um als Schiffe angesprochen zu werden. Die Männer dachten eher an starke deutsche Flugzeugverbände über dem Kanal. Nach fünfzehn Minuten verschwanden die Impulse. Obgleich sie als Artilleristen nur auf Schiffe zu achten brauchten, benachrichtigten sie die RAF von dem ungewöhnlichen Vorfall. Desgleichen informierten sie das Marinekommando in Newhaven. Die dortige Telephonistin war aber nicht sonderlich interessiert, als sie erfuhr, daß es nicht um Schiffe ging. Auch die RAF veranlaßte nichts. Ähnliches spielte sich an diesem Morgen noch in vielen Horsten und Radarstationen ab.

An Bord der deutschen Schiffe war alles friedlich: gute Witterungsverhältnisse, kein einziger Brite in Sicht. Nur den exakten Kurs zu halten, war ein Problem. Scherzend meinte einer der Offiziere zu Gießler: „Das könnte fast ein Steuermannslehrgang sein." Die Ruhe machte die Leute nervös. Wieso stellten die Briten sich scheintot? Ließen sie die Schiffe etwa in eine furchtbare Falle laufen?

Sie wußten nicht, daß General Martini den Gegner den ganzen Morgen über mit seinen Störsendern nahezu völlig getäuscht hatte. Bei tiefer Dunkelheit, noch vor den Jägern, waren nämlich von Evreux (Normandie) zwei Heinkel 111 mit Spezialgeräten an Bord gestartet. Jede Maschine konnte mit ihrer Störausrüstung die Anwesenheit von 25 Flugzeugen vortäuschen. Über dem Kanal hatten sie bald Suchimpulse der britischen Anlagen auf ihren Anzeigegeräten. Als sie ihre Apparate einschalteten, begannen die britischen Radarimpulse zu flimmern, liefen nicht mehr synchron, änderten ihre Amplitude oder wechselten bisweilen auf eine andere Frequenz über. Diesen Veränderungen konnten die Flugzeuge mühelos folgen.

Beide Störflugzeuge flogen parallel zur englischen Küste, um den britischen Radargeräten kreisende deutsche Flieger vorzutäuschen und auf diese Weise von der eigenen Nachtjägersperre über den Schlachtschiffen abzulenken. Als der deutsche Verband die Seinemündung passierte, waren die britischen Radarstationen noch so mit den falschen Echos beschäftigt, daß ihnen das Geschwader tatsächlich entging.

Laut Martini-Befehl durften die deutschen Störsender an der französischen Küste nicht vor neun Uhr früh eingeschaltet werden. Jedes bekannte britische Radargerät wurde von einer deutschen Gruppe mit genau auf seine Wellenlänge abgestimmtem Gerät überwacht, so daß die Deutschen über das „Verhalten" jedes einzelnen Radarsenders genau im Bilde waren.

Bald wurde beobachtet, daß mehrere britische Sender den Störungen durch Frequenzwechsel zu begegnen suchten. Zwei schalteten gänzlich ab. Dann kam plötzlich eine neue Station zwischen Eastbourne und Dover herein, die die Deutschen seit Monaten nicht kontrolliert hatten, aber natürlich sofort störten.

Es war der erste Schlagabtausch im reinen Hochfrequenzkrieg. Und Martinis Plan gelang — wenn auch nicht ganz; denn während deutsche Störsender das britische Radar narrten, fing die deutsche Beobachtungszentrale in Boulogne Radarsender mit Wellenlängen von sieben bis acht Zentimetern auf. Gegen diese neuartigen britischen K-Geräte war man machtlos.

Angesichts der zunehmenden Störtätigkeit, und nachdem die K-Station in Swingate mehrere kreisende Flugzeuge über einem etwa 25 Knoten laufenden Schiffsverband gemeldet hatte, dämmerte den Briten, daß im Kanal vielleicht doch nicht alles in Ordnung war. Aber mangels Bestätigung blieb es beim Verdacht.

Um 8.25, als Wing-Cdr. M. Jarvis, Ältester Jägerleitoffizier im Fighter-Command-Hauptquartier Stanmore, West of London, seinen Dienst im Auswerteraum antrat, meldete das Radarnetz an der Südküste zahlreiche Ortungen deutscher Maschinen, abwechselnd immer wieder vier Ortungen — drei davon stammten offenbar von einer Maschine, die vierte möglicherweise von zwei Maschinen.

Man interessierte sich kaum dafür. Solche Ortungen über dem Kanal wurden alle Tage beobachtet. In der Regel waren es Flugzeuge über Küstenschiffen oder bei Schießübungen oder Maschinen des Luft-See-Rettungsdienstes.

Um 8.24 stellte die RAF-Radarstation Swingate mehrere kleine deutsche Flugzeuggruppen 25 Meilen nördlich von Le Havre und in Höhen von ca. 1000 Metern fest. Sie wurden bis 9.20 und dann wieder von 9.47 bis 9.59 verfolgt. Sie wurden von den Auswertern als Flugzeuge angesprochen, die über Schiffen mit ca. 25 Knoten Marschfahrt kreisten.

Es handelte sich um Oberst Gallands Frühjäger, die um 7.50 zu den Schiffen gestoßen waren. Wenn die deutschen Flugzeugführer ihre Befehle genau befolgt hätten, wären sie von Beachy Head nicht entdeckt worden. Sie sollten nämlich sehr tief fliegen und das britische Radar unterlaufen, fanden das aber — da es an jenem nebligen Wintermorgen erst nach acht Uhr dämmerte — zu riskant und kletterten deshalb auf größere Höhen, wo sie Beachy Head dann buchstäblich auf den Schirm krochen.

Um 8.45 — zwanzig Minuten nach Eingang der ersten Echoimpulse — nahm das Fighter Command deshalb mit dem 11. Geschwader Fernsprechkontakt auf. Jarvis interessierte sich besonders für die von Swingate angezeigten Maschinen, die nördlich
von Le Havre kreisten. Er teilte der 11. Gruppe, der der Schutz
Londons und der Südküste oblag, mit, daß es sich seiner Meinung
nach um deutsche Geleitflugzeuge für Küstenschiffe handelte. Es
trafen auch Berichte über Störungen ein, aber da solche Störungen neuerdings sehr häufig beobachtet worden waren, schenkte
man ihnen nur geringe Aufmerksamkeit.

Jarvis war sich mit dem wachhabenden Fliegerleitoffizier des
11. Geschwaders in Hornchurch einig, daß da draußen „irgend-
ein Luft-See-Rettungsmanöver im Gange" sei.

Um 8.35 hob Vizeadmiral Sir Bertram Ramsay, der Kanal-Be-
fehlshaber von Dover, die so wichtige Alarmbereitschaft seiner
Küsteneinheiten für die Stunden vor Morgengrauen auf.

Um 9.00 nahmen vierzehn Beaufort-Torpedoflugzeuge des
14. Geschwaders des Coastal Command von Leuchars Kurs auf
Coltishall in East Anglia. Das war eine reine Vorsichtsmaßnahme, weil das Coastal Command mit der Möglichkeit eines
Kanaldurchbruchs der deutschen Schlachtschiffe rechnete. Ursprünglich hatten die Flugzeuge vier Tage früher nach Süden
fliegen sollen, waren aber durch Schneestürme und die bekannten
„administrativen Schwierigkeiten" aufgehalten worden.

Keiner war ernsthaft besorgt — noch wurde ja nicht gestört.
Und dies, weil Dr. von Scholz, Martinis Beauftragter für die
Stöoperation, sich bis ins kleinste Detail an seine Befehle hielt
und die Sender bis Punkt neun Uhr schweigen ließ, um die Briten
nicht unnötig früh aufmerksam zu machen.

Während man beim Fighter Command in Stanmore noch mit
der Auswertung der „Blips" beschäftigt war, meldeten verschiedene Radarstationen starke Störungen. Martinis Plan war angelaufen und bescherte den Briten zunächst nur fünfzig Minuten
mit unterbrochenen Störungen. Auch als die „Blips" nicht mehr
abrissen, bezeichneten britische Radarstationen im Kanal sie
weiterhin als „Interferenzen".

Um 9.25 begannen die Berichte im Auswerteraum des Fighter Command einzulaufen und wurden in der nächsten halben Stunde ausführlich mit dem 11. Geschwader diskutiert. Um 10.00 gelangte Jarvis, dem mittlerweile fortlaufende Standortangaben über kreisende Flugzeuge vorlagen, zu der Auffassung, daß Überwasserschiffe den Kanal hinaufdampften. Wieder tat man diese Standortmeldungen beim Geschwader leichthin als „möglicherweise deutsche Maschinen auf Übungsflug" ab.

Bis jetzt hatte man sich in Biggin Hill, einem der Jäger-Horste, der an der Schlacht erheblich beteiligt war, noch nicht täuschen lassen. Als Bill Igoe, Jägerleitoffizier von Biggin Hill, seinen Dienst antrat, fiel ihm auf, daß sich eine Reihe kreisender Echoimpulse von der Halbinsel Cotentin wegbewegten — Gallands Jäger, die auf ihre Stellungen flogen. Als Geschwindigkeit ergab sich für die größeren Echos 25 Knoten. Diese Maschinen eskortierten also Schiffe, und da ein Geleitzug keine 25 Knoten schaffte, schloß Igoe auf *Scharnhorst* und *Gneisenau*.

Das war der erste Hinweis darauf, daß die Schlachtschiffe Brest verlassen hatten. Und weil sich die Impulse offenbar in den Kanal hineinbewegten, rief Igoe kurz nach 8.00 das 11. Geschwader an und sagte: „Ich glaube, es ist ‚Fuller'." Aber anscheinend wußte dort keiner, was dieses Stichwort bedeutete — jedenfalls gewann Igoe diesen Eindruck. Aus eigenem Entschluß bat er daher Oxspring in Hawkinge, zur Sicherheit einen Erkundungsflug zu unternehmen; denn wenn es auch falscher Alarm sein sollte, eine gute taktische Übung war es immer.

Kurz nach 10 Uhr — gerade lösten die Me 109 über den deutschen Schiffen die Nachtjäger ab — telefonierte Igoe mit Oxspring: „Hör zu, Bobby, dem Radar nach sind eine Menge deutscher Jäger über der Somme-Mündung. Sie scheinen dort zu kreisen. Zuerst dachten wir an Vorbereitungen für einen Angriff, aber nun kreisen sie noch immer. Ich verstehe es nicht. Sieht aus, als schützten sie irgendwelche Schiffe. Sieh doch, bitte, selber nach, aber sei vorsichtig, es schwirren eine Masse Deutsche dort herum."

Für solche Aufgaben setzte die 91. Staffel stets zwei Maschinen ein. Also startete außer Sq.-Ldr. Oxspring noch Sergeant Beaumont in einer zweiten Spitfire.

Um 10.16 stellte die Radarstation in Swingate drei große „Blips" fest. Sie waren 56 Meilen von Boulogne entfernt und zeigten Schiffe an. Die Größe der „Blips" in solcher Entfernung ließen vermuten, daß es sich um die gewaltigsten Brocken handeln mußte. Aber die einzigen deutschen Schiffe von solchem Format lagen doch in Brest? Oder nicht?

Der einunddreißigjährige Flt.-Lt. Gerald Kidd, im Privatleben Anwalt, jetzt Chef der Radarstation, fragte plötzlich: „Sind das vielleicht *Scharnhorst* und *Gneisenau?*"

Zur selben Zeit erfaßten auch andere Radarstationen ständig kreisende Standorte. Man sprach sie als patrouillierende deutsche Schnellboote an, aber in Wirklichkeit stammten die Echos von Gallands Jägern, die als Luftschirm über den deutschen Schiffen standen.

Es war 10.20 Uhr. Mithin fuhren die deutschen Schiffe bereits seit elf Stunden unentdeckt in Richtung Heimat, als Kidd den wahren Sachverhalt endlich durchschaute. Nach· sorgfältiger Durchsicht der vorliegenden Berichte zweifelte er nicht mehr daran, daß diese großen Echos von den deutschen Schlachtschiffen herrührten, die bei Tag auf die Dover-Enge zuhielten.

Sofort versuchte Kidd, Dover Castle anzurufen. Vergeblich, die normale Postleitung war gestört. Auch über den Geheimfernsprecher kam er nicht durch. Später ergab eine Untersuchung, daß beide Apparate an dieselbe Leitung angeschlossen waren. Also hätte jeder Fremdhörer in der Gegend mithören können, was sich Swingate und Dover über die geheimsten Radarberichte zu sagen hatten.

Kurz bevor Gerald Kidd diese „Blips" auf seinem Radar sah, studierte Oberst Victor Beamish, Flieger-As der RAF, im Jägerflughafen Kenley den Wetterbericht. Da es für einen Einsatz seiner jungen und unerfahrenen Piloten zu bewölkt und zu diesig war, rechnete er mit einem ruhigen Tagesablauf ohne besondere Ereignisse. Um wenigstens etwas zu tun, unternahm er mit Wing-Cdr. Finlay Boyd einen Routineflug.

Um 10.10 kletterten sie in ihre Spitfires. Als sie zwanzig Minuten später den Kanal überflogen, sichteten sie zwei Messerschmitt und zogen ihre Maschinen zum Angriff höher. Unversehens waren sie an den äußeren Rand des Luftschirms geraten, mit dem Galland die deutschen Schlachtschiffe schützte.

Operation „Cerberus" war eben in die kritischste Phase eingelaufen, denn der Verband näherte sich jenem Planquadrat, für das in der Nacht neuer Minenalarm gegeben worden war. Noch bemühte sich Korvettenkapitän Bergelt, mit den vier Booten seiner 1. Minensuchflottille die Strecke klarzubekommen, hatte aber, als die großen Schiffe auftauchten, erst eine sehr schmale Rinne räumen können. Deshalb setzte er seine Boote mit ausgebrachtem Gerät vor den Verband und führte ihn durch die Sperrlücke. Diese Angstpartie dauerte von 10.26 bis 10.47. Volle einundzwanzig Minuten schlich das Geschwader mit zehn Knoten durch minenverseuchte Gewässer — und ausgerechnet in dieser gefährlichen Situation sahen die Deutschen plötzlich die Spitfires über sich.

Gegen 10.30 beschäftigte sich Jarvis im Fighter Command ernsthaft mit der Frage, ob die anhaltenden schweren Störungen seines Radars nicht vielleicht doch beabsichtigt waren. Wollten die Deutschen womöglich irgend etwas tarnen, was sich im Kanal tat? Er schlug dem 11. Geschwader den Start eines Sonderaufklärers vor, mußte sich aber belehren lassen, daß zwanzig Minuten zuvor die beiden Spitfires der *Jim-Crow*-Patrouille von Hawkinge aufgestiegen seien. Über Victor Beamishs Kanal-Flug war ihnen nichts bekannt.

Während die deutschen Schiffe langsam den schmalen Pfad entlang liefen, flogen Oxspring und Beaumont in 400—500 Meter Höhe dicht an der unteren Kante der Wolkendecke durch Regenschauer, jederzeit bereit, beim Erscheinen deutscher Jäger in die Waschküche hineinzutauchen. Die Sicht war so miserabel, daß sie Meer und Wolken kaum unterscheiden konnten.

Um 10.40 bekam Kidd in Swingate über Portsmouth endlich

eine Verbindung mit Dover. Auf seinen Bericht hin wurde er sofort nach Dover Castle beordert.

Im selben Moment tauchten Oxspring und Beaumont 15 Meilen westlich von Le Touquet durch die Wolkendecke, zogen sich aber gleich wieder zurück, als rings Flakgranaten zu explodieren begannen und ein Dutzend Messerschmitt auf sie zujagten. Sie befanden sich über dem Schnellbootschirm. Beim Ausmanövrieren der feindlichen Jäger sichteten sie drei große Schiffe, die dicht aufgeschlossen durch den Kanal fuhren. Oxspring und Beaumont hielten sie für britische Fahrzeuge, obgleich die Schiffe sie beschossen, während sie auf Dover zusteuerten. Das irritierte die beiden Flieger aber nicht weiter, denn bei der RAF galt die Navy nach Dünkirchen als ziemlich schießwütig.

Oxspring und Beaumont überflogen den deutschen Geleitzug und erblickten trotz des heftigen Regens, der gegen ihre Cockpits trommelte und ihnen die Sicht erschwerte, unterhalb der Wolken plötzlich zwei Jäger. Sie drehten ab, um die Maschinen von rückwärts anzugreifen, und als sie bis auf 500 Meter heran waren, erkannte Oxspring zu seiner Überraschung die rot-weiß-blaue Kokarde an den Tragflächen. Sofort rief er Beaumont über die Bordsprechanlage zu: „Nicht schießen, es sind Spitfires!"

Es waren Group Captain Victor Beamish und Wing-Cdr. Finlay Boyd. Auch sie hatten die drei großen Kriegsschiffe mit Kurs auf Dover entdeckt und waren zwecks besserer Beobachtungsmöglichkeit tiefer hinuntergegangen. Von der Flak beschossen, von Jägern gehetzt, bemerkten sie die beiden Spitfires nicht. Oxspring und Beaumont sahen sie abdrehen und senkrecht auf die Schiffe niederstoßen.

Die Flak der Schnellboote und Zerstörer eröffnete ein wildes Feuer, und als noch mehr Messerschmitt auf Beamish und Boyd zuflogen, stürzten die Briten mitten durch den Geschoßhagel und schüttelten ihre weniger wagemutigen Verfolger ab. Dabei gerieten sie in die Nähe zweier großer Schiffe mit Dreibeinmasten. Sie gingen bis fast auf Meereshöhe hinunter. Nun konnte sie auch die Bugwellen, die die Vorderdecks der Schlachtschiffe überschäumten, und die langen Ketten der Geleitfahrzeuge ausmachen.

Auf der Brücke der *Scharnhorst* beobachtete Vizeadmiral Ciliax die britischen Tiefflieger und meinte zu Kapitän Hoffmann: „Das ist der Anfang, jetzt sind wir entdeckt. Der Angriff muß jede Minute kommen."

Da sie die enge Fahrrinne durch die Minensperre jetzt hinter sich hatten, gab er den Schlachtschiffen Befehl, die Geschwindigkeit auf dreißig Knoten zu erhöhen. Dunstbänke und tiefhängende Wolken trieben über den Kanal. Es regnete. Frierend standen die Deutschen an den Geschützen und erwarteten den britischen Angriff. Warum blieb er aus?

Das war in der Tat unverständlich, denn zum erstenmal hatten die Engländer wirklich Glück: durch Zufall befanden sich vier Spitfires über den deutschen Schiffen. Drei der Piloten waren kampferprobte hohe RAF-Offiziere — wenn sie den Verband richtig identifizierten, konnte keiner mehr zweifeln.

Und doch geschah nichts. Der Hauptgrund lag in Oberst Beamishs Verhalten — er dachte nicht im Traum daran, die Funkstille zu brechen, auch nicht in diesem entscheidenden Moment, der ihn unbedingt hätte veranlassen müssen, einen Befehl unbeachtet zu lassen und die britischen Stellen darüber zu informieren, daß die deutschen Schiffe zum Marsch durch die Dover-Enge ansetzten. Aber Beamish gab das Stichwort „Fuller" nicht, woraufhin sämtliche britische Verteidigungskräfte alarmiert worden wären, sondern richtete sich nach dem Befehl, bei allen Einsatzflügen Funkstille zu wahren. Er winkte Boyd hinter sich und flog nach Kenley zurück, ohne auch nur ein einziges Mal Verbindung mit dem Stützpunkt aufzunehmen.

Sq.-Ldr. Oxspring hingegen war risikofreudiger. Als er sah, in welches wüste Flakfeuer die beiden anderen Spitfires da tapfer eintauchten, wurde ihm blitzartig klar, daß es sich bei so vielen Schiffen in so großer Nähe der britischen Küste nur um das Geleit der deutschen Schlachtschiffe handeln konnte. Da er als Aufklärer, nicht als Jäger eingesetzt war, entschied er sich, diesmal einen Befehl zu mißachten und den Fliegerleitoffizier in Biggin Hill zu verständigen. Er fällte damit eine der vernünftigsten Entscheidungen dieses ganzen Tages. Obwohl er im Gegensatz zu seinem Vorgesetzten Beamish die Kodebezeichnung „Fuller" nicht kannte, schaltete er sein Gerät ein und gab mit seinem Kennwort durch: „Barman Blue Leader. Drei große deutsche Schiffe, wahrscheinlich Schlachtkreuzer, mit über zwanzig Geleitfahrzeugen von Le Touquet auf Kurs Dover."

Dann wies er Beaumont an: „Zum Stützpunkt zurückkehren!" Und beide Maschinen flogen in Richtung Hawkinge davon. Es war 10.35 Uhr.

Die Deutschen hörten ihn. Der B-Dienst fing seinen Spruch auf und teilte Oberst Galland in Le Touquet mit, daß die Briten über Funk einen starken deutschen Marineverband von drei Großkampfschiffen und ungefähr zwanzig Kriegsschiffen mit Kurs auf Dover gemeldet hätten.

Damit war das Geheimnis gelüftet. Jetzt mußte Galland entscheiden, ob man die Maske fallen lassen sollte oder nicht. Aber er beschloß, nichts zu überstürzen und fürs erste weiterhin auf jeden Funkverkehr zu verzichten, weil er sich sagte, daß die Briten dieser einen Alarmnachricht nicht glauben würden. Wie klug diese Überlegung war, zeigte sich, als die Briten eine volle Stunde verstreichen ließen, ehe sie sich zum Gegenangriff aufrafften. Galland meint dazu: „Anscheinend schenkten die Briten den Berichten keinen Glauben. Sie schickten einfach einen anderen Aufklärer los und ordneten volle Alarmbereitschaft an. Eine Stunde später brachte die zweite Maschine dann die Bestätigung dieses Bravourstücks, das man für unmöglich gehalten hatte."

Unterdessen jagten Oxspring und Beaumont zum Horst zurück und schafften es vom deutschen Geschwader bis Hawkinge in nur acht Minuten. Als Beaumont aus seiner Kanzel kletterte, äußerte er nachdenklich zu Oxspring: „Bevor ich Pilot wurde, war ich bei der RAF-Marineabteilung auf dem Solent. Meiner Ansicht nach ist das eine Schiff *Scharnhorst*. Ich habe sie vor dem Krieg gesehen und an ihren Aufbauten wiedererkannt."

Oxspring wurde sofort in die Einsatzbaracke gerufen, Bill Igoe war am Telefon. „Was ist denn nun eigentlich los, Bobby?" Oxspring erstattete knapp Bericht und vergaß auch nicht, das rätselhafte Auftauchen der beiden anderen Spitfires zu erwähnen.

Igoe war seit Stunden überzeugt, daß die deutschen Schlacht-schiffe tatsächlich durch den Kanal fuhren, ohne daß es jemanden kümmerte. „Laß dich sofort mit dem 11. Geschwader verbin-den", riet er Oxspring. „Ich höre mir das gleich mit an, so sparen wir Zeit."

Während Oxspring mit dem Geschwader sprach, ließ der Nach-richtenoffizier ein Buch mit Silhouetten deutscher Schiffe besor-gen. Man schickte einen Radfahrer los, der auf dem Rückweg beim Marketendereibetrieb NAAFI eine Teepause einlegte. Wie-der waren kostbare fünfzehn Minuten verschenkt. Als man das Buch endlich zur Hand hatte, durchblätterte Beaumont es Seite für Seite, bis er auf *Scharnhorst* stieß.

„Das ist es, dieses Schiff habe ich gesehen", sagte er mit Nach-druck. Er erinnerte sich an den Dreibeinmast und die Aufbauten genau, und zweifelhaft war nur, ob er das Schiff bei dem Regen überhaupt erkennen konnte. Jedenfalls überzeugte er außer Igoe fast keinen von seiner doch so außerordentlich wahrscheinlichen Theorie.

Deshalb versuchten die beiden nunmehr, mit dem Befehlshaber des 11. Geschwaders, Air Vice-Marshal Trafford Leigh-Mallory, persönlich zu sprechen. Aber Leigh-Mallory inspizierte in North-olt belgische Luftwaffeneinheiten, wobei ihn seine Stabsoffiziere nicht stören wollten. „Der Befehlshaber wird damit nicht be-helligt", hieß es schlicht. „Sie haben Fischereifahrzeuge gesehen. Veranlassen Sie eine zweite Aufklärung."

Igoe und Oxspring, ihrer Sache mittlerweile ganz sicher, be-standen auf sofortiger Unterrichtung des Befehlshabers, und als Oxspring hörte, daß Leigh-Mallory der Parade wegen unab-kömmlich sei, sagte er: „Er kriegt garantiert einen Wutanfall, wenn Sie ihn nicht verständigen, also tun Sie's lieber!" Umsonst, es war nichts zu machen.

Während die beiden verbissen um einen Draht zu Leigh-Mallory kämpften, flogen Beamish und Boyd nach Kenley zurück — nicht nach Hawkinge, was viel näher gewesen wäre. Und da sie weiter-hin die Funkstille hielten, verstrichen weitere fünfunddreißig Minuten, bis sie Oxsprings Beobachtung bestätigen konnten.

Um 11.10 landete Beamish in Kenley. Auch er hastete sofort ans Telephon und bemühte sich, den Air Vice-Marshal zu erreichen. Ebenfalls ohne Erfolg. Jedoch verständigte er auch Biggin Hill, und wenige Minuten später war Igoe wieder am Apparat: „Gr.-Cpt. Beamish und Wing-Cdr. Boyd waren in den beiden Spitfires, sie bestätigen, was du sagst. Es ist die *Scharnhorst!*"

Jetzt trafen weitere Alarmmeldungen ein. Fünf Minuten nach Flt.-Lt. Kidds Gespräch mit Dover erfaßte das Radar von Fairlight (etwas östlich von Hastings) aus einer Entfernung von etwa 67 Kilometern zwei große Schiffe in der Gegend von Boulogne. Das war für die Anlage eine Rekordleistung — und sie bestätigte Kidds Beobachtung.

Als Oberstleutnant Bobby Constable-Roberts, RAF-Verbindungsoffizier in Admiral Ramsays Stab und Kontaktmann zum 11. Geschwader des Fighter Command sowie zum 16. des Coastal Command, diesen Bericht erfuhr, rief er sofort beim 11. Geschwader an und verlangte einen Sonderaufklärer für den Raum Boulogne. Überflüssig, sagte man, abgelehnt. Daraufhin ließ er sich mit dem 16. Geschwader auf Thorney Island verbinden und gab Vorwarnung: „Möglicherweise sind unsere lieben Freunde draußen im Kanal."

Er schlug vor, die Beaufort-Staffel in St. Eval sowie die auf dem Flug von Leuchars nach Coltishall befindliche 42. Staffel zu alarmieren und direkt nach Manston zu beordern. Befehlen konnte er es nicht. Dazu hatte er keine Befugnis.

Obwohl die RAF und Royal Navy noch immer nicht an den Kanaldurchbruch der deutschen Schlachtschiffe glaubten, telefonierte Constable-Roberts mit Manston und wies Lt.-Cdr. Esmonde an, seine sechs Swordfish in Bereitschaft zu versetzen. Das war die erste effektive Abwehrmaßnahme der britischen Streitkräfte mit dem Ziel, *Scharnhorst* und *Gneisenau* den Weg zu versperren. Und es war die Entscheidung eines jungen Wing Commanders.

Um 11.30, als das Küstenwachradar in Lydden Spout zwischen Dover und Folkestone ein etwa 46 Kilometer entferntes Objekt erfaßte, versuchte Beamish nochmals, Leigh-Mallory zu erreichen. Wieder war der Fliegerführer nicht verfügbar. Dreimal kam ein Stabsoffizier ans Telefon, und jedesmal wies ihn Beamish ab. Erst nach einer halben Stunde erschien Leigh-Mallory persönlich am Apparat. In seinem Rangbewußtsein empfand er es als Zumutung, von einem kleinen Group Captain fernmündlich belästigt zu werden, und reagierte zunächst eisig. Aber als Beamish Beaumonts Identifizierung der *Scharnhorst* bestätigte, merkte er auf. Endlich war auch Leigh-Mallory überzeugt, und endlich gab die RAF jetzt bekannt: „Oberst Beamish hat *Jim Crow* geflogen, Zweifel mithin ausgeschlossen." Es war 11.35. Genau vor einer Stunde hatte Oxspring direkt über den deutschen Schlachtschiffen im Kanal seinen dringenden Funkspruch abgesetzt.

Um dieselbe Zeit wurde das Kommando in Dover vom Lagezimmer der Admiralität angerufen und offiziell über den Durchbruchsversuch der Brestgruppe informiert. Sofort forderte Constable-Roberts beim 11. Geschwader Jäger zum Schutz der Swordfish an; danach unterrichtete er Esmonde in Manston von seinen Vorkehrungen. Victor Beamish telefonierte von Kenley aus mit Tom Gleave, dem Horstkommandanten von Manston, und versicherte ihm: „Es ist ‚Fuller', Tom!"

Der Tag hatte mit etwas Sonnenschein begonnen, aber als die deutschen Schiffe in der minenfreien Fahrrinne durch den Kanal rauschten, kamen zunehmende Bewölkung und stärkerer Regen auf. Der Verband näherte sich der Straße von Dover, und selbst jetzt war von britischen Gegenmaßnahmen nicht das geringste zu merken. Gießler schaute an Bord der *Scharnhorst* auf seine synchronisierte Uhr: 11.45. Galland wahrte nach wie vor Funkstille, also konnten auch die Luftwaffenpiloten mit den Schiffen keine Nachrichten austauschen.

Scharf zeichnete sich gegen den vor Jägern wimmelnden Himmel mit seinem Grau in Grau die rechteckige gelbe Fliegeralarmfahne ab, die jetzt fast ständig auf den Schiffen wehte.

Gegen Mittag passierten die Deutschen Cap Gris Nez und liefen, vom britischen Radar unentwegt verfolgt, in den engsten Abschnitt der Straße von Dover ein. Bis jetzt hatten sie die RAF nur flüchtig und die britische Marine überhaupt nicht zu Gesicht bekommen, und so beschäftigte jeden auf der Brücke die unausgesprochene Sorge: Wie wird es mit den schweren britischen Geschützen, die die Straße bewachen? Es war zwar schwierig, ein Schlachtschiff bei dreißig Knoten Fahrt zu treffen, aber nicht unmöglich. Mit panzerbrechenden Granaten konnten rechtzeitig alarmierte Küstenbatterien auch größte Schiffe schwer anschlagen. Doch Martinis Störsender und die schlechte Aufklärungsarbeit der RAF hatten dafür gesorgt, daß die Briten nicht früh genug Bescheid wußten.

Das deutsche Geschwader war mittlerweile zu einem imposanten Flottenverband angewachsen. Die Zerstörer *Richard Beitzen, Paul Jacobi, Friedrich Ihn* und *Hermann Schoemann* fuhren der Hauptmacht voraus, und auf der Höhe von Cap Gris Nez stießen die Zweite, Dritte und Achte Torpedobootflottille mit je fünf kleineren Booten dazu. Außerdem schlossen sich die Schnellbootflottillen Zwei, Vier und Sechs an.

Um 12.15, pünktlich auf die Minute, erreichten sie den engsten Teil des Kanals zwischen Dover und Cap Gris Nez — wo die Briten sie mit schweren Luft- und See-Angriffen sowie Sperrfeuer der Küstenartillerie hätten empfangen und erledigen sollen. Durch den gelegentlich aufreißenden Dunstschleier sahen die Deutschen die britische Küste und ab und zu einen Sperrballon. Dann kamen die weißen Klippen von Dover in Sicht und mit ihnen, sich deutlich abhebend, die Stahlgerippe der britischen Radarantennen.

Auf *Scharnhorst* erwartete Fregattenkapitän Ernst Dominik, der Erste Artillerieoffizier, die Meldungen sämtlicher Abteilungen. Er fuhr auf dem Flaggschiff seit seiner Indienststellung und wußte, daß jetzt alle Soldaten ihre Posten bezogen, die Geschütze besetzten, Kessel und Maschinen nicht aus den Augen ließen. Auch Brandwachen und Lecksicherungstrupps waren eingeteilt. Kurz, die *Scharnhorst,* das führende Schlachtschiff der Brestgruppe, präsentierte sich und seine 1900 Mann Besatzung in voller Gefechtsbereitschaft.

Auf der Brücke stand Admiral Ciliax. Er hatte den Kragen seines schweren Ledermantels hochgeschlagen und starrte, mit großen Zeiss-Gläsern bewaffnet, in den Dunst. Neben ihm hockte auf einem Notsitz der breitschultrige Kapitän z. S. Hoffmann. Auch er trug einen schafsledernen Mantel, dazu einen mehrfach um den Hals geschlungenen dicken Wollschal.

An der Säule des Scheinwerferrichtgerätes auf der einen Seite der Brücke stand Oberbootsmann Willy Gödde. Seine optischen Nachtgläser bewährten sich für Ausguckzwecke auch bei Tag. Über das umgehängte Telefon konnte er jederzeit Verbindung mit sämtlichen Stellen des Schiffes aufnehmen.

Außer dem eintönigen Klatschen der Wellen, die *Scharnhorst* mit Höchstgeschwindigkeit durchpflügte, war kaum etwas zu hören.

Ab und zu fiel irgendwo eine wasserdichte Tür ins Schloß, klapperten schwere Stiefel über die Niedergänge. Gedämpft drang das regelmäßige Summen der Generatoren durch die Stille der Bedienungsstände und Geschütztürme. Aber jede Sekunde konnten jetzt die Alarmglocken schrillen und das schweigende Schiff in ein brüllendes, feuerspeiendes Ungeheuer verwandeln.

Um die Spannung etwas zu lösen, zog Admiral Ciliax ein Päckchen Zigaretten aus der Manteltasche, bediente sich und bot dann Kapitän z. S. Hoffmann an. Der baumlange blonde Obersteuermannsmaat Jürgens trat vor und reichte Feuer. Ciliax sog den Rauch tief ein, dankte Jürgens und offerierte ihm auch eine Zigarette.

Ein Offizier bemerkte zu Gießler: „Es ist immer noch wie auf einer Navigationsbelehrungsfahrt." Gießler nickte; er überprüfte gerade den Standort des Schiffes an Hand der Karte. Dann deutete er mit dem Bleistift auf ein Planquadrat und informierte den Kommandanten: „Hier, Herr Kapitän." Hoffmann überzeugte sich. „Jawohl. Herr Admiral", sagte er und gab die Karte an Ciliax weiter.

Auch jetzt, als sie die Klippen von Dover schon fast passiert hatten, rührte sich nichts. Wo blieben nur die Briten? Wir schaffen es, frohlockten die Deutschen, wir kommen unbehelligt durch die Straße von Dover!

Da zuckte ein Blitz durch den Dunst. Ein Knall folgte. Aber es war nur eine vereinzelte Granate, die eine Meile hinter der *Prinz Eugen*, dem letzten Schiff, harmlos in das graugrüne Wasser des Kanals fiel.

Obgleich Admiral Ciliax und seine Kapitäne aus den Abwehrberichten wußten, daß die britischen Geschütze nicht weit trugen, regten sich jetzt Zweifel. Die Deutschen dachten an ihre eigenen 38,1- und 40,6-cm-Batterien im Raum von Calais und machten sich deshalb, als die erste Granate hinter *Prinz Eugen* aufschlug, auf ein fürchterliches Feuer der schweren britischen Küstengeschütze gefaßt.

6

DIE KÜSTENARTILLERIE BEI DOVER GREIFT EIN

Kurz vor Mittag saß Nora Smith, 22, Gefreiter des Weiblichen Hilfsdienstes des Heeres, ATS, in einem Restaurant am Market Square von Dover bei einer leichten Mahlzeit. Nora war in Dover Castle stationiert und wurde dort seit drei Wochen zusammen mit sieben weiteren ATS-Angehörigen in die Arbeit der Auswertung eingewiesen, die sie künftig ganz übernehmen sollten.

In Dover Castle, einem hoch über dem Hafen gelegenen Fuchsbau, befanden sich Befehlszentrale und Nervenzentrum der Kanalkriegführung. Dem dort residierenden Befehlshaber, Vizeadmiral Sir Bertram Ramsay, standen Bobby Constable-Roberts und Captain Day als RAF- beziehungsweise Navy-Verbindungsoffizier zur Seite. Ihm ebenfalls unterstellt war Brigadier Raw, der Chef der Küstenartillerie.

Wie ihre Kameradinnen aß und schlief Nora Smith in unterirdischen Räumen und kam manchmal wochenlang nicht ans Tageslicht. Da sie heute erst für die Nachmittagsschicht um 13.00 Uhr eingeteilt war, genoß sie den freien Vormittag natürlich besonders. Plötzlich heulten die Sirenen das Doppelsignal, das deutsche Granaten von der anderen Kanalseite ankündigte.

Damals gehörte Artilleriealarm in Dover fast schon zum Alltag. Sechsmal bereits hatte Nora im Ortskino „Vom Winde verweht" anschauen wollen, und jedesmal waren die deutschen Geschütze dazwischengekommen. Bei Alarm mußte jeder auf seinem Posten sein. Da die Entwarnung gewöhnlich lange auf sich warten ließ, hatte Nora nur einen Gedanken: Sofort zurück und zum Dienst melden.

Als Ciliax' Schlachtschiffe den engsten Abschnitt des Kanals erreichten, ließ Nora ihr Essen stehen und rannte den Hügel zum Castle hinauf. Normalerweise brauchte sie für den steil ansteigenden, eine Meile langen Weg eine halbe Stunde. Diesmal schaffte sie es in zehn Minuten. Sie traf ihre Kolleginnen vom Frühdienst noch an dem langen Auswertetisch an, wo sie die Positionen der deutschen Schlachtschiffe auf Gitternetzkarten eintrugen. Wiewohl alle drei Minuten neue Radarmeldungen eingingen, verstanden die Helferinnen nicht genau, was eigentlich vor sich ging; sie wußten lediglich, daß irgendwelche dicken Brocken durch den Kanal dampften. Manche glaubten schon, es sei soweit, und die Invasion Englands habe begonnen. Die Mädchen sollten in wenigen Minuten abgelöst werden, aber jetzt durfte man sie bei der Arbeit nicht stören. Deshalb beschloß Nora Smith, sich auf andere Weise nützlich zu machen und ihnen Tee zu bringen.

Dover Castle befand sich in hellem Aufruhr. Die Telefonvermittlung mit ihren zehn Leitungen war völlig blockiert. Alles schrie und redete durcheinander. Unversehens flogen sechs oder sieben Türen auf — das hatte es noch nie gegeben: denn die meisten führten zu Geheimräumen. Hohe Offiziere flitzten heraus und wieder hinein, andere hasteten an die Fenster und spähten angestrengt auf den Kanal hinaus. Aber dort war nichts zu sehen als wallender Dunst über den Wassern.

Admiral Ramsay raste zwischen seinem Zimmer und dem Auswerteraum hin und her. Oft stolperten die Leute in der Eile über die zwei Bulldoggen des Admirals.

Schuld an diesem Tohuwabohu waren zum großen Teil die völlig unzulänglichen Nachrichtenverbindungen in Dover Castle. Zwischen dem Auswerteraum des Heeres, der Leitstelle für die Küstenbatterien, und der Befehlsstelle der Marine lagen gut fünf Minuten Fußweg. Eine direkte Telefonleitung gab es nicht, sondern nur Verbindung durch Melder. Wenn die zu tun hatten, mußte eben gewartet werden. Verschlüsselte Geheimsachen, die über Fernschreiber eintrafen, wurden von Funkern zu Fuß durch Tunnel und Gewölbe zum Befehlsstand der Marine gebracht. Auch das verursachte natürlich Verzögerungen.

Überdies arbeiteten die drei Waffengattungen sehr schlecht zusammen. Ein Beispiel: Obgleich Flt.-Lt. Kidds RAF-Radar in Swingate besser ausgestattet war als das der Küstenartillerie, konnte Kidd Meldungen nicht direkt dorthin durchgeben. Manche Auswerterinnen hatten Karten mit falsch aufgetragenem Gitternetz. Die diesbezügliche Beschwerde eines Offiziers blieb unbeachtet.

Mitten in dem Wirrwarr studierte Brigadegeneral Cecil Whitfield Raw die ersten Radarberichte. Ein ehemaliger Buchhalter, hatte er in der Territorialtruppe den höchsten Rang, den ein Nicht-Berufssoldat erreichen kann, errungen und war jetzt Kommandant des 12. Küstenartilleriekorps.

Es gelang General Martini nicht, das britische Radar restlos zu stören. Daß der Kurs der deutschen Schlachtschiffe recht genau verfolgt werden konnte, verdankten die Briten ihren neuen K-Geräten, die auf Grund ihrer Zentimeterwellen doch sehr viel exaktere Meßwerte erbrachten als die mit größeren Wellenlängen arbeitenden M-Geräte.

Bei der South-Foreland-Batterie war erst kürzlich ein Radar vom K-Typ installiert worden. Da die „Blips" von den Schlachtschiffen jetzt fortlaufend gekoppelt wurden, erteilte Admiral Ramsay Brigadegeneral Raw die Weisung, das Feuer zu eröffnen, wenn es soweit war. Daraufhin befahl Raw für seine 9,2-Zöller (23,4 cm) in South Foreland „An die Geschütze!". Diese Geschütze waren die einzigen, die die Briten einsetzen konnten; denn die dringend benötigte 15-Zoll-Batterie (38,1 cm) in Wanstone hatte man noch nicht fertiggestellt, und die 14-Zöller (35,6 cm) konnten gegen Ziele wie den deutschen Flottenverband nichts ausrichten. Sie reichten zwar bis zu den Schiffen, waren jedoch noch nicht an das Feuerleitsystem angeschlossen und bei ihrem langsamen Schwenktempo außerstande, einem schnellen Schlachtschiff zu folgen. Die Feuergeschwindigkeit der 14-Zoll-Geschütze ließ nur jeweils einen Schuß auf ein vorher bestimmtes Ziel zu, und auch den nur mit einer Treffchance von eins zu einer Million.

Über den Gefechtswert der 9,2-Zöller (23,4 cm) machte sich Raw kaum Illusionen. Ihre Bedienungsmannschaften steckten noch mitten in den ersten Schießübungen; außerdem war es das erste Mal, daß diese — oder überhaupt irgendwelche — Geschütze mit Radar geleitet werden sollten. Während Raw den Zeitpunkt der Feuereröffnung abwartete, überlegte er sich auch, daß seine 9,2-Zoll-Geschütze (23,4 cm) auf die extreme Entfernung von 34.000 Metern für die gepanzerten großen Schlachtschiffe wahrscheinlich keine besondere Gefahr darstellten.

An jenem nebligen, kühlen Morgen hatte die 9,2-Zoll-Batterie (23,4 cm) Schießübung. Auswerteoffizier Leutnant Dennis Hagger, im Zivilleben Lebensmittelgroßhändler, befand sich auf seinem Posten beim Leuchtturm auf den Klippen von South Foreland. Seit zwei Wochen hatten er und seine Artillerieoffiziere munkeln gehört, die deutschen Schlachtschiffe würden einen Kanaldurchbruch versuchen. Diese Gerüchte hielten sich so hartnäckig, daß einige Offiziere, die unbedingt dabeisein wollten, wenn ihre schweren Geschütze zum erstenmal feuerten, auf Urlaub verzichtet hatten. Aber mittlerweile glaubte schon keiner mehr so recht an das Gerede vom großen bösen Wolf. Als dann Brigadier Raws Hupbefehl „An die Geschütze!" ertönte, vermutete Hagger zunächst falschen Alarm. Er ließ seine Artilleristen mit der Übung fortfahren, griff zum Telefon und bat seinen Batteriechef, Major Guy Huddlestone, um Bestätigung des Befehls. „Es geht wirklich los", bellte der Chef. „Sofort auf Stationen!"
Es war drei Minuten nach zwölf. Die Entfernung zwischen der South-Foreland-Batterie und der *Scharnhorst* samt ihren Schwesterschiffen betrug 32.000 Meter, als der Artillerieleitstand „Feuerbereit" meldete.
Um 12.10 erfaßte das K-Radar die Schlachtschiffe auf 27.000 Meter. Sie hielten auf Cap Gris Nez zu. Nach den deutlichen „Blips" auf dem Batterieradar schätzte man ihre Geschwindigkeit auf 22 Knoten — also acht Knoten weniger, als sie tatsächlich liefen. Da das Radar die Schiffe jetzt eindeutig verfolgte, erteilte Raw den Feuerbefehl.

Um 12.19 schoß Huddlestone zwei Granaten ab. Der Flug dieser schweren, panzerdurchschlagenden Geschosse dauerte fünfundfünfzig Sekunden. Sie detonierten hinter dem dritten Schiff, *Prinz Eugen*. Die aufschießende Wassersäule und die gelblichschwarzen Rauchfahnen signalisierten den Beginn der Schlacht von Dover.

Jetzt geht es gleich richtig los, sagten sich die Deutschen und machten sich nun auf heftige Angriffe gefaßt. Aber sie hatten Glück — der Dunstvorhang, der die weißen Klippen von Dover für Minuten freigegeben hatte, schloß sich wieder.

Die deutschen Matrosen sahen Mündungsblitze an den Klippen und registrierten mehrere Granatenaufschläge an Backbord. Dann hörten sie schwerere Granaten detonieren. Obgleich diese Schüsse sehr ungleich gezielt waren und die Schiffe verfehlten, wußten die deutschen Kommandanten, daß die Briten den Verband entdeckt hatten. Sie befanden sich im engsten Abschnitt des Kanals und versuchten deshalb, den Gegner durch jähe Kursänderungen aus dem Konzept zu bringen.

Umsonst starrte Brigadier Raw durch ein erbeutetes italienisches Doppelglas seinen Granaten nach — der dichte Dunst verbarg, wo sie einschlugen. Dafür drangen nach einer Minute Detonationsgeräusche herüber. Auch Major Huddlestone, der die 9,2-Batterie (23,4 cm) kommandierte, spähte von seinem Beobachtungsposten angestrengt nach den Schlachtschiffen aus, sah indes nichts als Nebel. Wegen der geringen Sichtweite von knapp fünf Meilen mußte Raw sich entschließen, das gesamte Artilleriefeuer mit Radar zu leiten. Leider gab auch das Radar nicht an, wo die Granaten landeten, so daß er sich letztlich weder durch Radar noch durch optische Mittel einen Eindruck von der Treffsicherheit verschaffen konnte. Ohne Kenntnis der Aufschlagorte aber war eine Schußwertberichtigung unmöglich. Die Briten wußten nicht, ob ihre Schüsse trafen, denn noch nie zuvor waren so schwere Geschütze von Radar gesteuert worden.

Zufällig blieben die K-Geräte von Martinis Störaktion jedoch verschont. So kamen wenigstens die Impulse der Schlachtschiffe klar und deutlich herein. Den K-Geräten vermochten sich die

Deutschen auch auf Zickzackkurs nicht lange zu entziehen. Und es schien, als schlügen die Granaten dicht neben ihnen ein.

Entsprechend den Radarortungen verschoß Major Huddlestone noch zwei Granaten. Um 12.28, nach zwei weiteren Schüssen, deren Detonationen jedoch nicht beobachtet werden konnten, befahl Raw Huddlestone, mit der ganzen Batterie Laufsalven (vier Rohre) zu feuern, ohne Treffermeldungen abzuwarten.

Eine Minute später donnerten die ersten vier Granaten gleichzeitig los. Eine zweite Salve folgte um 12.30 Uhr. Durch den Nebel war das Poltern der schweren Geschosse zu hören, aber lautere Detonationen, die Treffer verhießen, blieben aus. Anscheinend verfehlte die Artillerie die Schlachtschiffe nach wie vor, und deshalb ließ Raw die Schußentfernung um 1000 Meter vergrößern.

Um 12.31, als die neue Distanz erstmals ausprobiert werden sollte, erschienen auf den Radarschirmen neue, sehr schwache „Blips": das Radar hatte die zweite Salve erfaßt! Nach diesen „Blips" zu schließen, waren die Einschläge noch zu kurz; also brüllte Raw ins Telefon: „Huddlestone, nochmal tausend Meter zulegen!"

Nach der vierten Salve war eines der neuen „Blips" stärker. Hatten sie tatsächlich ein Schiff erwischt? Fragend blickten die Kanoniere einander an. Sie wußten, daß ein Treffer unter so schwierigen Bedingungen reiner Zufall war. Jedenfalls mußte die Granate sehr dicht beim Ziel eingeschlagen sein, denn an den „Blips" auf dem Radar war abzulesen, daß die deutschen Schiffe sofort ihren Kurs änderten. Die Briten hatten sich jetzt ganz gut eingeschossen, aber das nützte wenig, denn bereits fünf Minuten später befanden sich die deutschen Schiffe außer Reichweite.

Um die Mittagszeit marschierten Corporal Ernest Griggs und seine Kameraden von der „D"-Kompanie, Royal Sussex Regiment, mit umgehängten Maschinenpistolen über die verschneiten Klippen zum Café „Green Blinds" in St. Margaret's Bay unweit der Küstenbatterien *Winnie* und *Pooh*.

Gerade als sie sich niedersetzten und Tee bestellten, eröffneten die zwei 9,2-Zöller (23,4 cm) mit nervenzerreißendem Krachen das Feuer. Die Männer stürzten an die Fenster und sahen die schweren Granaten wie Feuerbälle durch die Luft rotieren. Dann donnerten die vier Geschütze der Batterie zugleich los, daß die Luft erzitterte. „Sie üben wieder!" schrie jemand durch den ohrenbetäubenden Lärm. „Nein", schrie Griggs zurück, „das ist eine Gefechtsladung!" Doch weder er noch seine Leute ahnten, um was es wirklich ging; nur daß es nicht die Invasion war, wußten sie, weil man sie als Verteidiger der vordersten Linie sonst alarmiert hätte.

Jetzt ertönte ein anderes Geräusch — Granaten jaulten über das Café hinweg und landeten in Äckern hinter St. Margaret's Bay. Die deutschen Kanalbatterien hatten sich eingeschaltet und zielten auf die South-Foreland-Geschütze. Sie schossen ebenso blindlings wie die Briten. Sechs deutsche Granaten hintereinander bohrten sich in Abständen von 200 bis 300 Metern dicht bei den 9,2-Zöllern (23,4 cm) in den weichen Kreideboden. Andere wirbelten zwar viel Schneematsch auf, hinterließen aber nur kümmerliche Trichter. Bei der South-Foreland-Batterie gab es weder Verwundete noch Sachschaden an den Geschützen.

Um 12.35 krepierte ein Halbdutzend deutscher Granaten auf einem Feld dicht bei den 9,2-Zoll-Geschützen (23,4 cm). Eine Minute später antwortete South Foreland mit vier Granaten.

Da sich die deutschen Schlachtschiffe jetzt bereits aus dem maximalen Wirkungsbereich der Geschütze von 34 km entfernten und das Radar schon nach den letzten drei Salven keine Aufschläge mehr registriert hatte, ließ Raw das Feuer einstellen.

Er und seine Artilleristen meinten, sie hätten die an der Spitze des Verbandes laufende *Scharnhorst* erwischt, und deshalb befahl Raw, jetzt möglichst auf das zweite oder dritte Schiff des Geleitzuges zu zielen. Obgleich das Radar das beschossene Schiff noch 65 km weit verfolgte, erfaßten die Briten ein anderes Ziel nicht mehr. Der Grund dafür war, daß die Granaten nicht beim ersten, sondern beim letzten Schiff aufschlugen — bei *Prinz Eugen*.

Als auch das Radar keine weiteren Objekte ortete, gab die

9,2-Batterie (23,4 cm) das Schießen auf. Die 12.36-Uhr-Salve blieb ihre letzte.

Die Deutschen schossen zunächst weiter. Um 12.50 und 12.52 zerplatzten zwei Salven wirkungslos in den verschneiten Feldern Kents. Danach stellten auch sie das Feuer ein.

Am Schluß des Artillerieduells meldete Brigadegeneral Raw: „Das war die erste Aktion gegen deutsche Schiffe, die eine Passage durch die Straße von Dover erzwingen wollen. Die schwer gepanzerten und dreißig Knoten laufenden Schiffe wurden nicht versenkt und auch nicht aufgehalten."

Weder Raw selber noch seine Offiziere bekamen den Verband, den sie beschossen, zu Gesicht. Es war das erste Mal, daß Ferngeschütze mit Radar gerichtet wurden; die Artillerie mußte sich auf das neue Verfahren während des Gefechts einstellen und feuerte mangels genauer Lagemeldungen mehr oder weniger aufs Geratewohl. Dazu Raw: „Wir bedienten uns erstmalig einer neuen Radarausrüstung und einer noch im Versuchsstadium befindlichen, bislang unerprobten Feuerleittechnik. In siebzehn Minuten wurden dreiunddreißig Schüsse abgegeben, von denen drei möglicherweise nur knapp danebengingen. Laut Bericht eines RAF-Beobachters ist ein Schiff getroffen worden. Bedauerlich war nur, daß die 15-Zoll-Geschütze (38,1 cm) der Batterie Wanstone nicht feuerklar waren."

Die 9,2-Batterie (23,4 cm) hatte zwar die Deutschen nicht aufgehalten, sich aber doch ganz wacker geschlagen. Zweifellos hätten sie viel mehr leisten können, wenn sie über den Vormarsch der Schiffe früher informiert gewesen wären.

Die anderen britischen Küstenbatterien schwiegen. Die Aufgabe der 6-Zöller (15,2 cm) bestand darin, deutsche Geleitzüge im Kanal zu beschießen oder einen Angriff auf den Hafen von Dover zu vereiteln. Da man gefährliche Überschneidungen mit Operationen der RAF und der Marine vermeiden wollte, durften diese Batterien nur auf Sonderbefehl von Admiral Ramsay feuern.

Wie viele seiner Kameraden, blieb Major Bill Corris, diensthabender Offizier seiner 6-Zoll-Batterie (15,2 cm) oberhalb von

Lydden Spout, an diesem unerfreulichen Vormittag zur Untätigkeit verdammt. Während er von den 120 m hohen Klippen in die grauen Wolken hinabspähte, beobachtete er trotz der minimalen Sichtweite von kaum einhundert Metern, daß Flugzeuge der verschiedensten Typen auf den Kanal zuhielten und in den Wolken verschwanden. Dann hörten er und seine Kameraden in der Ferne Geschützdonner. Sie versuchten, sich telefonisch zu informieren, bekamen aber von aufgeregten Stimmen nur recht ungenaue Auskünfte wie „Schlimmes Durcheinander" und „Geleitzug im Kanal".

Bereit zum Gefecht, standen sie an ihren Geschützen — aber der Feuerbefehl blieb aus. Die Schiffe waren so weit weg, daß es schade um die Munition gewesen wäre.

7

SCHNELLBOOTANGRIFF

Wenn sich die deutschen Schlachtschiffe freundlicherweise nach den Prognosen der britischen Admiralität gerichtet und bei Nacht eingefunden hätten, so wären ihnen nach einem wohldurchdachten Plan 32 Schnellboote und Esmondes Swordfish-Torpedoflugzeuge entgegengetreten. Sie sollten im Schein von Leuchtbomben einen zusammengefaßten Angriff durchführen.

Das hatten die Männer seit Anfang Februar geübt; aber zwei Tage vor dem Durchbruch der Brestgruppe war die Admiralität zu der Überzeugung gelangt, daß die unmittelbare Gefahr vorüber sei. Am Morgen des 12. Februar wurde die Bereitschaft für Pizeys Zerstörer aufgehoben. Einen Tag zuvor hatte man die meisten Schnellboote aus Dover abgezogen und die Bereitschaftsfrist für die unter Lt.-Cdr. Nigel Pumphrey zurückgebliebenen sechs Boote von fünfzehn Minuten auf vier Stunden verlängert. Den Besatzungen war das sehr recht, weil sie fast zwei Wochen ohne Urlaub, ohne jede Gelegenheit zu Instandsetzungsarbeiten auf den Schiffen verbracht hatten.

Pumphreys Boote — mit einem Kommandanten und acht Mann — hatten maschinell getriebene Geschütztürme, zwei Torpedos und Wasserbomben. An jenem Morgen liefen sie in Dover zwischen sieben und acht Uhr zu Torpedoübungen aus. Sie benutzten dabei keine Gefechtsköpfe, sondern Übungsköpfe, die nach dem Lauf wieder aufgefischt wurden. Wenn die deutschen Schiffe etwas früher eingetroffen wären, hätten die britischen Schnellboote womöglich noch die Übungstorpedos in den Rohren gehabt. Nach dem Einlaufen in Dover wurden sofort die Gefechtsköpfe eingesetzt, was pro Torpedo ungefähr zwanzig bis dreißig Minuten dauerte.

Um 11.30 machten sie Pause. Die sechs Schnellboote lagen im Eisenbahnfährendock, in dem in Friedenszeiten die Eisenbahn-Kanalfähren festmachten. Lt.-Cdr. Pumphrey saß bereits in seinem Office, schrieb Berichte über die Vormittagsübungen und wartete auf den Anruf von Lt. Paul Gibson. Gibson, ein Franzose, war aus dem besetzten Frankreich entkommen, hatte einen englischen Namen angenommen und diente jetzt unter Pumphrey in der Royal Navy. Im Augenblick befaßte er sich im Marinemagazin mit Kleidungsfragen.

Jetzt läutete das Telefon. Es war aber nicht Gibson, sondern Captain Day, Admiral Ramsays Marine-Stabschef in Dover Castle, der knapp fragte: „Wann können Sie auslaufen? Die deutschen Schlachtkreuzer sind vor Boulogne."

Pumphrey knallte den Hörer auf die Gabel, rannte in die Befehlsstelle und rief: „Alle Mann auf die Boote — die *Scharnhorst* und *Gneisenau* sind in der Straße von Dover." Die Lts. Hilary Gamble und Cornish, deren Boote fest im Dock lagen, hielten das für einen Witz, bestenfalls für falschen Alarm. Die deutschen Schlachtschiffe waren dermaßen zur Legende geworden, daß die Männer einfach nicht mehr an die Möglichkeit glaubten, ihnen tatsächlich — und noch dazu bei Tageslicht — im Kanal zu begegnen. Erst allmählich begriffen sie, daß Pumphrey es ernst meinte, und liefen hinunter an den Kai. Die meisten Seeleute hielten es für einen falschen Alarm, obwohl aus dem Befehlsstand ein Funker herausstürzte und brüllte: „Beeilt euch, sie sind da!!" Nicht alle Schnellboote waren einsatzbereit. Pumphreys eigenes Boot Nr. 38 lag im Trockendock, wo die Treibstofftanks ausgewechselt werden sollten. Da Gibson nicht da war, übernahm Pumphrey dessen Boot 221 samt Mannschaft.

Auch die beiden kleineren, 43 Knoten schnellen Kanonenboote konnten nicht sofort auslaufen; ihre Kommandanten, Stewart Gould und Roger King (noch ein Franzose mit englischem Decknamen) befanden sich in Dover. Pumphrey befahl dem wachhabenden Offizier, die beiden auf der Stelle zurückzuholen. Wenn sie die mit nahezu 30 Knoten laufenden Schlachtschiffe abfangen wollten, durften sie keine Sekunde mehr verlieren.

Während die Boote ablegten, setzten die Leute ihre Stahlhelme auf und machten das „V"-Zeichen. Pumphreys Boot verließ das Dock als letztes, und so warteten die anderen im Hafen, bis er zur Spitze vorgerückt war und den Verband anführen konnte.

Die fünf Boote liefen mit 24 Knoten aus dem Hafen und waren damit um 10 Knoten langsamer als die deutschen Schnellboote. Hinter Pumphreys 221 folgten der junge Marinereservist Sub-Lt. Mark Arnold Forster mit 219, der australische Sub-Lt. Dick Saunders mit 44, Hilary Gamble mit 45 und Tony Law mit 48. Um 11.55 steuerte Pumphrey sie durch den Wellenbrecher und befand sich damit bereits zwanzig Minuten nach Captain Days Anruf auf See.

Eine steife Brise erschwerte das Auslaufen durch die enge Hafenausfahrt. Als sie auf Boje Nr. 2 zuhielten, empfing sie ein kräftiger, feuchter Wind aus Westen. Fast unmittelbar hinter dem Hafen sichteten sie den Nebelschirm der deutschen Schnellboote.

Um 12.10 tauchte eine Staffel Focke-Wulf 190 aus dem Dunst auf. Die Briten hatten Maschinen dieses Typs nie zuvor gesehen und hielten sie wegen der ähnlichen Sternmotoren zunächst für amerikanische Curtiss-Jäger. Dann aber identifizierten sie die Flugzeuge an Hand von Erkennungstafeln und eröffneten das Feuer. Die Focke-Wulf hatten Landeklappen und Räder ausgefahren, um ihre Geschwindigkeit zu drosseln, und flogen im Reiseflug ganz dicht über der Wasseroberfläche. Deshalb lagen sie für einen Sturzflugangriff auf die britischen Schnellboote zu tief und ließen sie ungeschoren. Überdies suchten sie in erster Linie britische Torpedoflugzeuge.

Aber sie kamen so nahe heran, daß die Schnellbootbesatzungen die Schutzbrillen der deutschen Piloten erkannten. Die Deutschen erwiderten den britischen Beschuß nicht, sie sparten ihre Munition für die starken Bomberverbände der RAF auf, die sie erwarteten. Selbst der deutsche Jäger, dem Hilary Gamble mehrere Stücke aus der Tragfläche herausschoß, ließ seine Bordwaffen eisern schweigen.

Die Schnellboote liefen jetzt ihre Höchstgeschwindigkeit von 27 Knoten und vermochten ihre Positionen nur mit Mühe zu halten. Der Verband drohte zu zersplittern. Plötzlich sahen Pumphrey und Arnold Forster durch einen Riß in dem schwarzen Rauchvorhang weit draußen auf dem strichweise besonnten Wasser der Meerenge die großen grauen Schlachtschiffe. Sie waren vielleicht fünf Meilen entfernt. Achteraus liefen sechs Zerstörer, über ihnen kreisten vierundzwanzig Flugzeuge.

Nachdem Pumphrey die Schlachtflotte deutlich ausgemacht hatte, morste er sofort O break U, jenen folgenschweren Spruch, der ankündigte, daß in der Straße von Dover zum erstenmal seit der Spanischen Armada eine feindliche Schlachtflotte gesichtet worden war.

Weiter meldete er: „Drei Schlachtschiffe, 130 Grad, Entfernung fünf Seemeilen, Kurs 70 Grad." Wegen dieser Angabe sollte Pumphrey hernach von Captain Day gerügt werden, denn die Navy, pedantisch bis ins letzte, mißbilligte den Sammelbegriff „Schlachtschiff". Wie Pumphrey dann erfuhr, hätte es korrekt heißen müssen: „Zwei Schlachtkreuzer und ein Kreuzer..."

Immerhin wurde die Marine trotz der ungenauen Formulierung sofort aktiv. Auf einen Schlag war Funkstille auf allen Wellen. Nur die Londoner Admiralität und Dover Castle wiederholten alle paar Minuten das dramatische Signal O break U.

Die schier unglaubliche Nachricht, die Pumphreys Signalgast um 12.23 durchgab, bestätigte zum erstenmal definitiv die Anwesenheit der deutschen Schlachtschiffe in der Straße von Dover.

Der deutsche B-Dienst fing den Spruch ebenfalls auf und übersetzte ihn in Sekundenschnelle. Als ein Signalgast Admiral Ciliax auf Scharnhorst den Spruch gab, schlugen in der Nähe der Schiffe bereits Raws Granaten ein. So erfuhr Ciliax, daß die Royal Navy seine Flotte, die fünfzehn Stunden lang durch geradezu geisterhafte, völlig unerklärliche Stille gefahren war, endlich gesichtet hatte. Der Admiral fühlte sich direkt erleichtert.

Mark Arnold Forster im zweiten Schnellboot wartete auf Pumphreys Sichtmeldung. Da sie ausblieb, ließ er seinen Signalgast Leading Telegraphist Pitchforth ebenfalls O break U funken, allerdings mit dem Zusatz: „Zwei Schlachtschiffe, ein Schlachtkreuzer mit zwanzig Zerstörern und Schnellbooten."

Hilary Gambles Signalgast im dritten Boot wußte von nichts. Als er Forsters Spruch auffing, glaubte er lediglich seine Ansicht bestätigt, daß es sich um falschen Alarm handle, und sagte: „219 will irgend so eine verflixte Schlachtflotte gesehen haben. Ist sicher eine Übung."

Die Deutschen fuhren jetzt ihre Höchstgeschwindigkeit von 30 Knoten und drohten den britischen Schnellbooten zu entwischen, die des überstürzten Aufbruchs wegen keine Zeit gehabt hatten, ihre Maschinen warmlaufen zu lassen, und überdies nur 27 Knoten in der Stunde schafften. Wie sollten sie den deutschen Verband abfangen, dessen Schlachtschiffe um drei Knoten schneller waren als sie und deren Schnellboote sie mit ihren 35 Knoten spielend überholen konnten? Was die Torpedos anbelangte, so lag die beste Schußentfernung der britischen Schnellboote bei rund achthundert Metern; jetzt aber war fraglich, ob sie überhaupt bis auf fünf- oder sechstausend Meter an den Gegner herankommen würden. Als sie sich ungefähr auf diese Distanz herangearbeitet hatten, gaben die deutschen Schnellboote zum Schutz der Schlachtschiffe weitere Nebelstöße ab. Aber sie hielten ihre Position nicht sehr exakt, und es entstand eine Lücke, durch die Pumphrey durchzubrechen beschloß.

Jede Sekunde war kostbar. So überanstrengt die Motoren der britischen Schnellboote des kalten Maschinenöls wegen auch klangen, sie hielten ihre Spitzengeschwindigkeit. Nur bei Dick Saunders setzte eine Maschine aus — er blieb um Meilen zurück.

Zwei weitere Focke-Wulf kamen bis auf fünfzehn Meter herunter, griffen jedoch wieder nicht an. Die Besatzungen versuchten, aus ihren Schnellbooten jetzt das Letzte herauszuholen. Noch immer funkten Dover und die Admiralität Pumphreys Meldung „Schlachtflotte gesichtet — Schlachtflotte gesichtet". Dover gab alle paar Minuten Radarbeobachtungen, so daß Pumphrey die Geschwindigkeit der deutschen Schiffe genau ermitteln konnte. Außerdem waren über dem Nebel deutlich die turmhoch aufragenden Aufbauten der deutschen Schlachtschiffe zu erkennen. Als die Focke-Wulf abdrehten, sichteten sie zehn deutsche

Schnellboote, die sich über eine halbe Meile hin erstreckten. Die schnelleren Deutschen hielten ihre Abschirmpositionen bei den Schlachtschiffen und eröffneten aus tausend Meter Entfernung das Feuer auf zwei britische Schnellboote. Die Briten hatten nur MGs, die Deutschen hingegen schossen mit 20-mm-Kanonen. Nach mehreren Rumpftreffern setzten plötzlich die Maschinen von Pumphreys Boot aus, und zwar so ruckartig, daß der Bug unter Wasser gedrückt wurde. Während Pumphrey verzweifelt gegen die Tücken der Technik ankämpfte, verlangsamten die vier hinterherfahrenden Boote ihr Tempo, um im Verband zu bleiben. Endlich sprangen die Motoren wieder an. Pumphrey wendete und preschte den anderen voran durch die rauhe See, genau auf die deutschen Schnellboote zu, deren Granaten rings das Wasser aufwühlten. Unversehens tauchte aus dem Schnellboot-Nebel ein von Zerstörern umkreistes großes Schiff auf. Pumphrey vermutete *Prinz Eugen*, aber es war *Scharnhorst*, die das Geschwader mit einer Geschwindigkeit von dreißig Knoten anführte. Der Abstand zwischen dem Flaggschiff und Pumphreys Schnellboot betrug nur 4000 Meter.

Auf der Brücke der *Scharnhorst* beobachteten Wilhelm Wolf und die anderen Offiziere wie aus einer Theaterloge fasziniert die deutschen und britischen Schnellboote, die, aus allen Rohren feuernd, durch die aufgepeitschten Wogen stürmten. Sie verfolgten das wundervolle Schauspiel, bis die Zerstörer befehlsgemäß eine neue Nebelwand legten. Später meinte Wolf dazu: „Bald war das schöne Bild unseren Blicken entzogen."

Zitternd und ächzend, unter Aufbietung aller PS versuchten Pumphreys Boote die zehn deutschen Schnellboote, die ihnen den Weg zu den Schlachtschiffen versperrten, zu überholen. Vergeblich. Die Deutschen erhöhten ihre Geschwindigkeit um ein paar Knoten und gaben die Schlachtschiffe nicht eine Sekunde lang preis. Es muß für sie, die den britischen Schnellbooten zahlenmäßig ums Doppelte überlegen waren, eine starke Versuchung gewesen sein, zu wenden und den Gegner zu vernichten. Aber wie die Focke-Wulf hielten sie sich an ihre Befehle und blieben auf Deckungsposition.

Außerstande, es mit der Fahrt der Schlachtschiffe, geschweige denn der Schnellboote aufzunehmen, mußte Pumphrey sich rasch etwas einfallen lassen. Da seine Boote in einem 45-Grad-Winkel zum Bug des deutschen Führungsschiffes standen, hatten sie eigentlich eine ideale Position — nur war die Entfernung noch zu groß. Deshalb beschloß er, die nächste sich bietende Lücke im Schnellbootschirm zu nutzen und sich bis auf 2000 Meter heranzupirschen. Er ging damit auf einen gefährlichen Kurs, der ihn leicht alle seine Boote kosten konnte. Aber als er drehte, um zwischen den Schnellbooten durchzubrechen, griff das Schicksal ein und ließ seine Steuerbordmaschine ausfallen. Im Handumdrehen fiel er auf 16 Knoten zurück.

Immerhin bestand noch eine letzte Möglichkeit, nämlich so lange dem Schnellbootfeuer zu trotzen, als es ging, und dann auf 4000 Meter die Torpedos zu schießen. Sein Boot lief jetzt gefährlich langsam, doch war die See für genaues Zielen glücklicherweise zu bewegt: die deutschen Schnellboote feuerten zwar unablässig, trafen ihn aber nicht. Als sich deutsche Jäger mit ratternden MGs auf ihn stürzten, befahl er seinen übrigen Booten, sich zu zerstreuen und einzeln anzugreifen.

Obgleich sein beschädigtes Boot nun sowohl von Fliegern wie von Schnellbooten unter Beschuß genommen wurde, gab er nicht auf. Er wollte so lange flott bleiben, bis die Schlachtschiffe querab waren und er sie aus zwei Meilen torpedieren konnte.

Während MG-Kugeln und Geschosse um sein Boot pfiffen und auf den Wellen detonierten, kam eines der Schlachtschiffe in Sicht. Pumphrey hielt genau darauf zu, hörte indes plötzlich warnende Rufe seiner Soldaten. Zwei Schnellboote hatten sich bis auf achthundert Meter genähert und nahmen ihn unter Feuer. Er erwiderte das Feuer, zog den Auslöser, und seine zwei Torpedos klatschten in die See. Ein Donnerschlag zerriß die Luft. Schon glaubte Pumphrey, einer seiner Torpedos habe getroffen, da sah er einen Wasserpilz aufsteigen. Es war eine der 9,2-Granaten (23,4 cm) von South Foreland, die jetzt dicht bei den Schlachtschiffen einschlugen. Seine beiden Torpedos hatten ihr Ziel verfehlt — Pumphrey konnte nur noch abdrehen.

Inzwischen bemühten sich die anderen Schnellboote verzweifelt, an die Schlachtschiffe heranzukommen. Arnold Forsters 219 und Tony Laws 48 vollführten wilde Zickzackmanöver, weil sie pausenlos von deutschen Schnellbooten und immer mehr Jägern attackiert wurden. Jedoch sie näherten sich dem Schnellboot- schirm bis auf vierhundert Meter, und das bedeutete eine Tor- pedoschußentfernung von 3500 m.

Als sie sich an die Schlachtschiffe so dicht herangepirscht hatten, wie es überhaupt ging, raste plötzlich Able Seaman McDonald mit einem alten Ross-Gewehr an Deck. Arnold Forster erzählt: „Es war ein Gewehr aus dem Ersten Weltkrieg, das wir an Land auf Wache benutzten. Mit dieser urigen Knarre beschoß er nun *Prinz Eugen,* und zwar insgesamt fünfundzwanzigmal. Ich glaube nicht, daß er damit viel Schaden angerichtet hat — aber er fühlte sich danach einfach wohler."

In dem heftigen deutschen Abwehrfeuer konnten sie ihren Kurs nicht halten, beobachteten indes die Torpedolaufbahnen. Nach- dem Forster und Law abgedreht hatten, nahmen die Deutschen Hilary Gamble aufs Korn, der mit seiner 45 heransauste und auch seine Torpedos loswerden wollte.

Jetzt hatten alle drei Schnellboote ihre Torpedos geschossen — aber *Gneisenau* und *Prinz Eugen* drehten einfach 90 Grad nach Backbord und vereitelten damit jede Hoffnung selbst auf Zu- fallstreffer. Plötzlich hielt auch *Scharnhorst* auf die britischen Schnellboote zu und bot dem Australier Dick Saunders, der sei- nen Motor wieder in Ordnung gebracht hatte und inzwischen auf der Szene erschienen war, ein wenn auch recht entferntes Ziel. Saunders schoß und sah auch eine Rauchwolke aufsteigen — aber es war kein Torpedotreffer, sondern eine weitere Granate vom Land. Als die Kommandanten der deutschen Schnellboote er- kannten, daß die Briten ihre Torpedos abgefeuert hatten, zogen sie sich wieder auf ihre befohlenen Sicherungspositionen zurück. Plötzlich rauschte jedoch durch den Nebel der Zerstörer *Friedrich Ihn* mit Volldampf auf Pumphreys Boote zu. Da sie ohne Tor- pedos gegen den Zerstörer völlig machtlos waren, legten sie eine Nebelwand und fächerten sich auf.

Friedrich Ihn jagte die Briten, konnte jedoch mit ihrer noch ungenau zielenden Artillerie vorerst keine Treffer landen. Allerdings näherte sie sich so schnell, daß die Gefahr von Minute zu Minute wuchs. Deshalb griffen Forster und Law zu einer rabiaten psychologischen Kriegslist, zogen überraschend, während *Friedrich Ihn* sie aus ihren 4,7-Zoll-Kanonen beschoß, vor dem Bug des Zerstörers vorbei und simulierten den Wurf einer Wasserbombe. Das irritierte die deutschen Kanoniere und veranlaßte den Kommandanten, Korvettenkapitän Wachsmuth, zu einer raschen Kursänderung.

Fünf Minuten dauerte die Jagd. Die Deutschen hatten sich auf Forsters Schnellboot eingeschossen; Treffer konnten nun nicht mehr lange ausbleiben. Die beiden britischen Schnellboote versuchten es mit einem Ausweichmanöver und steuerten Kellett Gut an, eine Durchfahrt durch die Goodwinsandbänke, die für den Zerstörer zu flach war. Aber sie hofften vergeblich, Wachsmut auf Grund zu locken — als er das Wrack erblickte, welches den Anfang der Durchfahrt markierte, drehte der Korvettenkapitän rechtzeitig ab.

Während dieser Verfolgungsjagd tauchten die britischen Kanonenboote 43 und 44 auf. Sie hatten keine Torpedos, sondern nur ein 20-mm-Oerlikon und zwei 12,7-mm-Maschinengewehre. Stewart Gould und Roger King, ohnehin wütend, weil sie das Gefecht beinahe verpaßt hätten, rasten *Friedrich Ihn* mit 43 Knoten entgegen und feuerten unentwegt aus den Einling-Oerlikons ihrer nur 19 Meter langen Boote.

Gould berichtete: „Als wir uns bis auf 1000 Meter genähert hatten, zielte die Zerstörerartillerie bereits unangenehm genau. Der Zerstörer hatte einen sehr kleinen Drehkreis und setzte uns mit seinen Manövern scheußlich zu." Sie warfen auch Wasserbomben, die jedoch wirkungslos verpufften, weil Wachsmuth die Briten für torpedobewaffnete Schnellboote hielt, wendete und wieder Kurs auf die Schlachtschiffe nahm. Auch die deutschen Flugzeuge ließen dann von den zurückweichenden Schnellbooten ab und kreisten erneut über der Schlachtflotte.

In Dover wartete Admiral Ramsay auf Rückkehr und Meldung

der Schnellboote. Die Meldung war deprimierend: das erste Gefecht in der Straße von Dover hatten die Briten verloren.

Pumphrey schrieb: „Mir ist recht beklommen bei dem Gedanken, daß die Schnellboote, um Gefährdung und Verluste zu vermeiden, auf so große Entfernung angriffen. Ich hatte eindeutig die Wahl zwischen zwei Kursen, als mir klarwurde, daß es unmöglich war, vor den deutschen Schnellbooten herumzulaufen. Zuerst wollte ich mich durch den Schnellbootschirm durchkämpfen, mußte diesen Plan aber — wenigstens für mein Boot, aufgeben, da meine Maschinen ausfielen.

Die zweite Alternative war, auf die von den Schnellbooten diktierte Entfernung zu feuern; und das taten wir auch.

Als ich meinen Schnellbooten ‚Bin kampfunfähig — weitermachen' signalisierte, erwartete ich von ihrer Seite einen Durchbruchsversuch. Ich möchte aber betonen, daß ein ausdrücklicher Befehl dazu nicht gegeben wurde. Meiner Meinung nach haben sie korrekt gehandelt; denn sie mußten sich entscheiden zwischen einer geringen Chance, auf die große Entfernung zu treffen, dabei aber möglicherweise die eigenen Boote vor schwereren Schäden zu bewahren, und der fast hundertprozentigen Gewißheit, bei größerer Annäherung alle Boote der Vernichtung oder zumindest schweren Beschädigungen preiszugeben, da bereits eine nennenswerte Verringerung der Schußentfernung den Abschuß der Torpedos verhindert hätte."

Abschließend bedauerte Pumphrey den Mangel an Jagdschutz und das späte Eintreffen der Kanonenboote: „Wenn Jäger oder Kanonenboote — oder besser beide — zur Stelle gewesen wären, hätte sich der Schnellbootangriff vielleicht anders entwickelt. So waren nur deutsche Jäger da, die die Schnellboote zwar halbherzig, aber doch immer wieder angriffen."

8

„ARME KERLE — DAS IST DOCH REINER SELBSTMORD!"

Am Mittwoch, dem 11. Februar — während in Brest Admiral Ciliax mit seinen Kommandanten letzte Einzelheiten des Ausbruchsplanes klärte —, hatte Lt.-Cdr. Esmonde, der Führer der Swordfish-Staffel in Manston, etwas Wichtiges zu erledigen. Er fuhr nach Margate und von dort mit dem Zug nach London, wo er im Buckingham-Palast aus der Hand König Georgs VI. das Militärverdienstkreuz für seine Teilnahme an der *Bismarck*-Operation verliehen bekam.

Er kehrte noch am selben Tag nach Manston zurück. Abends veranstalteten die RAF und seine eigenen Marineflieger ihm zu Ehren ein kleines Fest, das allerdings sehr einfach verlief und früh endete, weil die Besatzungen am nächsten Morgen um vier Uhr startklar sein mußten. Die Admiralität hatte diese Routine-Bereitschaft in dem Glauben angeordnet, die Deutschen würden in diesen Stunden vor Morgengrauen womöglich einen Durchbruchsversuch bei Dover riskieren.

Aber bei Anbruch der Dämmerung wurde die Alarmbereitschaft zunächst aufgehoben. Es war ein kalter, frischer Morgen. Der Wind trieb Hagelkörner über die Startbahnen und zerrte an der Rumpfbespannung der sechs zerbrechlich wirkenden, altmodischen Flugzeuge, die in einer Ecke des Flugfeldes Manston an der Margate Road abgestellt waren.

Nach dem Frühstück fand sich die erfahrenste Besatzung zum ersten Torpedo-Übungsflug bei ihrem Doppeldecker ein. Der Pilot, Sub.-Lt. Brian Rose, hatte auf dem Flugzeugträger *Ark Royal* gedient; sein Beobachter Edgar Lee sowie sein Bordschütze, Leading Airman „Ginger" Johnson, waren beide *Bismarck*-Veteranen.

Als sie hoch oben auf den Klippen der Südküste in ihr Flugzeug kletterten, erschienen auf britischen Radarschirmen bereits kreisende „Blips" — Gallands Jäger, die die großen Schiffe durch den Kanal eskortierten. Unverzüglich meldete Wing-Cdr. Bobby Constable-Roberts, der Luftwaffen-Verbindungsoffizier, nach dem Eingang der ersten Berichte in Dover Castle Vizeadmiral Sir Bertram Ramsay, daß es sich um *Scharnhorst*, *Gneisenau* und *Prinz Eugen* handeln müsse. Er und der Admiral wußten nur zu gut, daß sie im Augenblick nichts weiter mobilisieren konnten als jene sechs alten Doppeldecker in Manston, deren Besatzungen sich überdies auf einen Nachtangriff vorbereiteten. Solche lahmen Enten bei Tageslicht in das schwere Flakfeuer und gegen den starken Jagdschutz der Deutschen zu schicken, bedeutete für die Männer den sicheren Tod.

Nachdenklich griff Ramsay zum Telefon und rief den Ersten Seelord, Sir Dudley Pound, in Whitehall an. Man möge ihn unbedingt davon entbinden, die achtzehn Flieger zu jenem Selbstmordunternehmen abkommandieren zu müssen. Sir Dudley erwiderte: „Die Navy wird den Feind angreifen, wo und wann immer er gestellt werden kann."

Ramsay legte auf und nickte Constable-Roberts zu. Dann sprach er mit Wing-Cdr. Tom Gleave in Manston: „*Scharnhorst* und *Gneisenau* nähern sich der Dover-Enge. Verständigen Sie Esmonde."

Esmonde befand sich auf dem Rollfeld und überwachte die Übungen seiner Leute, als ein Melder in einem klapprigen kleinen Morris Minor auf der Startbahn heranschepperte und rief: „Sie werden dringend am Telefon verlangt, Sir!" Sie fuhren zur Befehlsstelle. Tom Gleaves war am Apparat: „*Scharnhorst* und *Gneisenau* nähern sich der Dover-Enge." Sofort gab Esmonde an Rose Befehl, die Übung abzubrechen und die übrigen Besatzungen zu unterrichten.

Die Neuigkeit kam völlig überraschend für die Swordfish-Leute, die ja bis zur Abenddämmerung keine Bereitschaft hatten. Die meisten Bordschützen hockten gemütlich in der Unteroffiziersmesse, tranken ihren Kaffee und lasen. Der 22jährige Pilot Charles Kingsmill saß gerade beim Friseur, als er den Befehl erhielt, schnellstens in die Befehlsstelle zu kommen. Während die Leute zusammenströmten, ließ Esmonde telefonisch die letzten Radarberichte über die deutschen Schiffe durchgeben. Kein Zweifel, sie fuhren mit Volldampf auf die Straße von Dover zu.

In einem alten Ford V-8 traf Tom Gleave ein. Er habe, so sagte er, noch keine Bestätigung von der Admiralität, die ihrerseits überzeugt sei, daß die Schlachtschiffe den Durchbruch durch die Dover-Enge bei Tag nicht wagen würden. Wer hatte nun recht — die Admiralität oder Constable-Roberts?

Gleave und Esmonde starrten schweigend auf das Telefon und warteten auf den entscheidenden Anruf. Eines wußten sie genau: wenn Constable-Roberts' Vermutung stimmte, war das Schicksal der Swordfish-Staffel so gut wie besiegelt.

Für sechs Flugzeuge hatten sie sieben Piloten, und schon knobelten die beiden jüngsten um den Platz auf der „Fuller"-Startliste. Sub-Lt. Peter Bligh gewann — Sub-Lt. Bennett würde zurückbleiben müssen. Das sollte ihm das Leben retten.

Um 11.40 meldete sich Constable-Roberts. „Es sind tatsächlich unsere Freunde", sagte er. „Beamish hat sie vor Boulogne erkannt."

Nach Beendigung des Gesprächs wandte Esmonde sich an seine Männer. „Die Sache steigt", verkündete er knapp und mit unbewegter Stimme, „macht euch fertig."

Um dieselbe Zeit wurde die RAF alarmiert. Die Besatzungen der Spitfire waren schneller zur Stelle als das Bodenpersonal, bei dem wieder einmal allzuviel drunter und drüber ging, und warteten ungeduldig auf das Startsignal.

Im betonierten Wachbunker von Biggin Hill, dem wichtigsten Jagdfliegerhorst Südenglands, hatte Flt.-Lt. Cowan Douglas-Stephenson Dienst. „Stevie", wie sie ihn nannten, gebürtiger Amerikaner, verheiratet mit Jeanne de Casalis, der „Mrs. Feather", einer damals sehr populären Figur einer BBC-Sendereihe, erinnert sich noch gut. Er erzählt: „Zwischen 11.30 und 12.30 trafen die Piloten von drei Spitfire-Staffeln ein. Die Kameraden hatten sich das Rufzeichen mit Bleistift auf den Handrücken gemalt, wo sie es leicht abwischen konnten; weitere Befehle hatten sie nicht bekommen. Die wollten sie jetzt haben.

Mir war bekannt, daß der Einsatzplan für ‚Fuller' im verschlossenen Tresor lag. Der Nachrichtenoffizier hatte vierundzwanzig Stunden Urlaub. Die Geheimbefehle steckten im Safe, und der Schlüssel ließ sich nirgends auftreiben."

So liefen die Piloten planlos durcheinander, bis das 11. Geschwader zum Fliegerleitoffizier von Biggin Hill, Bill Igoe, durchkam und die Staffeln als Jagdschutz für die Swordfish nach Manston beorderte.

Während in Biggin Hill alles kopfstand, saß Esmonde am Telefon und erwartete weitere Befehle. Gelegentlich trat er ans Fenster und blickte über die vereisten Felder, als wolle er sich die Landschaft unverlierbar einprägen. Endlich meldete sich das 11. Jagdgeschwader: „Wir wollen die drei Staffeln der Biggin-Hill-Gruppe als Höhensicherung einsetzen. Die Hornchurch-Gruppe mit zwei Staffeln übernimmt die Nahsicherung und soll die Flakschiffe für euch überraschen und angreifen. Beide Gruppen haben Befehl, sich über Manston zu versammeln. Welche Zeit schlagen Sie dafür vor?"

Esmonde schaute auf die Uhr. „Sagen Sie ihnen, sie sollen um 12.25 hier sein", erwiderte er. „Und seht um Gottes willen zu, daß die Jäger pünktlich eintreffen!"

Dann rief nochmals Constable-Roberts an. In Dover Castle befürchteten sowohl die RAF wie die Marine, daß selbst bei starkem Jagdschutz nur wenige Swordfish von diesem Einsatz zurückkehren würden, und niemand wollte Esmonde direkten Befehl geben, seine Männer ins sichere Verderben zu führen. „Der Admiral will wissen, wie Sie darüber denken", sagte Constable-Roberts. „Er findet, Sie müßten selber entscheiden."

Was sollte Esmonde als Berufsoffizier darauf antworten? Die Anfrage von Dover war gutgemeint, im Grunde aber schlimmer als eine eindeutige Weisung.

Die einzig mögliche Antwort darauf lautete: „Die Staffel wird starten. Wo sind die Deutschen? Mit welcher Geschwindigkeit fahren sie?"

„Augenblick", meinte Constable-Roberts. „Sie befinden sich ungefähr zehn Meilen nordöstlich der Dover-Enge und laufen 21 Knoten. Wenn Sie mit dem Jagdschutz zufrieden sind, sollen Sie aufbrechen, sagt der Admiral." Selbst Pilot, fügte er jedoch mit heiserer Stimme hinzu: „Hals- und Beinbruch, alter Junge."

Esmonde und Gleave verglichen die Berichte über Kurs und Fahrt der Schiffe mit ihren Karten. Der deutsche Verband fuhr so schnell, daß Esmonde sich sofort entscheiden mußte. Seine Swordfish schafften im Höchstfall 90 Meilen pro Stunde; wenn sie nicht sofort starteten, würden sie das Geschwader nicht mehr einholen.

Entschlossen teilte er seinen Leuten mit: „Wir werden in Ketten einer nach dem anderen von hinten anfliegen. Höhe fünfzehn Meter. Beabsichtigt ist: eines oder mehrere der deutschen Schiffe anzugreifen und zu langsamerer Fahrt zu zwingen. Wir bekommen reichlich Jagdschutz, macht euch der deutschen Jäger wegen also nicht zuviel Sorgen. Sobald wir uns über dem Zerstörer- und Schnellbootschirm befinden, greift jeder selbständig an. Sucht euch die günstigste Abwurfstelle für die Torpedos, aber achtet darauf, daß ihr auch wirklich *Scharnhorst, Gneisenau* oder *Prinz Eugen* erwischt."

Die Männer stürzten zu den Flugzeugen. Der kleine Esmonde, der über seiner dunkelblauen Marineuniform eine orangefarbene Schwimmweste trug und den Fliegerhelm am Kinnriemen in der Hand schwenkte, wollte seinen Leuten gerade nachlaufen, als wieder das Telefon läutete. Das 11. Geschwader gab durch, daß einige Flugzeuge des Jagdschutzes unter Umständen etwas verspätet eintreffen würden.

Esmonde entgegnete: „Wir starten um 12.25 Uhr. Ich ziehe zwei Minuten Warteschleifen in Richtung Küste."

Gleave verabschiedete ihn mit bebender Stimme und sagte später: „Esmonde versuchte zwar ganz automatisch, so was wie ein Grinsen zustande zu bringen und hob auch den Arm in der Andeutung eines Grußes — aber erkannt hat er mich kaum noch. Er wußte, was ihnen bevorstand. Aber Pflicht war für ihn Pflicht. Ich werde nie dieses vor Spannung kalkweiße Gesicht vergessen, das Gesicht eines bereits toten Mannes. Nie wieder hat mich etwas derart erschüttert."

Weder Esmonde noch seine Offiziere sprachen auch nur eine Silbe. Einzig Fliegerveteran Ginger Johnson stieß, als er in seine hintere Kanzel kletterte, die Frage hervor: „Und wie stehen unsere Chancen, verdammt noch mal?"

Keiner antwortete ihm.

Als Esmonde seinem Beobachter, Lt. W. H. Williams, und seinem Bordschützen, Leading Airman W. J. Clinton, in die Maschine folgen wollte, überbrachte ein Melder noch eine Nachricht der Befehlsstelle. „Dover sagt, der Feind macht jetzt schätzungsweise 27 Knoten."

Das war eine wichtige Information; denn wenn die Schlachtschiffe schneller fuhren, als ursprünglich angenommen, mußten die Swordfish sofort starten.

Es war 12.25. Esmonde gab durch Armschwenken das Startzeichen. Während die sechs Doppeldecker abhoben, stand Tom Gleave in starrer Grußhaltung allein auf dem schneebedeckten Flugfeld.

Vor der Küste von Kent kreisten die Maschinen in 40 m Höhe über See und warteten auf den Jagdschutz. Hinter Esmonde flogen Brian Rose mit Lee und Johnson sowie, etwas höher, Charles Kingsmill mit Sub-Lt. „Mac" Samples als Beobachter und Leading Airman Donald Bunce als Bordschützen.

Dann kam die zweite Kette, an der Spitze Lt. Thompson mit Sub-Lt. Parkinson als Beobachter und Leading Airman Topping am MG, dahinter Sub-Lt. Wood und Sub-Lt. Fuller-Wright mit Leading Airman Wheeler. Den Abschluß machten Sub-Lt. Peter Bligh und Sub-Lt. Bil Beynon mit Leading Airman Smith.

Achtzehn junge Männer in sechs trägen, uralten Flugzeugen, die der schweren Torpedolast wegen nur 90 Knoten schafften, befanden sich auf dem Weg zum Angriff auf zwei Schlachtschiffe, einen großen Kreuzer, sechs große Zerstörer, vierunddreißig Schnellboote und einer Gruppe von Flakschiffen sowie die geballte Macht der gegnerischen Luftwaffe.

Um 12.29 — vier Minuten nach dem befohlenen Rendezvoustermin — kreisten die Swordfish immer noch über der Küste bei Ramsgate. Der Himmel trübte sich zusehends ein — und kein Jäger zeigte sich.

Was war mit den fünf Spitfire-Staffeln? Vier trafen überhaupt nicht ein; nur zehn Spitfire der 72. Staffel unter Squadron Leader Brian Kingcombe, einem ehemaligen Cranwell-Kadetten, fanden die Swordfish.

Ein Abflug von Gravesend — dem Ausweichflughafen von Biggin Hill, auf dem sie stationiert waren — kam der Wolken wegen nicht in Frage, und so hatte man für die 72. Staffel nach dem Frühstück die Alarmbereitschaft aufgehoben. Um 9.00 Uhr rief plötzlich Bill Igoe an und befahl statt der bisherigen Bereitschaft von dreißig Minuten Alarmbereitschaft von zwei Minuten, was bedeutete, daß die Männer spätens nach 120 Sekunden in den Cockpits sitzen mußten. Dreimal wurde Alarmstart gegeben und wieder abgeblasen, dreimal rannten die Männer in die Befehlsbaracke — nur, um gleich wieder losgeschickt zu werden. Diese widersprüchlichen Anordnungen machten deutlich, wie sehr die Dinge durcheinandergeraten waren — aber kein Mensch unterrichtete die Besatzungen.

Dann hieß es endgültig: „Alarmstart — Kurs auf Manston, ab dort sechs Swordfish eskortieren und in Gefecht zwischen deutschen und britischen Schnellbooten eingreifen." Kingcombe, dem diese Meldung in die Kanzel gereicht wurde, fand es eigenartig, daß man sie zu „einer kleinen Marinerauferei" abkommandierte. Von den deutschen Schlachtschiffen erfuhr er offiziell nichts, denn der traditionelle Geheimhaltungsschirm funktionierte noch. Um so mehr wunderte er sich, als er hörte, daß vier andere Staffeln den gleichen Befehl erhielten. Wieso sollte er so schnell wie möglich nach Manston fliegen, um dort den Geleitschutz für sechs kreisende Swordfish zu übernehmen? Wenn das nicht doch eine größere Sache war!

Wie Kingcombe und seine Piloten es formulierten, rasten sie wie die Irren los und brauchten bis Manston nur zehn Minuten. Als Esmonde Kingcombes Spitfires aus den Wolken auftauchen sah, war es 12.32.

Umsonst warteten die Swordfish und die Spitfires noch zwei Minuten — weitere Jäger trafen nicht ein. Für Esmonde galt es: jetzt oder nie. Er winkte seinen Leuten und ging auf 15 Meter hinunter, um die Staffel auf die See hinauszuführen. Kingcombe, der den wahren Zweck des Unternehmens noch immer nicht ahnte, bezog etwa 600 Meter über den Swordfish Sicherungsposition. Bis zu den deutschen Schiffen waren es 23 Meilen und fünfzehn Minuten Flugzeit für eine Swordfish.

An Bord der *Scharnhorst* stand Vizeadmiral Ciliax auf der Brücke, verzehrte ein Würstchen und trank Kaffee. Merklich erleichtert, zugleich aber erstaunt, wandte er sich an den Kommandanten des Flaggschiffs, Kapitän z. S. Hoffmann. Womit hatten sie die Briten im Kanal bislang behelligt? Mit einigen Granaten, die ein paar tausend Meter zu kurz aufschlugen, und einer Handvoll Schnellboote, die von ihren Schnellboot- und Zerstörerkräften rasch abgewimmelt worden waren.

Wo steckte die RAF? Die Royal Navy? Schliefen alle?

Während sich Ciliax darüber den Kopf zerbrach, sichteten sechs Me 109 zehn Meilen östlich von Ramsgate bei heftigem Regen und einer Sichtweite von nur vier Meilen die tieffliegenden Swordfish. Sie stürzten sich auf die Briten, wurden indes von Kingcombes Spitfires mit rasantem Bordwaffenfeuer zurückgeschlagen. Einige MG-Salven und Geschosse durchlöcherten die Rumpfbespannung der Swordfish.

Kingcombe erinnert sich: „Ich war hinter einer Messerschmitt her, da sah ich plötzlich direkt vor meiner Nase ein schönes dickes Schlachtschiff und sagte mir: Wußte gar nicht, daß die Navy so einen Prachtkasten hat! Ich war sicher, daß sie zu uns gehörte, weil sie direkten Kurs auf Dover hielt. Na ja, von deutschen Schlachtschiffen in der Straße von Dover hatte mir keiner was verraten.

Ohne zu verstehen, daß das Schiff nur auf die Küste zuhielt, weil es einen langen Zickzackkurs fuhr, ging ich auf etwa 180 Meter hinunter und gab ein Zeichen. Daraufhin wurde ich aus allen Rohren beschossen, was mich aber nicht weiter beunruhigte, weil ich wußte, daß die Royal Navy auf alles schoß, was ihren Kähnen zu nahe kam. Als ich vor meiner Staffel abdrehte, sausten plötzlich überall Deutsche herum, meist FW 190 mit Bordkanonen. Diese Focke-Wulf waren üble Zeitgenossen; die Deutschen hatten sie erst Ende 1941 in Dienst gestellt. Sie flogen etwas schneller als die Me 109. Ja, und während ich die deutschen Jäger von den Swordfish wegzudrängen versuchte, erkannte ich, daß mein schönes dickes Schiff die *Prinz Eugen* war."

Durch dunstige Wolkenschleier näherten sich die britischen Flugzeuge jetzt dem deutschen Jagdschutz. In allen Höhen patrouillierten deutsche Jäger. Kaum hatten die Spitfires eine Angriffswelle abgeschlagen, sauste schon ein neuer Schwarm Messerschmitts zwischen die beiden Swordfish-Ketten. An Backbord formierten sich zwanzig kreisende Me 109 zu einem massiven Angriff, wurden jedoch von drei Kingcombe-Spitfires aufgerieben. Im Nu waren die zehn Spitfires in ein schweres Gefecht mit den deutschen Jägern verwickelt.

Während Kingcombes mutige, abgebrühte Spitfire-Flieger wütend gegen die Deutschen ankämpften, sichteten die Swordfish-Piloten die deutsche Schlachtflotte. Es war ein erschreckender Anblick. Die Jäger flogen dicht über den Wellen und bis in Höhen von über 600 Metern — das größte Flugzeugaufgebot, das je einen Schiffsverband beschützt hatte. Mehrere unerfahrene Swordfish-Piloten brachen instinktiv aus, als sie das sahen, fingen sich aber gleich wieder und rissen die Maschinen herum.

Auf *Prinz Eugen* hörte der Flak-Einsatzleiter, Fregattenkapitän Paul Schmalenbach, plötzlich einen seiner Ausguckleute rufen: „Feindflugzeuge in Meereshöhe." Tatsächlich — dicht über den Wogen näherten sich langsam und schwerfällig wie ungeschlachte Riesenvögel sechs graue Doppeldecker in zwei Dreierketten. Schmalenbach meldete sie den vorausfahrenden Schlachtschiffen *Scharnhorst* und *Gneisenau*.

Die Deutschen fröstelte. Ein solcher Selbstmordangriff war das Gefährlichste, was ihnen überhaupt drohte. Als die Maschinen bis auf 2000 Meter herangekommen waren, eröffnete der Verband aus sämtlichen verfügbaren Rohren von den 10,5-cm- bis zu den 2-cm-Mehrrohrgeschützen das Feuer. Aber trotz des Hagels von Leuchtspurgranaten und Flachgeschossen hielten die Swordfish unbeirrbar ihren Kurs.

Esmonde führte seine Staffel über die Zerstörer. Sein Bordschütze Clinton gab eine MG-Garbe nach der anderen auf die deutschen Jäger ab, die sie im Sturzflug angriffen. Rauchspurgeschosse von Zerstörern und Schnellbooten knallten ihm ins Cockpit, Rudel von FW 190 stießen auf die Swordfish herab, durchsiebten die Rumpfbespannung — es war ein Wunder, daß die alten Kisten überhaupt noch flogen.

Jetzt setzten Leuchtspurgeschosse das Heck von Esmondes Maschine in Brand. Heckschütze Clinton kletterte aus seiner Kanzel, hockte sich rittlings auf den Rumpf und schlug die Flammen mit den Händen aus. Als er zurückkroch, befanden sie sich über dem äußeren Sicherungsschirm. Die 11-Zoll-Geschütze (20,3 cm) der *Prinz Eugen* mischten sich ein und legten qualm- und feuerspeiend einen Sperriegel, daß das Wasser aufschäumte und Gischt bis in die tieffliegenden, stark torkelnden britischen Maschinen spritzte. Eine Granate detonierte genau vor Esmonde und riß seine untere Tragfläche weg.

Die Swordfish erbebte und sackte etwas ab, flog aber weiter. Aus Wunden an Kopf und Rücken blutend, umklammerte Esmonde den Steuerknüppel und hielt tapfer auf die *Prinz Eugen* zu. William und Clinton hinter ihm waren bereits tot.

Mit einer letzten, verzweifelten Anstrengung riß er seine Maschine noch einmal hoch in den Wind und löste seinen Torpedo. Dann zuckte ein roter Blitz auf — ein Volltreffer aus Schmalenbachs Geschützen zerfetzte die Swordfish. Die Trümmer der Maschine stürzten in die See. Deutsche Ausguckposten meldeten die Laufbahn des Torpedos, Kapitän Brinkmann befahl fünfzehn Grad Backbord — und während Esmonde starb, wich *Prinz Eugen* seinem Torpedo mühelos aus.

Admiral Ciliax' Haltung reflektierte die heroische Sinnlosigkeit dieser Angriffe und ließ auch erkennen, daß man sich an Bord der Schlachtschiffe nicht wirklich gefährdet glaubte. Die anfliegenden Swordfish von der Brücke aus beobachtend, bemerkte er zu Kapitän z. S. Hoffmann: „Jetzt kommen die Engländer mit ihrer Mottenkistenflotte. Diese Swordfish tun gut daran, ihre Torpedos loszuwerden."

Sämtliche Schiffe fuhren volle Kraft voraus und feuerten mit allem, was sie hatten. Dennoch flogen die Swordfish weiterhin schnurgerade auf sie zu. Dicht über den Wellen, unmittelbar hinter Esmonde, schaukelte Brian Rose heran.

Sein Beobachter, der zwanzigjährige Edgar Lee, sah Esmonde abtrudeln. Als er die deutschen Schiffe unterhalb des Wolkenschleiers erblickte, versuchte er, Rose über das Sprachrohr einzuweisen. „Jetzt, Brian, jetzt!" schrie er — ohne zu wissen, daß das Rohr völlig zerschossen war. Rose, am Rücken durch Sprengstücke verletzt, die seine Kanzel zertrümmerten, behielt seine Maschine in der Gewalt und warf den Torpedo. In der Aufregung bemerkte der immer noch Anweisungen brüllende Lee den Abwurf gar nicht. Im gleichen Moment erhielt ihr Haupttreibstofftank einen Treffer, fing aber zum Glück nicht Feuer. Dafür begann der Motor zu spucken. Rose schaltete auf den 55-Liter-Reservetank um, mit dem sie sich noch zehn bis zwölf Minuten in der Luft halten konnten.

Rose verlor an Höhe und wollte unter dem Heck der *Gneisenau* durchschlüpfen, zog statt dessen aber direkt über *Prinz Eugen* weg, wobei er fast gegen ihren Mast geprallt wäre. Als er dem Sperrfeuer des Schiffes auswich, drehte Lee sich um und sah Heckschütze Ginger Johnson leblos über seinem MG hängen. Er war tot. Sein Blick fiel auf Rose. Der blutete. Also hatte es ihn auch erwischt.

Dennoch gelang Rose eine halbe Meile von *Prinz Eugen* entfernt eine Notlandung auf den eiskalten Wellen. Lee brachte das gelbe Gummidingi zu Wasser und zerrte Rose hinein. Sekunden später war die Swordfish mit Ginger Johnsons Leiche versunken.

Die dritte Swordfish der ersten Kette wurde von Charles Kingsmill geführt. Von seiner Crew erkannte Bordschütze Donald Bunce den deutschen Verband als erster — an einem schnell laufenden Zerstörer. Im gleichen Moment griffen deutsche Jäger an und durchlöcherten die Swordfish mit Bordwaffenfeuer.

1 Schlachtschiff *Scharnhorst* während des Kanaldurchbruchs

2 Schlachtschiff *Scharnhorst* mit Tarnnetzen im Hafen von Brest

3   Zerstörer mit mittlerer Flak, 3,7-cm-Doppellafette. Im
    Hintergrund *Scharnhorst*

4   *Scharnhorst*, dahinter *Gneisenau* und Zerstörer während des
    Kanaldurchbruchs

5   Artilleristen an den Fla-Geschützen der *Prinz Eugen* während
des Durchbruchs

6 Deutsche Jagdflugzeuge über Torpedobooten

7 Swordfish, wie sie Esmondes Staffel im Einsatz gegen die
   Deutschen flog

8   Auf der Brücke eines Zerstörers. In der Mitte der
     Kommandant

9   *Scharnhorst* und Zerstörer während des Kanaldurchbruchs

10 Der Durchbruch. In
    der Mitte *Scharn-*
    horst. Dahinter
    Gneisenau und
    Zerstörer

11 *Scharnhorst* wäh-
    rend des Kanal-
    durchbruchs. Rohre
    der schweren
    Artillerie in Ruhe.
    Rohre der Flak in
    Alarmstellung

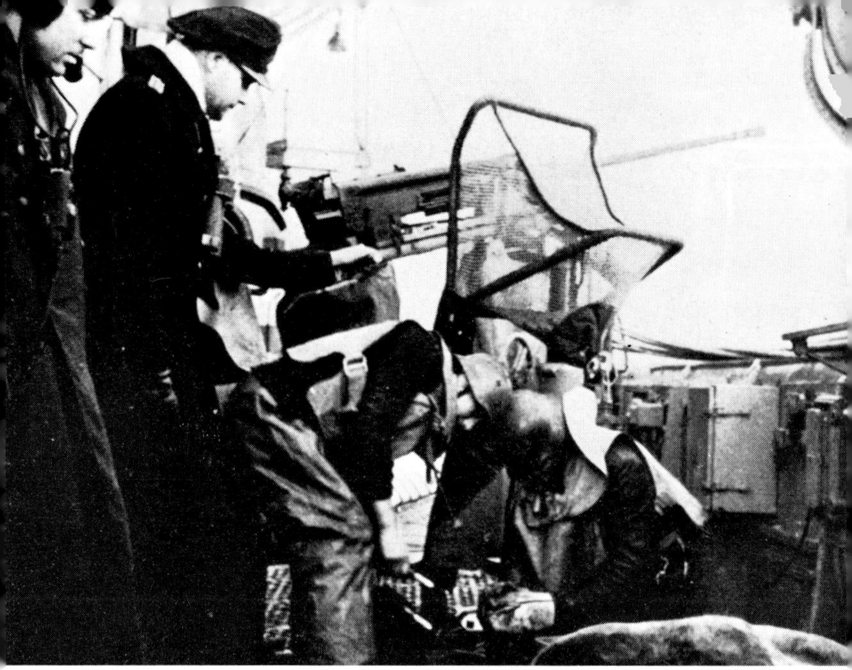

12 Fla-Leitstand eines
Zerstörers

13 Vizeadmiral Ciliax
bei einer Ansprache
auf *Prinz Eugen*

14 Zerstörte Brücke
der *Worcester*

15 *Worcester* im
Trockendock nach
der Schlacht

Bunce schoß mit seinem Vickers zurück und erhob sich dann, um zu schauen, ob noch mehr Deutsche kamen. Als er sich niedersetzen wollte, war kein Sitz und kein Boden mehr da, sondern nur noch ein großes, gähnendes Nichts. Ihre Rumpfbespannung bestand zu drei Vierteln aus flatternden Fetzen und klaffenden Rissen.

Plötzlich sah Kingsmills Beobachter „Mac" Samples durch den Dunst ein großes Schiff, das er für *Prinz Eugen* hielt. Langsam flogen sie durch den mörderischen Beschuß von allen Seiten über die Geleitschiffe hinweg. Das Ganze schien so unwirklich, daß es die Männer kaum noch berührte. Gleichgültig, als geschähe es anderen, beobachteten sie, wie Geschosse ihre Tragflächen durchschlugen.

Jetzt sauste ein Geschwader Focke-Wulf heran. Bunce hatte dieses Modell noch nie zu Gesicht bekommen und wußte zunächst nicht, ob es sich bei der ersten Maschine, die auf die Swordfish herabstieß, um einen Deutschen oder einen Landsmann handelte. Er schrie durchs Sprachrohr: „Was ist? Soll ich schießen?" Samples brüllte zurück: „Knall' alles ab!"

Da er seinem Piloten den Rücken zuwandte, konnte er ihn von den nachsetzenden Maschinen wegdirigieren. Bunce wie Samples sprangen auf und beschimpften die Deutschen: „Haut ja ab, ihr Hunde." Es waren reine Angstreaktionen. Sie drohten den Gegnern mit den Fäusten und machten zotige Zweifingergesten.

Dann schlug zwischen Kingsmill und seinem Beobachter eine Granate in den Rumpf, explodierte und verwundete Samples. Pilot und Beobachter bluteten stark; Bunce sah das Blut über die Maschine fließen. Er feuerte weiter, während „Mac" Samples Kingsmill zu Ausweichmanövern vor den deutschen Angreifern drängte — aber Kingsmill steuerte ungerührt die *Prinz Eugen* an.

Der Pilot erinnert sich: „Leise zischte Rauchspurmunition an uns vorüber, Flugzeuge und Schiffe schossen unaufhörlich. Das Meer war ganz gefleckt von den vielen Granaten, die uns gegolten hatten und nun aufschlugen. Plötzlich zuckte mir ein stechender Schmerz durch die Schulter, und mein Fuß fühlte sich matschig an. Eigenartigerweise tat es nicht weiter weh, und so konnte ich die Maschine in der Balance halten. Im gleichen Moment wurde Samples an den Beinen verwundet. Bordschütze Bunce blieb unverletzt. Ich wußte nicht, ob mein Torpedo in der rauhen See richtig laufen würde; wir flogen nur fünfzehn Meter über den Wellen, waren für den Torpedoangriff aber noch zu weit entfernt."

Kingsmill wendete und riskierte einen zweiten Anflug durch das pausenlose Flakfeuer der Zerstörer. Abermals warf er sich den unerbittlichen deutschen Geschützen entgegen. Schmalenbach und seine Artilleristen in den geschmeidigen, stumpf-schwarzen Overalls trauten ihren Augen nicht, so langsam flog diese Maschine — aber sie flog.

Samples verspürte ein Brennen am rechten Bein, schaute nach unten und entdeckte an dem schwarzen Fliegerstiefel zu seiner Verblüffung eine Knopflochleiste, die er noch gar nicht kannte. Erst das hervorquellende Blut belehrte ihn darüber, daß eine MG-Garbe ihn getroffen hatte. Ohne Schmerzen zu empfinden, starrte Samples auf sein durchschossenes Bein und merkte nicht, wie Kingsmill unterdessen aus 2000 Metern seinen Torpedo gegen die *Prinz Eugen* lancierte.

Als Kingsmills zerschundene, vom Flakbeschuß erbarmungslos geschüttelte Swordfish die Zerstörer erreichte, rasierte eine Granate die Oberteile von zweien der drei Motorenzylinder ab. Damit war die Maschine kaum noch manövrierfähig. Er riß den Knüppel zurück und versuchte, wenigstens in der Luft zu bleiben. Aber mit ihrer völlig ruinierten Bespannung sackte die Swordfish tiefer und tiefer. Dann schossen Stichflammen aus dem Motor, und die linke Tragfläche geriet in Brand. Kingsmill und Samples wurden verletzt, hatten sich aber noch in der Gewalt. Bunce fuhr fort, die Deutschen zu beschießen und zu beschimpfen. Kingsmill schrie Samples durch das Sprachrohr zu — auch er wußte nicht, daß es längst zerstört war —, er wolle sehen, daß er sie zum Horst zurückbringe. Samples, blutverschmiert, schob sich zu ihm hinüber und brüllte ihm ins Ohr: „Schaffen wir nie — probier' eine Notlandung bei den netten Schnellbooten dort!!'"

Er deutete auf Pumphreys Boote, die noch in der Gegend herumfuhren. Die Seeleute beobachteten Esmondes tapferen Angriff auf die deutschen Schiffe und waren überzeugt, daß die Deutschen die meisten Maschinen der Staffel abschießen würden und die Flieger dann Hilfe brauchen konnten. So kreuzten sie außer Schußweite und warteten die weitere Entwicklung ab. Auch die deutschen Schnellboote waren nicht fern. Kingsmill hatte sein Flugzeug nach wie vor in der Hand, wenn sie auch kaum noch zu fliegen, sondern eher durch zähen Klebstoff zu kriechen schien. Als er das letzte Schnellboot hinter sich gebracht hatte, setzte der Motor ganz aus, und die Swordfish taumelte aufs Meer hinab.

Sq.-Ldr. Kingcombe, dessen Maschine sich in geringer Höhe über die Wellen schlängelte, sah Esmonde und seine Swordfish in zwei Ketten angreifen. Er sagt: „Ich ging auf dreißig Meter herunter, bis dicht unter die Wolkendecke, und so konnten wir ihnen die meisten deutschen Jäger vom Leibe halten. Die schweren Geschütze der Deutschen wühlten mit ihren Projektilen richtige Schaumberge auf. In diesen heftigen Beschuß flogen die Swordfish direkt hinein. Die meisten erwischte die Flak der *Prinz Eugen*. Ich beobachtete, wie die Führungsmaschine und zwei andere lichterloh brennend ins Wasser trudelten. Überall flitzten jetzt Focke-Wulfs herum. Eine beschoß ich mit einer Salve, und sie stürzte ab. Ich meldete den Abschuß, hatte aber im Getümmel unseres Alarmstarts vergessen, den Deckel von meiner Kamera abzunehmen, und konnte den Treffer daher nicht beweisen. In diesen Minuten schienen sich an die hundert britische und deutsche Jäger in der Luft zu befinden.“

Während sich die Swordfish-Leute heldenhaft, aber sinnlos opferten, versuchten Kingcombes zehn Spitfire nicht minder mutig, das Gemetzel zu verhindern. Sie hielten sich prächtig gegen die von überall heranjagenden Deutschen und verwickelten viele Messerschmitts und Focke-Wulfs trotz dreifacher Übermacht in heftige Kämpfe.

Pilot Officer Ingham, Pilot Officer Bocock und Pilot Officer de Naeyer stießen auf einige FW 190 herab, die eine Swordfish mit Leuchtspurmunition getroffen hatten. Der Benzintank der briti-

schen Maschine explodierte, und die Swordfish verschwand, ehe
sie den Angriff abschlagen konnten. Dafür bekam Ingham eine
FW 190 ins Visier und eröffnete das Feuer auf sie. Qualmend
stürzte sie in die See.

Der Pilot Officer Rutherford flog in Meereshöhe, als er sah, wie
die Swordfish zum Angriff auf *Prinz Eugen* drehten. Unterhalb der Spitfires, ganz dicht über den Wellen, tummelten sich
vier und hinter diesen nochmals acht Focke-Wulf. Ein wüstes
Gefecht entspann sich. Rutherford flog einen Frontalangriff
gegen eine FW 190, die genau auf ihn zuhielt, raste bis auf fünfzig Meter heran und traf Motorhaube, Motor und Tragflächen.
Als die deutsche Maschine auf die Wogen hinabtaumelte, fielen
drei andere FW 190 Rutherford mit ratternden Bordkanonen
an. Im Zickzack entwischte er in die tiefhängenden Wolken. Dabei verlor er nicht nur die FW 190, sondern auch die eigene
Staffel aus den Augen. Er ging bis auf Meereshöhe hinab und
sichtete dreihundert Meter von der Aufschlagstelle der abgestürz-
ten ersten FW 190 Ölflecke. Ganz in der Nähe erblickte er zwei
Männer in einem halbgesunkenen Dingi — Brian Rose und
Edgar Lee. In Minutenabständen funkte Rutherford dreimal das
Notsignal „Mayday", um Hilfe herbeizuholen.

Mit stehendem Motor glitt Kingsmills brennende Maschine den
Wellen entgegen. Die Männer sahen die zweite Swordfish-Kette
unter Sub-Lt. Thompson in etwa dreißig Meter Höhe *Prinz
Eugen* anfliegen. Kingsmill konnte nicht mehr steigen und
rutschte unter den Swordfish durch. Es war das letzte Mal, daß
jemand die drei Maschinen gesichtet hatte.

Thompsons drei Swordfish blieben tapfer auf ihrem Kurs. Die
demolierten Flugzeugrümpfe waren nur noch flatternde Stoff-
bahnen, die Männer teils tot, teils schwer- oder leicht verwundet.
Unabweisbar steuerten sie geradewegs in die rote und orangefarbene Feuermauer explodierender Granaten hinein. Sie blieben verschwunden, wurden einer nach dem anderen zerschmet-
tert und abgeschossen. Ohne die geringste Spur zu hinterlassen,
versanken drei Swordfish mit neun jungen Fliegern in der See.

Kingsmill wollte seine Swordfish, aus deren klaffenden Rissen das Blut tropfte, in der Nähe einiger Schnellboote wassern, die Samples für Briten hielt. Plötzlich wurden sie beschossen — denn es waren Deutsche. Samples mußte seinen Irrtum mit einem Schuß in den Allerwertesten bezahlen; Kingsmill konnte die Maschine noch herumreißen und vor einigen heranflitzenden britischen Booten aufsetzen. Er erzählt: „Mir gelang eine perfekte Landung, wenn ich das heute mal so unbescheiden sagen darf. Die See war sehr bewegt, die Wellen gingen hoch, aber ich spürte die Kälte überhaupt nicht."

Die gelben Schwimmwesten um den Leib, krabbelten die Männer aus den Kanzeln. Kingsmill und Bunce sprangen ins Wasser, weil ihr Dingi mit der Tragfläche verbrannt war. Samples hatte sich wie üblich mit einem zwischen den Schenkeln hindurchlaufenden Gurt an seinen Sitz geschnallt, um bei jähen Rollen nicht aus der Maschine geschleudert zu werden. Ehe er sich befreien konnte, sackte die Swordfish ab und zog ihn mit sich. Wie verrückt zerrte er an dem Gurt. Nach wenigen Sekunden — ihn dünkten sie eine Ewigkeit — kam Samples endlich frei und trieb erschöpft an die Oberfläche.

Von den deutschen Schlachtschiffen waren die mutigen britischen Marineflieger nur als weit entfernte, winzige Punkte auszumachen. Die Deutschen verfolgten die Torpedolaufbahnen und wichen ihnen aus. Kein Torpedo traf. Auf der Brücke der *Scharnhorst* wurde beobachtet, wie deutsche Jäger zwei Swordfish beschossen, die *Prinz Eugen* angriffen, und daß die im Zickzackkurs laufende *Gneisenau* Thompsons Dreierkette abschoß.

Kapitän z. S. Hoffmann sah durchs Doppelglas mit an, wie die rauchenden Pünktchen in die See fielen, und brummte: „Arme Burschen! Für so schrecklich langsame Kisten ist der Anflug gegen so große Schiffe doch reiner Selbstmord."

Diese Ansicht teilten alle Offiziere auf den Brücken der Schlachtschiffe. Während sie den vergeblichen britischen Angriff beobachteten, riß gelegentlich der Dunstschleier auf, und undeutlich sah man die Konturen der britischen Küste. Umtost vom konzentrierten Flakfeuer dachte *Scharnhorst*-Offizier Wilhelm Wolf: „Was für ein Hintergrund! Diese Männer sterben den Heldentod im Angesicht der Heimat, die sie eisern entschlossen eben erst verlassen haben . . .“

Navigationsoffizier Gießler sagte: „Solche Unerschrockenheit verlangte unerhörte Opferbereitschaft. Das mitzuerleben war eine besondere Ehre. Obwohl sie unsere Flak herunterholte, noch ehe sie in Abwurfposition gekommen waren, gaben sie bewußt und gern alles für ihr Vaterland und nahmen ihr Schicksal ohne Zaudern auf sich.“

Der beispiellos heldenhafte Swordfish-Angriff war vorüber. Als das letzte der sechs Torpedoflugzeuge explodierte und in die Wellen krachte, vollführten die deutschen Jäger über den Schiffen eine Siegesrolle. Dann bezogen sie wieder ihre Sicherungspositionen. Vor zwanzig Minuten erst hatte das Gefecht begonnen, und jetzt, um 12.45, war es bereits zu Ende. Die Deutschen wollten es nicht glauben. Schmalenbach, der Flakeinsatzleiter der *Prinz Eugen*, meinte dazu: „Wir hielten den Angriff für die erste Welle eines massierten Angriffs mit Hunderten von Maschinen, den meine Leute in größter Spannung erwarteten. Aber es kam nichts mehr.“

Von den achtzehn britischen Fliegern überlebten diese Hölle nur fünf. Brian Rose und Edgar Lee hockten zusammengekauert und vor Kälte zitternd in ihrem ständig überfluteten Dingi. Mit steifen Fingern gelang es Lee, eine Rakete abzuschießen. Es näherte sich auch ein Schnellboot. Bestimmt Deutsche, dachte Lee. Dann hörten sie englische Worte. Einer von Hilary Gambles Leuten sprang über Bord und machte das Dingi längsseits fest, während die anderen Matrosen die Flieger aus der eisigen See bargen. Wenig später war Rose in eine Decke verpackt, und Lee, in ein Handtuch gewickelt, bekam zur inneren Erwärmung genau das vorgesetzt, was er überhaupt nicht ausstehen kann — Rum.

Ein Minensucher hatte Kingsmills Absturz bemerkt, kam heran und warf ein Kletternetz aus. Als Bunce sich bemühte, den schwerverwundeten Samples auf das Netz zu schieben, rief jemand vom Schiff herab: „Kommen Sie erstmal selber ’rauf, wenn Sie können, wir kümmern uns schon um ihn!“ Während Bunce emporkletterte, sprangen mehrere Matrosen ins Wasser und holten Kingsmill und Samples an Bord.

Samples wurde als letzter hinaufgezogen. Kingsmill und Bunce befanden sich bereits unter Deck des heftig schaukelnden Schiffes; aus Platzmangel mußte man den vor Kälte und Überanstrengung zitternden Samples aufs Deck betten. Da es keine Decken mehr gab, legte sich ein großer Matrose als eine Art Wärmflasche auf ihn, um zu verhindern, daß er an Unterkühlung starb. Wenn das Schiff sich in der rauhen See aufbäumte, sagte der Mann höflich zu Samples: „Entschuldigen Sie, Sir, ich bin diese kleinen Schiffe nicht gewöhnt, ich war immer nur auf größeren", erhob sich, trat zur Seite und übergab sich heftig. Dann legte er sich wieder auf seinen zähneklappernden Schutzbefohlenen. Allmählich graute Samples vor diesem Verfahren — der Geruch des Erbrochenen war schlimmer als Wunden und Kälte.

Samples berichtet: „Mein ewiges Zittern ärgerte mich richtig; ich war ja erst dreiundzwanzig und meinte, daß mich alle für feige hielten. Aber dann hatte ich ein wunderbares, unvergeßliches Erlebnis. Ich kam nach Ramsgate, und dort steckten sie mich mit der unteren Körperhälfte unter eine halbrunde Heizhaube. Dank der Wärme kehrte langsam Leben in meine Glieder zurück, und das elende Zittern hörte auf. Nie wieder habe ich etwas Ähnliches so herrlich empfunden. Die Wundbehandlung war mir jungem Spund schrecklich peinlich, weil die Schwestern dabeistanden, als mir die Ärzte das deutsche Schnellboot-Schrapnell aus der Kehrseite holten."

Aber wo waren die übrigen britischen Jäger, während Esmondes Swordfish und Kingcombes Spitfires den Deutschen im Kanal zum erstenmal entschieden Widerstand leisteten? Die anderen vier Staffeln — zwei von Biggin Hill und zwei von Hornchurch — starteten zu spät oder verflogen sich im Nebel. Gegen 13 Uhr trafen diese Spitfires endlich ein — und um diese Zeit war der Kampf der Swordfish bereits vorbei.

Zwei Spitfire-Staffeln von Hornchurch, die 64. und 411. Kanadische, sollten sich den Swordfish um 12.30 anschließen. Aber die 64. Staffel erschien über Manston erst um 12.45, als die Swordfish sich längst in Bewegung gesetzt hatten. Zehn Maschinen nahmen Kurs auf Calais, patrouillierten dort kurz, ohne etwas zu sichten, und kehrten dann zu ihrem Horst in Essex zurück.

Die Kanadische 411. Staffel unter Sq.-Ldr. R. B. Newton und Wing-Cdr. Powell fand die deutschen Schlachtschiffe erst nach dem Absturz der Swordfish. Die Staffel wurde von Flakschiffen beschossen, engagierte sich aber nicht weiter.

Die anderen zwei Biggin-Hill-Staffeln von je sechsundzwanzig Jägern, deren Aufgabe es war, den Swordfish gemeinsam mit Kingcombes zehn Spitfires die deutschen Jäger vom Halse zu halten, verspäteten sich ebenfalls um eine folgenschwere Viertelstunde. Als sie zum Angriff gegen den deutschen Luftschirm ansetzten, waren die Swordfish bereits abgeschossen.

Eine der Staffeln, die 401. Kanadische, erreichte die deutschen Schiffe um 13.00 Uhr und geriet in das Bordwaffenfeuer deutscher Jäger. Pilot Officer Ian Ormston schoß eine Me 109 ab und beschädigte eine andere.

Biggin Hills dritte Staffel, die 124., war zwar schon um 12.20 aufgestiegen, verpaßte die Swordfish indes auch und lieferte der deutschen Luftwaffe über dem Kanal mehrere Nahkämpfe.

Die Staffeln schlugen sich wacker, konnten den Ausgang des Gefechtes jedoch nicht beeinflussen. Sie kamen nicht rechtzeitig, weil das Bodenpersonal nicht funktionierte und sie sich im schlechten Wetter verflogen.

Im Tagebuch von Kingcombes 72. Spitfire-Staffel heißt es: „Erste große Offensive dieses Jahres. Um 12.18 gaben zehn Spitfires sechs Swordfish Geleitschutz zu einem Angriff auf die *Scharnhorst* in der Straße von Dover, eskortiert von leichten Einheiten. Die 72. verzeichnete von allen Staffeln die meisten Treffer."

Während die Spitfires zum Auftanken nach England zurückflogen, wurden die aus dem Kanal geborgenen Swordfish-Flieger nach Dover und Ramsgate gebracht.

Die einzigen, die das Massaker heil überstanden hatten, waren Beobachter Edgar Lee und Bordschütze Donald Bunce. Lee mußte Admiral Ramsay persönlich berichten, und der meldete der Admiralität: „Meines Erachtens gaben die sechs Swordfish mit diesem tapferen Angriff eines der leuchtendsten Beispiele für Opferbereitschaft und Selbstlosigkeit in diesem Krieg."

Kurz nach dem Swordfish-Angriff stachen drei weitere Schnellboote unter Lt. D. J. Long von Ramsgate in See, um die Schlachtschiffe abzufangen. Es wurde für beide Seiten ein unergiebiges Treffen. Durch Schlechtwetter und Maschinenschaden behindert, entdeckte keines der Schnellboote die deutschen Schiffe. Long hatte ein Gefecht mit deutschen Schnellbooten und dem Zerstörer *Friedrich Ihn,* der ihn zwar abdrängte, aber nicht entschlossen genug verfolgte (wie man auf deutscher Seite meinte). Dieser Mangel wurde Korvettenkapitän Wachsmuth später zum Vorwurf gemacht.

In einer Stellungnahme des Führers der Zerstörer vom 2. März 1942 heißt es dazu: „Der Zerstörer *Friedrich Ihn* hat die ihm vom B. d. S. gestellte Aufgabe, die anlaufenden englischen Schnellboote abzudrängen, mit großem Erfolg durchgeführt. Die von ihm bekämpfte und abgedrängte Schnellbootgruppe ist an den deutschen Schlachtschiffverband nicht herangekommen. — Der Zerstörer hat das Feuer eines Teiles der engl. Küstenartillerie auf sich gezogen und dadurch wahrscheinlich die Aufmerksamkeit der engl. Küstenbatterien vom deutschen Gros abgelenkt. — Die bis an die Goodwinsände vorgetragene Verfolgung hat dem Zerstörer durch die Versenkung eines Schnellbootes, dem Abschuß von 2 engl. Flugzeugen sowie der Beteiligung an einem weiteren Abschuß eines Flugzeuges schöne Waffenerfolge gebracht. — Unverständlich ist, warum der Zerstörer um 14.48 Uhr nicht ebenfalls, wie er es vorher mit Erfolg durchgeführt hatte, auch jetzt zwei ihm entgegenkommende engl. Schnellboote vorausnahm und angriff. Dies wäre richtig gewesen."

Somit hatten die Deutschen den Kanal unversehrt passiert und näherten sich nun der belgischen Küste. Auf den Schiffen war man überzeugt, daß die Schlacht keineswegs vorüber sei, sondern im Gegenteil noch kaum begonnen hatte.

Sechs alte Doppeldecker der Marinefliegerverbände hatte die Admiralität zu einem aussichtslosen Angriff gegen die Brestgruppe antreten lassen. Das konnte doch nicht alles sein. Sicher dampfte jetzt schon die größte Schlachtflotte der westlichen Gewässer heran, um den Feind zu versenken! Aber in Wirklichkeit lagen an jenem Tag im Heimatflottenstützpunkt Scapa Flow nur das neue Schlachtschiff *Duke of York* und die drei schweren Kreuzer *London*, *Sheffield* und *Liverpool*. Im selben Raum, indes auf See, befanden sich der Flugzeugträger *Victorious* und die schweren Zerstörer *Berwick*, *Shropshire* und *Kenya*. Diese Einheiten zusammen hätten einen vernichtenden Schlag gegen das deutsche Geschwader führen können, wurden aber von der Navy bei ihrem letzten Angriff nicht eingesetzt. Den mußten Pizeys zwanzig Jahre alte Zerstörer allein austragen.

Die RAF hatte sich bislang eigentlich noch gar nicht richtig beteiligt. Jetzt aber, um 14.30, begannen von Flugplätzen in ganz Großbritannien an die siebenhundert Bomber und Jäger zu einem massiven Luftangriff aufzusteigen. Leider nicht geschlossen, sondern einzeln, weil wieder einmal alles durcheinanderging.

Admiral Ramsay saß auf dem Navigationstisch in seiner Befehlsstelle Dover und ließ die Beine baumeln, als das Telefon läutete. Ramsay hob ab — und bestritt das gesamte Gespräch nur mit „Yes sir, no sir". Hinterher sagte er: „Es war der Premierminister. Er wollte wissen, wieso die Deutschen den Durchbruch geschafft haben."

Fl.-Lt. Gerald Kidd, der von der Radarstation Swingate herbeizitiert worden war, bemerkte dazu: „Ich könnte es ihm erklären. Es lag einfach daran, daß es überhaupt keine Vorplanung gab und keine Koordinierung. Es ist mir egal, ob ich vors Kriegsgericht komme oder nicht, aber ich werde darüber einen Bericht schreiben." Ramsay schwieg zuerst und stimmte ihm dann zu. „Tun Sie das. Einer muß ja mal den Mund aufmachen."

Als Churchill mit Dover Castle telefonierte, waren Nora Smith und die übrigen Helferinnen von der Nachmittagsschicht schon dabei, den Kurs der deutschen Schlachtschiffe aktenkundig festzuhalten. Sie fertigte zwei Kopien an, die man später wichtigen Besuchern zeigte. Zu ihnen sollte auch Churchill gehören.

9

ADMIRAL CILIAX VERLÄSST SEIN FLAGGSCHIFF

In der Nacht des 11. Februar lief für die sechs Zerstörer in Harwich die Bereitschaftsfrist ab. Am Morgen des 12. Februar sollte die Operation abgeblasen werden und der Zerstörerverband nach Sheerness zurückkehren. Pizey betrachtete an diesem Abend die Karten und sagte: „Morgen ist der letzte Tag. Ich habe die Erlaubnis des Commodore, um sechs Uhr früh auszulaufen und die Schiffe im breit geräumten Kanal paarweise Übungen fahren zu lassen." Wie Pizey zugibt, hatte er sich damals bereits überlegt, daß sein Verband im Fall eines deutschen Durchbruchs draußen auf See nützlicher sein würde als im Hafen. Auch waren die sechs Zerstörerkommandanten bei ihrer letzten Besprechung in Harwich der Ansicht, daß die Gefahr vorüber sei.

Vierhundert Meilen weiter westlich, in Brest, waren Admiral Ciliax und seine Kommandanten bereit, innerhalb von drei Stunden in See zu stechen.

Am 12. Februar verließen die sechs Zerstörer vor Morgengrauen den Hafen von Harwich. Der Tag begann kalt und neblig. Als *Campbell* mit Captain Mark Pizey und Navigationsoffizier Lt. Tony Fanning auf der Brücke die Hafensperre passierte, war es noch kaum richtig hell geworden. Hinter *Campbell* folgten *Vivacious*, *Worcester* und *Walpole*, dann das Führungsschiff der 16. Flottille, *Mackay*, mit *Whitshed*. Begleitet wurden sie von sechs Zerstörern der Hunt-Klasse mit 4-Zoll-Flak (10,2 cm) zum Schutz gegen deutsche Luftangriffe während der Übung.

In der Mitte der Flottille stand H. M. S. *Worcester* (Navy-Spitzname: „die Saucebottle"). Auf der Brücke befanden sich

Lt. Cdr. Colin Coats, ein mit seinen neununddreißig Jahren schon grauhaariger Marine-Berufsoffizier, der überwiegend auf Zerstörern gedient hatte, der krausbärtige Erste Offizier der Marine-Freiwilligenreserve Richard Taudevin und der australische Schiffsarzt, Lt. David Jackson. Dr. Jackson beobachtete, wie der Nebel die silbrigen Leiber der Zerstörer verschluckte, und ihn fröstelte selbst in der Strickweste mit der dicken Matrosenjacke darüber. Um so angenehmer war ihm der Gedanke, daß sie zur Teestunde wieder im Hafen sein sollten.

Pizey hatte ein Übungsschießen der 4,7-Geschütze (12 cm) auf eine Schnellschleppleine befohlen. Nach der ersten Schußrunde vor Orfordness sollte die *Worcester* Scheibenschlepper werden.

Gegen Ende der Vormittagswache überbrachte der Signalmaat der *Campbell* Pizey eine Meldung vom Oberbefehlshaber Nore, Vizeadmiral Sir George Lyon. Darin hieß es: „Feindkreuzer passieren Boulogne, Geschwindigkeit ungefähr 20 Knoten. Ergangene Befehle ausführen." Sofort blinkte *Campbell* den anderen Zerstörern zu, die Übung abzubrechen, Kurs zu ändern und dem Führerschiff mit voller Fahrt zu folgen.

Es war 11.58. Die dienstfreien Offiziere der *Worcester* saßen in der Messe, als ein Offizier den Niedergang herabpolterte und aufgeregt rief: „Habt ihr schon gehört, sie kommen! Wir nehmen die Verfolgung auf!"

„Wer kommt?" fragte jemand gleichgültig hinter einer Zeitung.

„*Scharnhorst* und *Gneisenau* — sie kommen den Kanal herauf!"

Durch Blinklampen und Funkspruch wurde die Nachricht von Zerstörer zu Zerstörer übermittelt. Pizey signalisierte den Schiffen der Hunt-Klasse: „Muß Sie zurücklassen." Sie schafften nämlich maximal 25 Knoten, Pizeys Flottille indes lief 28 bis 30 Knoten. Bei einem gewöhnlichen Unternehmen hätte sich Pizey mit 25 Knoten begnügt; das aber war zu langsam, wollten sie die Deutschen noch abfangen. HMS *Quorn*, Flottillenführer der Hunt-Flakzerstörer, verabschiedete sich mit Morsespruch, machte befehlsgemäß kehrt und führte die Zerstörer nach Harwich zurück.

An Bord der *Campbell* trug Fanning die Standorte der Deutschen nach den Angaben der Admiralität in die Seekarte ein. Pizey gewann den Eindruck, daß sie die Schlachtschiffe wie geplant an der Hinder Boje würden abfangen können. Dazu mußten sie am Rand der britischen Minenfelder entlangfahren und in Kiellinie durch den engen geräumten Kanal dampfen.

An der North Hinder Boje sollten die vier Zerstörer der 21. Flottille an Steuerbord voraus und die Schiffe der 16. Flottille unter Captain Wright an Backbord Aufstellung nehmen und auf das Signal „Angreifen" im Zangenangriff ihre Torpedos schießen. Obwohl dieser Plan eigens für einen Nachtangriff ausgearbeitet worden war, sah Pizey keine andere Möglichkeit, als sich an ihn zu halten.

Hugh Griffiths, Leitender Ingenieur der *Worcester*, schrieb Briefe in seiner Kammer, als er am Zittern des Schiffskörpers spürte, daß die Kessel hochgefahren wurden. Dann platzte Bill Wellman, der Torpedooffizier, mit der Nachricht herein: „Wir sind hinter *Scharnhorst* und *Gneisenau* her!" Griffiths, der seit über einer Woche weder Tag noch Nacht aus der Montur gekommen war und sich ununterbrochen auf fünf Minuten abrufbereit gehalten hatte, schaute ungläubig auf und meinte: „Reden Sie keinen Unsinn, Bill, es ist doch bloß wieder falscher Alarm. Unseren Tee trinken wir garantiert zu Hause."

In dem Moment erschien ein Melder und beorderte Griffiths auf die Brücke zum Kommandanten. Auf Deck erkannte er an den mächtigen Bugwellen der *Campbell* und *Vivacious*, den beiden Spitzenreitern, daß sie ihre Fahrt rapide erhöhten. Neben *Worcester* stand *Mackay*, *Walpole* und *Whitshed* folgten im Kielwasser. Die alten Kasten stampften schwer und ächzten in allen Fugen, als sie mühsam versuchten, auf ihre Höchstgeschwindigkeit von dreißig Knoten zu kommen. So verwegen der Verband jetzt auch aussah — es waren und blieben über zwanzig Jahre alte Schiffe, deren Torpedorohrsätze mit der Hand feuerklar gemacht werden mußten.

Auf *Mackay* ließ Captain Wright die Besatzung ins Wohndeck pfeifen und teilte den Männern mit, daß zwei oder drei deutsche

Schlachtschiffe Brest verlassen hätten, die sie nun an der Maas-
müdung abfangen wollten. „Viel Glück, Leute", fügte er hinzu.
Dann ließ er sie wegtreten.

Charles Hutchings, ansonsten in der Schreibstube tätig, hatte auf
„Monkey island", etwa einen Meter über der Brücke, seine Gefechtsstation. Dort bediente er einen Sicht-Anzeiger, der die
Leute an den Geschützen über die Lage unterrichtete. Es war sein
erster Einsatz; ein abgebrühter Bootsmann bemerkte seine Aufregung und sagte ihm: „Einfach denken, es wäre eine Übung."

An Bord der *Worcester* half der stämmige, 24 Jahre alte Lade-
kanonier Douglas Ward, das achte 4,7-Geschütz (12 cm) klar-
zumachen, als alle Mann zu einem Mittagessen befohlen wurden.
Es gab Cornedbeef mit Kartoffelbrei und Tee. Im Wohndeck
hatte inzwischen jeder gehört, worum es sich drehte; gespannt
sahen die Männer dem Treffen mit den Deutschen entgegen.
Furcht empfand keiner, weil alle dachten, sie würden zusammen
mit anderen, starken Kräften angreifen. Pizey und seine Kommandanten wußten es zwar besser, aber von der Besatzung waren viele felsenfest überzeugt, daß ihre Aufgabe lediglich darin
bestand, britische Schlachtschiffe bei der Ausfahrt von Scapa
Flow zu unterstützen, und daß sie die schwere Schiffsartillerie
schon ausreichend schützen würde. Einige ältere, kampferfah-
rene Unteroffiziere indes teilten den Optimismus der frisch ein-
gezogenen Mannschaften nicht. Sie hatten bei früheren See-
gefechten am eigenen Leib erlebt, in was für ein Gemetzel das
ausarten konnte.

Um 13.18 Uhr, eine Stunde nach Eingang des ersten Befehls,
erhielt Pizey eine zweite Nachricht von der Admiralität. In
der ersten Order hatte man die Geschwindigkeit des deutschen
Verbandes nach Radarberichten sowie Angaben der Spitfires
über dem Kanal auf etwa zwanzig Knoten geschätzt. Jetzt, über
eine Stunde später, kam von Dover eine präzisere Standortmeldung mit dem Hinweis, um 13.12 hätten die Radarechos
ausgesetzt. Navigationsoffizier Fanning vermutete daraufhin,
daß die deutschen Schlachtschiffe auf gleichem Kurs nahezu dreißig Knoten liefen.

Wieder hatte die Admiralität nicht rasch genug reagiert. Daß man die erste Schätzung so ohne weiteres übernahm, ist schlechthin unerklärlich. Die Fahrtgeschwindigkeit der deutschen Schlachtschiffe, 28 Knoten, war bekannt. Unter Druck konnten sie sogar 32 Knoten herausholen und würden bei ihrem verzweifelten Durchbruchsversuch natürlich nicht eine Seemeile langsamer fahren als unbedingt nötig. Gleichwohl verstrich beinahe eine Stunde, bis man Pizey Einzelheiten über die tatsächliche Fahrt der Deutschen mitteilte.

Nach Erhalt der zweiten Meldung mußte Pizey sich rasch entscheiden. Wenn er seinen gegenwärtigen Kurs beibehielt, würde er die Brestgruppe verpassen, aber der einzige direkte Kurs, der eine Erfolgschance bot, führte direkt durch das minenverseuchte Gebiet.

Knapp fünf Minuten brauchte Pizey für seinen Entschluß. Um 13.24 befahl er seinem Verband: „Fahrt 28 Knoten, Kurs 090." Er wußte, daß seinen Zerstörern auf diesem Kurs noch vor dem Rendezvous mit den Deutschen Minentreffer drohten, hatte aber aus seinen Karten mit exakten Angaben über die Lage der Minenreihen eine etwa eine Meile breite Fahrrinne ersehen, durch die er den Verband zu führen gedachte. Das Risiko, selbst bei vorsichtigem Navigieren auf Treibminen zu laufen, mußte er auf sich nehmen. Der Oberbefehlshaber Nore nannte Pizeys Entscheidung hernach „eine der vernünftigsten Lagebeurteilungen des ganzen Unternehmens".

Pizey konnte zwar den Kurs ändern, aber nicht die Geschwindigkeit über 28 Knoten hinaus steigern. *Campbell* und *Mackay*, größere und stärkere Schiffe, schafften wohl zwei bis drei Knoten mehr, jedoch ließ sich der Verband bei dem Tempo nicht zusammenhalten. Außerdem meldete Lt.-Cdr. John Edon, der Kommandant des am Schluß des Verbandes laufenden Zerstörers *Walpole*, daß das Hauptlager seiner überlasteten alten Maschine ausgebrannt sei, und er versuchen müsse, nach Harwich zurückzufahren.

In Anbetracht der veränderten Situation wollte Pizey die Deutschen jetzt vor dem Hoek van Holland abfangen. Um 13.35, als sie gerade in das Minenfeld einliefen, wurden die Deutschen auf die herannahende kleine Zerstörerflottille aufmerksam. Eine Ju 88 überflog die britischen Schiffe und warf dicht neben der *Mackay* und *Worcester* ein paar Bomben. Treffer erzielte sie nicht — aber sie meldete die Anwesenheit der Briten.

Fünf Minuten später las Admiral Ciliax, der mit Kapitän z. S. Hoffmann auf der Brücke der *Scharnhorst* stand, den Funkspruch: „Von Ju 88. Ein Kreuzer und fünf Zerstörer in Planquadrat AN 8714, Kurs 095 Grad, hohe Fahrt."

War dieser Bericht zuverlässig? Handelte es sich nicht womöglich um Großkampfschiffe? Und wieso waren sie so nahe? Ciliax tippte ganz richtig auf einen Verband, der vor Harwich patrouilliert hatte und nun angreifen sollte. Man überprüfte den angeblichen Standort der britischen Schiffe auf den Karten und schätzte danach, daß ein Zusammentreffen mit ihnen erst in zwei Stunden erfolgen werde. Zu diesem Zeitpunkt aber würden sich die Deutschen in einer weit günstigeren Lage befinden oder den Briten überhaupt ausweichen können.

Der deutsche Verband hatte jetzt das nördliche Ende des Kanals erreicht. Das Wetter verschlechterte sich so rasch, wie die Meteorologen vorausgesagt und die Deutschen es erhofft hatten. Allerdings brachte das drei Nachteile mit sich. Reduzierte Sicht erschwerte die Navigation und das Auffinden des Markbootes, das seine Position nicht korrekt gehalten hatte. Vor der belgischen Küste betrug die Wassertiefe weniger als 18 Meter, und da in diesem Raum noch immer Minen gesucht wurden, mußten sie ihre Geschwindigkeit vorläufig drosseln, obwohl Gruppe West ihnen einen erfahrenen Lotsen mitgegeben hatte, der diese Gewässer genau kannte.

Die Spannung wuchs. Jeder Ausguck wurde doppelt besetzt, der diesige Horizont und der dunkle Himmel pausenlos beobachtet. Qualvoll langsam schlichen die Minuten dahin. Droben in den Wolken waren Flugzeuge zu hören, die sich in Nah- und Einzelkämpfen beschossen. Aber sonst blieb alles ruhig — die erwartete zweite Torpedoflugzeugwelle traf nicht ein.

Um 14.00, als die Schiffe in die gefährliche Minensperre einfuhren und Ciliax zwanzig Knoten befohlen hatte, sichteten sie ein paar Spitfires und deutsche Jäger. Der Vizeadmiral verfolgte das Luftgefecht von der Brücke der *Scharnhorst* aus und erinnerte sich Hitlers prophetischer Äußerung, die Briten würden große Schwierigkeiten haben, in wenigen Stunden die für einen koordinierten Angriff erforderlichen Luftstreitkräfte bereitzustellen. Offensichtlich stimmte das. Die RAF griff sporadisch und zusammenhanglos an. Einzig ihre Jäger drangen bis zu den deutschen Schiffen vor, aber in so kleinen Gruppen, daß Gallands Luftschirm sie leicht abwehren konnte.

Die Schlachtschiffe liefen jetzt mit 20 Knoten in die äußerst unsicheren flachen Gewässer vor der niederländischen Küste ein. Fünfzehn Minuten nach der Sichtmeldung der Ju 88 tauchte vor der *Scharnhorst* am Ende der Sandbank das erste Markboot auf. Da das Echolot 28 m anzeigte, erhöhten die Schlachtschiffe die Geschwindigkeit auf 27 Knoten. Die Offiziere auf den Brücken der Schiffe wußten, daß sie gefährlich schnell fuhren, und erwarteten sehnlich den Moment, da sie die Sandbänke hinter sich hatten und wieder zum Verband aufschließen würden.

Um 14.11, als Pizey sich mitten im Minenfeld befand, verließen zu seiner Unterstützung zwölf Zerstörer der Hunt-Klasse ihre Häfen in der Themsemündung. Es waren *Garth, Fernie, Berkeley, Eglinton, Hambledon, Quorn, Southdown, Meynell, Holdness, Cattistock, Pytchley* und *Cottesmore*. Um 14.16 wurde Cdr. C. de W. Kitcat auf *Eglinton* angewiesen, mit sechs Zerstörern vierzig Meilen östlich von Harwich zu patrouillieren. Zur selben Zeit erhielt Lt. C. W. H. Farringdon auf *Meynell* den Befehl, mit fünf weiteren Zerstörern Boje Nr. 51 dreizehn Meilen ost-südöstlich von Harwich anzusteuern und dort weitere Befehle abzuwarten.

Um 14.30 Uhr, knapp eine Stunde nach dem Einlaufen in das Minenfeld, waren Pizeys sämtliche Zerstörer wieder frei. Auf *Scharnhorst* wurde Admiral Ciliax über Funkspruch unterrichtet, daß jetzt nicht mehr Admiral Saalwächter vom Marinegruppenkommando West, Paris, sondern Marinegruppenkommando Nord in Wilhelmshaven unter Admiral Carls zuständig sei.

Beim Befehlshaber der Sicherungsstreitkräfte West in Paris hatte Fregattenkapitän Hugo Heydel mit seinem Kartenmaterial wieder Posten in der Befehlsstelle bezogen. Kommodore Friedrich Ruge, dessen Minensucher das ganze Unternehmen erst ermöglichten, war hocherfreut, daß die Schiffe seinen Zuständigkeitsbereich unversehrt passiert hatten, und tat etwas ganz Außergewöhnliches: er ließ für den Führungsstab Champagner bringen.

Zum selben Zeitpunkt stand die *Scharnhorst* vor der Scheldemündung unweit Vlissingen. Als sie Punkt Delta erreichten, blickte Helmuth Gießler auf seine Karten. Ein Steuermannsmaat meldete, daß das Markboot Nr. 3 1000 m entfernt sei und die Wassertiefe 34 m betrage.

Zwei Minuten später, um 14.32, gab es eine heftige Erschütterung. Das schwere Schiff schien im Wasser zu taumeln. Fast hätte es die Männer aus dem Krähennest hinausgeschleudert. In der Luftwaffen-Nachrichtenzentrale flogen den Leuten die Funkgeräte um die Köpfe. Oberstleutnant Hentschel verstauchte sich das linke Knie und den linken Arm.

Im Kartenhaus unter der Brücke hörte Kapitän z. S. Reinicke das dumpfe Rumpeln einer Unterwasserexplosion. Kurz darauf riß ihn der Stoß empor, so daß er mit dem Kopf gegen das metallene Ventilatorgehäuse dicht über dem Kartentisch schlug. Er hastete auf die Brücke. Schließlich kam das Schiff vom Kurs ab. Jetzt verloschen sämtliche Lichter; bald lag *Scharnhorst* leicht rollend in der kabbeligen See.

Sie war auf eine Mine gelaufen, die die RAF auf 32 Meter geworfen hatte. Die Turbinen setzten aus, das ganze Schiff hatte plötzlich keinen Strom mehr. Der Maschinenraum meldete Wassereinbruch. Die Maschinen stoppten. *Scharnhorst* scherte nach Steuerbord aus, so daß sie nicht mehr in Linie mit den übrigen Schiffen stand. Kapitän Hoffmann ließ die Hauptmaschinen anhalten, Lecksicherungstrupps schwärmten über das Schiff aus.

Auf Grund der außerordentlich starken Detonation dachte Kapitän Fein auf der Brücke *Gneisenau*, die *Scharnhorst* folgte, sein eigenes Schiff sei getroffen, aber dann sahen er und seine

Offiziere vom Flaggschiff schwarzen Qualm aufsteigen und an Backbord große Mengen Öl hervorquellen.

Auch auf *Prinz Eugen* registrierte man eine heftige Explosion sowie eine starke Dünung. Da — fälschlich — ein nahender Torpedo gemeldet wurde, änderte das Schiff den Kurs und verlor *Scharnhorst* aus der Sicht. Jäh verschlechterte sich auch das Wetter; bei dem einsetzenden leichten Regen betrug die Sichtweite nur eine Meile. Die Wolkenuntergrenze lag zwischen 150 und 200 m.

An Bord der *Scharnhorst* herrschte jetzt, da die Maschinen nach neunzehnstündiger voller Fahrt plötzlich schwiegen, eine geisterhafte Stille. Die Leute sahen *Gneisenau* und *Prinz Eugen* vorbeilaufen; für den Fall einer Versenkung oder Havarie eines der großen Schiffe hatten sie ja Befehl, nicht zu Hilfe zu kommen und beizudrehen, sondern weiterzufahren.

Auf der *Scharnhorst* untersuchte ein junger Ingenieuroffizier, Kapitänleutnant Timmer, den Schaden und meldete der Brücke: „Wassereinbrüche in zwei Abteilungen des Doppelbodens, ein großes Loch an der Steuerbordseite des Rumpfes." Admiral Ciliax meinte, den Verband von dem angeschlagenen Schiff aus nicht mehr führen zu können, und beschloß, auf einen der Zerstörer überzusteigen. Reinicke raffte seine Geheimpapiere und Bücher zusammen und eilte aufs Achterdeck, wo er weitere Weisungen seines Admirals erwartete. Oberst Ibel gab Befehl an Oberleutnant Dorando auf der *Prinz Eugen:* „Ich steige mit Stab auf ‚Z 29‘ über. Sie übernehmen Jagdeinsatzleitung und melden sich beim Kommandanten." Dies geschah, weil sämtliche Funkverbindungen der *Scharnhorst* ausgefallen waren und die Jäger von dort aus nicht mehr geleitet werden konnten.

Als der Zerstörer „Z 29" stampfend und schlingernd längsseits kam, empfing Kapitän Hoffmann vom Leitenden Ingenieur Korvettenkapitän Kretschmer erste Schadensmeldungen. Die Maschinen waren gestoppt, weil die Explosion alle automatischen Ventile geschlossen hatte. Aber allzugroß schien der Schaden nicht zu sein: leichte Wassereinbrüche im Turm Anton, im Backbord-Vorschiff sowie in K 2.

Admiral Ciliax reichte Kapitän Hoffmann die Hand und sagte: „Ich hoffe, daß *Scharnhorst* es schafft. Folgen Sie dem Geschwader, so rasch Sie können, und laufen Sie im Notfall Hoek van Holland oder den nächsten Hafen an."

Trotz der ausgehängten Fender bestand Kollisionsgefahr. Ciliax und Reinicke stellten sich mit den Obersten Ibel, Elle und Hentschel vor das Geländer des Schiffes, um auf den Zerstörer hinabzuspringen. Unten standen Matrosen auffangbereit. Im auffrischenden Wind und der rauhen See stampfte der Zerstörer heftig und war kaum bei dem langsamer schlingernden Schlachtschiff zu halten.

Während Admiral Ciliax und sein Stab, Dokumente und Aktendeckel in den Armen, einer nach dem anderen auf den rollenden Zerstörer sprangen (was für Oberstleutnant Hentschel mit seinem verstauchten Fuß besonders schmerzhaft war), rammte „Z 29" das Flaggschiff. Den Admiral sicher an Bord, kam der Zerstörer wieder frei. Dabei blieb mit lautem Knirschen ein Teil der Brücke an den Aufbauten der *Scharnhorst* hängen.

Die zurückbleibenden Matrosen verfolgten überrascht, wie sangund klanglos ihr Admiral, der erst vor einigen Stunden unter Hochrufen, Hackenknallen und Befehlsgebell der Unteroffiziere an Bord gegangen war, jetzt von seinem Flaggschiff sprang. Noch einen kurzen Moment zeichneten sich die Gestalten hinter dem Geländer ab — dann waren Admiral und Stabsoffiziere verschwunden. Der stampfende Zerstörer legte mit eingebeultem Vorschiff und demolierten Aufbauten ab und fuhr mit mehr als 30 Knoten hinter *Gneisenau*. In Nebel und Regen blieb *Scharnhorst* zurück.

Sobald der Zerstörer im Dunst des trüb verdämmernden Nachmittags außer Sicht gekommen war, nahmen die vier Torpedoboote *T 13*, *T 15*, *T 16* und *T 17* bei der Scharnhorst Sicherungspositionen ein.

Es war 14.40, als Ciliax in Begleitung von Kapitän z. S. Reinicke das Schiff verließ. Der hastige Aufbruch des Oberbefehlshabers, der nicht einmal fünf Minuten auf einen genaueren Bericht über den Zustand des Flaggschiffes warten mochte, war typisch für einen Mann, dem sein kranker Magen buchstäblich „keine Ruhe" ließ.

Auf *Scharnhorst* sah man den Schwarzen Zaren mit gemischten Gefühlen scheiden. Mancher freute sich, daß der reizbare Vorgesetzte entschwand, andere faßten es als düsteres Vorzeichen auf. Der gut getarnte Zerstörer brauchte die Elemente nicht zu fürchten, *Scharnhorst* hingegen rollte hilflos in der Nordseedünung und war den britischen Vergeltungsschlägen preisgegeben, die jetzt sicher nicht mehr lange ausbleiben würden.

Jedermann an Bord wußte, daß die Briten das Schiff versenken würden, wenn es nicht rasch klarkam. Mit äußerster Konzentration spähte man nach RAF-Maschinen. Das Schiff stand nur 25 Meilen südöstlich von Pizeys heranjagenden Zerstörern und hatte nicht einmal intakte Telefonleitungen. Auf *Scharnhorst* griff eine große Ratlosigkeit um sich.

Unten im Maschinenraum arbeitete Kretschmer mit seinen Leuten angestrengt an den automatischen Kesselreglern, die durch die Explosion ausgefallen waren. Um 14.29 funktionierten sie wieder, und fünf Minuten später meldete Kretschmer, daß auch die Backbordwelle betriebsfähig sei. Eine knappe halbe Stunde nach dem Minentreffer kehrte Leben in das Schiff zurück. Nach dem Schadensbericht war zwar viel Wasser in den Kühlraum eingedrungen, hatte aber nichts Wichtiges beschädigt. Bei diesem Stand der Dinge hätte Ciliax seine Admiralsbrücke nicht verlassen müssen — wäre er nur bereit gewesen, die endgültige Schadensmeldung abzuwarten.

Was sollte aus ihnen werden? Diese Sorge blieb, auch nachdem Kretschmer die Schrauben wieder in Gang gebracht hatte. Ein gewisser Fatalismus breitete sich aus; viele Männer gewannen angesichts des außerordentlich starken Jagdschutzes, der zahlreichen Sicherungsschiffe und des mit ankernden Markbooten so ungewöhnlich genau bezeichneten Marschweges den Eindruck, daß sie samt dem Admiral und ihrem Kommandanten als Marionetten an unsichtbaren Drähten gelenkt wurden. Kapitän Hoffmann jedoch, der in der ganzen Flotte als hervorragender Seemann galt, bewahrte unerschütterliche Ruhe und strahlte unentwegt Zuversicht aus. Die Maschinen arbeiteten wieder, dafür aber versagten nach dem Minentreffer Funkpeiler und Echolot den Dienst. Während die Techniker an den Geräten bastelten, erhielt ein Torpedoboot Befehl, *Scharnhorst* Navigationshilfe zu geben.

Selbst mit dieser Unterstützung war es kein Honiglecken. Sie liefen 27 Knoten — backbord drohten Minenfelder, steuerbord Sandbänke. Dennoch wollte Kapitän Hoffmann einen Versuch riskieren, die fünfzehn Meilen vorausgeeilten Schiffe mit Höchstgeschwindigkeit einzuholen.

Die Mine, die die *Scharnhorst* beschädigt hatte, löste in der Befehlsstelle des Marinegruppenkommandos West in Paris ebenfalls Bestürzung aus. Kaum hatte Ruge den Champagner bestellt, da kam die Nachricht: *Scharnhorst* auf Mine gelaufen. Die Herren waren konsterniert, ersahen aber aus der Zeitangabe — 13.32 Uhr — zu ihrer Erleichterung, daß sich das Schiff bereits seit zwei Minuten außerhalb der geräumten Gewässer befunden hatte. Sie brauchten sich also nichts vorzuwerfen, und dankbar ließ Ruge eine weitere Flasche bringen.

Während in Paris die Führungsoffiziere einander zuprosteten, entwickelte sich in den trüben Wolken vor der niederländischen Küste eine gewaltige, chaotische Luftschlacht.

Die torpedobestückten Beauforts, die wichtigsten „Schiffsknakker" der RAF, waren bemüht, die deutschen Schlachtschiffe nicht entwischen zu lassen. Aber wieder behinderte unzulängliche Arbeit der Bodenstellen den Einsatz.

Um 11.55 Uhr, als die Deutschen bei Cap Gris Nez standen, eine Viertelstunde, nachdem Tom Gleave Esmonde gewarnt hatte, rief ein Stabsoffizier von Thorney Island das 11. Geschwader an und verlangte Jagdschutz für seine sieben Beauforts von der 217. Staffel. Um 13.30 müßten sie über Manston sein.

Der Fliegerleitoffizier in Hornchurch erwiderte, daß seine sämtlichen Jäger als Swordfish-Eskorte gebraucht würden; wenn

Thorney Islands Maschinen um 13.30 über Manston wären, wolle er sehen, was sich machen lasse. Auf diese unsichere Absprache hin erhielten die Beauforts Startbefehl.

Die Entfernung zwischen Manston und Portsmouth beträgt 120 Meilen. Wären sie von Thorney Island aufgestiegen, als Esmonde von Manston losflog, so hätten die doppelt so schnellen Flugzeuge zusammen mit ihm einen koordinierten Angriff gegen die deutschen Schlachtschiffe durchführen können. Aber sie wurden aufgehalten.

Nach dem Startbefehl erwies sich, daß zwei Maschinen an Stelle von Torpedos Bomben an Bord hatten und eine dritte Beaufort an einem mysteriösen technischen Defekt krankte, der nicht zu lokalisieren war. Statt nun die vier einsatzbereiten Maschinen sofort loszuschicken, hielt man sie zurück, während das Bodenpersonal die drei anderen Flugzeuge startklar zu machen versuchte.

Schließlich rang sich jemand zu einer reichlich späten Entscheidung durch, und die vier Torpedo-Beauforts starteten in Richtung Manston. Die anderen sollten so bald wie möglich folgen. Wegen dieser Verzögerung konnten die vier Beauforts unter Pilot Officer P. H. Carson erst um 13.25 Uhr aufsteigen und hatten damit bis zum Treffen mit den Jägern über Manston noch genau fünf Minuten Zeit.

Auch hier wurden Geheimhaltungsvorschriften zu lückenlos eingehalten. Carson und seine Männer flogen los, ohne auch nur im mindesten die Bedeutung ihrer Mission zu kennen. Schaut euch nach einem deutschen Geleitzug um, das war alles, was man ihnen sagte. Zudem verständigte niemand von Thorney Island die Jägerführung Hornchurch, daß die Beauforts sich verspäten würden.

Ungeachtet aller Zweifel des dortigen Fliegerleitoffiziers trafen die Spitfires pünktlich über dem Flugfeld ein. Nachdem sie fünf Minuten auf die Beauforts gewartet hatten, fragte Tom Gleave in Hornchurch an: „Weshalb kreisen hier Jäger von euch? Worauf warten die denn?"

So kam heraus, daß die Beauforts nicht zur Stelle waren. Da

Thorney Island telefonisch den soeben erfolgten Start der Torpedoflugzeuge meldete, beraumte man in aller Eile ein Rendezvous der Beauforts mit den Jägern über den Schlachtschiffen an.
Die Spitfires wurden durch Funkspruch informiert und den
Deutschen entgegengeschickt.

Zwanzig Minuten nach dem Abflug der Jäger erreichte Pilot
Officer Carson mit seinen vier Beauforts Manston und wurde
von dort unaufhörlich angemorst, er solle den gleichen Kurs wie
die Spitfires einschlagen. Hier war abermals ein Fehler unterlaufen.

In Thorney Island hatte man vergessen, Manston mitzuteilen,
daß die Beauforts kürzlich von Morsegeräten auf Funktelefon
umgerüstet worden waren. In Unkenntnis dieses Sachverhalts
morste Manston unverzagt Befehle, die die vier Torpedoflugzeuge beim besten Willen nicht empfangen konnten. So kreisten
die Maschinen ratlos über dem Flugplatz und harrten neuer Instruktionen. Befremdet von ihrem Ausbleiben, jedoch außerstande, noch länger zu warten, flog Carson dann zusammen mit
einer weiteren Beaufort in Richtung Frankreich auf die Suche
nach dem „Geleitzug".

Das war vernünftig und mutig gehandelt — obwohl Carson
weder ahnte, wen er da eigentlich aufspüren sollte, noch einen
genauen Kurs bekommen hatte. Seit dem Start von Thorney
Island hatte er keine Nachrichten über den Standort des Geleitzuges erhalten und graste infolgedessen einen französischen Kü-
stenbereich ab, von dem die deutschen Schiffe bereits fünfzig
Meilen weit entfernt waren.

Während Manston Carson krampfhaft anmorste, blieben die
übrigen zwei Beauforts über dem Flugfeld in Warteposition.
Weil ihr Treibstoff zur Neige ging, landeten sie um 14.45 —
fünf Viertelstunden nach dem vorgesehenen Trefftermin mit den
Spitfires. Die beiden Piloten rannten in die Befehlszentrale und
erkundigten sich: „Was ist das für eine Schlamperei? Wir sollten
uns hier mit irgendwelchen Jägern treffen und ihnen zum Einsatzziel folgen. Wo sind die Burschen? Was ist unser Einsatzziel?"

Horstkommandant Tom Gleave keuchte: „Hat euch denn niemand gesagt, weshalb ihr hier seid?"

Rasch wies er sie in die neueste Lage ein. Die Maschinen wurden aufgetankt und stiegen wieder auf — eineinhalb Stunden zu spät. Sie überflogen die Nordsee und stießen direkt in ein fürchterliches Durcheinander. Überall sausten FW 190, Spitfires und Hurricanes umher, RAF-Jäger griffen im Sturzflug deutsche Maschinen an, während die Beauforts dicht über den Wellen nach den Schlachtschiffen suchten. Um 15.45 warfen sie ihre Torpedos — ohne Erfolg.

Vier Stunden waren vergangen, seit die britischen Streitkräfte den Angriffsbefehl bekommen hatten, drei Stunden, seit Esmonde und seine Männer bei ihrem Versuch, die Schlachtschiffe zu torpedieren, gefallen waren. Die enge Fahrrinne mit ihren eingeschränkten Manövriermöglichkeiten lag jetzt hinter den deutschen Schlachtschiffen, und die einigermaßen wiederhergestellte *Scharnhorst* dampfte der *Gneisenau* und *Prinz Eugen* fast mit Höchstgeschwindigkeit hinterdrein.

Während die vier Beauforts der 217. Staffel sinnlos über Manston kreisten, gab es auch bei der 42. Staffel Ärger. Um 11.45 Uhr, als die Brestgruppe sich der Straße von Dover näherte, landete die von Leuchars aufgebrochene Staffel in Coltishall. Wetter und „technisch-administrative" Schwierigkeiten hatten ihren Abflug verzögert. Der Fliegerleitoffizier von Coltishall, Sq.-Ldr. Roger Frankland, wußte zwar über den Ausbruch der deutschen Schlachtschiffe Bescheid — aber nicht etwa aus offiziellen Mitteilungen, sondern lediglich auf Grund guter Kontakte zu befreundeten Kameraden. Andere ältere Offiziere hatten die strikte Weisung, die Besatzungen keinesfalls über den wahren Anlaß des Unternehmens aufzuklären. Frankland sagte: „Ich habe mir das nie zusammenreimen können. Die Beaufort-Staffel wurde auf die Suche nach irgendeinem Geleitzug geschickt. Damals nahm ich diese törichte Geheimniskrämerei kommentarlos hin, aber heute halte ich so was für ganz großen Blödsinn."

Coltishall war ein Jagdfliegerhorst, und dort landeten drei der

Beauforts ohne Torpedoarmierung. Im hundertfünfzig Meilen entfernten North Coates (unweit Grimsby) lag eine motorisierte Torpedowartungs- und Versorgungseinheit, die sofort nach Coltishall beordert wurde. Die RAF sorgte für eine Krad-Eskorte der Polizei mit heulenden Sirenen. Indes — diese ganze Mühe hätte man sich sparen können.

Diese Einheit war seit Kriegsbeginn — mithin seit zwei Jahren — nicht ein einziges Mal eingesetzt worden und schlief einen euphorischen Dornröschenschlaf. Mit einem Halbdutzend Lkw hätte sie Torpedos und Druckluft in drei Stunden nach Coltishall schaffen können. Statt dessen kroch die Truppe im Schneckentempo von North Coates los. Dank ihrer ehrfurchtgebietenden, allerdings durch vereiste Straßen geförderten Langsamkeit trafen diese Meister des Eilmarsches in Coltishall genau in dem Moment ein, da Ciliax' Verband in deutsches Gewässer einfuhr.

Aber das war erst der Anfang der Katastrophe, die die 42. Staffel ereilen sollte. Nicht genug damit, daß der lahmen Torpedoeinheit wegen drei Beauforts untätig herumstehen mußten. Als die Staffel landete, meldeten zwei Flugzeuge auch noch Maschinenschaden.

Nicht anders als bei der 217. Beaufort-Staffel von Thorney Island hielt man die übrigen einsatzbereiten Beauforts am Boden zurück, so daß der fast unglaubliche Zeitverlust am Ende zweieinhalb Stunden betrug. Erst um 14.16 flogen die neun verwendungsfähigen Beauforts unter Sq.-Ldr. W. H. Cliff nach Manston, wo man sie weisungsgemäß um 14.50 erwartete. Sie verspäteten sich denn auch nur um drei Minuten.

Nach dem Flugplan, der ihnen vor dem Abflug nach Manston in die Hand gedrückt worden war, sollten sie der 407. Kanadischen Staffel Hudsons zur niederländischen Küste folgen. Aufgabe dieser Hudson war es, durch Bombardements der Schlachtschiffe die Flak ab- und auf sich zu lenken, während Torpedoflugzeuge die Schiffe angriffen. Beiden Staffeln hatte man Spitfire-Schutz zugesagt.

Als die neun Beauforts um 14.53 eintrafen, ereignete sich das Wunder einer nun mal wirklich perfekten Zusammenarbeit. Elf

Hudson-Bomber warteten in der Luft, über sich kreisende Spit-fires. Wie befohlen formierten sich die Beauforts hinter den Hudsons. Aber statt den Verband nun auf See hinauszuführen, machten die Hudsons kehrt und setzten sich hinter die Beauforts. Deren Chef Cliff hielt sich an seinen Befehl und kurvte hinter die Hudson zurück. Daraufhin drehten die Hudsons abermals und klemmten sich erneut hinter die Beauforts.

Weshalb dieser lächerliche Ringelreihen? Die Hudsons kriegten ihre Befehle nicht. Fieberhaft versuchten Wing-Cdr. Gleave und sein Stab, die Maschinen zu erreichen — jedoch das war mit dem Morsegerät verlorene Liebesmüh. Von den neuen Funktelefonen der Hudsons ahnte man in Manston nichts.

Genau wie Carson zwei Stunden früher beschloß Cliff, das unsinnige Hasch-mich-Spiel abzubrechen und seine Beauforts auf See hinauszuführen. Genaugenommen war das Befehlsverweigerung, als er Kurs auf den Raum nahm, in dem sich laut Coltishall-Angabe der „deutsche Geleitzug" befinden sollte. Sechs Hudsons folgten der letzten Beaufort und zogen mit; die anderen kreisten noch eine halbe Stunde über Manston, drehten um 16.00 Uhr ab und flogen zu ihrem Stützpunkt Bircham Newton zurück. Dafür konnten sie nichts. Keiner hatte sie über den Kurs, über das Ziel ihres Fluges informiert. Im Grunde funktionierte die Befehlsgebung an diesem Tag überhaupt nicht.

Cliff überquerte mit seinen Beauforts und den sechs Hudsons die Nordsee. Es regnete schwach. In der dichten Bewölkung verloren die Hudsons Tuchfühlung mit ihm; als ihr Radar „Blips" auffing, durchstießen sie die Wolkendecke und sichteten deutsche Schiffe. Die Briten flogen durch das Flakfeuer und luden ihre Bomben auf Schnellboote und Zerstörer ab. Bei diesem couragierten Angriff wurden zwei Hudsons abgeschossen.

Während die Beaufort-Leute sich gegen das Chaos am Boden zu behaupten suchten, erwachte das Bomber Command endlich doch noch zum Leben.

Hier war gerade ein Wechsel der Befehlshaber im Gange. Air

Marshal Sir Richard Peirse hatte Anfang Januar das Kommando niedergelegt, Air Vice Marshal Arthur („Bomber"-)Harris weilte in Amerika und wurde erst in zehn Tagen zur Befehlsübernahme zurückerwartet.

Seit dem 4. Februar standen für „Fuller" dreihundert Bomber in Zweistunden-Bereitschaft. Damit fielen sie für Nachteinsätze über Deutschland aus, die das Bomber Command als seine vordringlichste Aufgabe betrachtete. Deshalb verlangte das Luftwaffenministerium von der Admiralität, die im Namen der Marine verfügte Alarmbereitschaft aufzuheben, was die Admiralität mit der Begründung ablehnte, ein Durchbruch der deutschen Schiffe sei jetzt wahrscheinlicher denn je.

Dessen ungeachtet entschied das Bomber Command, nur einhundert Maschinen für „Fuller" bereitzuhalten, die dann zum normalen Bereitschaftsdienst zusammen mit den übrigen Maschinen zurückkehrten. Aber die RAF-Stabsoffiziere unterrichteten niemand von dieser Entscheidung; als die deutschen Schiffe nach 12 Uhr mittag in der Straße von Dover gemeldet wurden, dauerte es nach dem Alarm fast drei Stunden, bis die ersten Bomber aufstiegen.

242 Bomber starteten — und erwiesen sich mehr oder weniger als nutzlos. Tapfere Flieger in mächtigen Maschinen flogen einen Einsatz, bei dem sie alles, aber alles gegen sich hatten. Es handelte sich um der Welt kampferprobteste Bomberbesatzungen, die für Nachtbombardements fester Ziele aus großen Höhen ausgebildet worden waren, nicht aber für ein Unternehmen, bei dem quasi die Nadel im Heuhaufen gesucht und bei miserabler Sicht ein schneller Schlachtschiffverband sowohl aufgespürt als auch getroffen werden sollte. Überdies hatten die meisten dieser Männer in der vorhergegangenen Nacht Bombeneinsätze über Deutschland geflogen.

Sie starteten in drei Wellen. Um 14.20 Uhr stieg die erste Welle mit 73 Bombern auf. Es wurde ein überstürzter, unorganisierter Angriff, den sie da an jenem kalten, trüben Wintertag einzeln oder zu zweit unternahmen. Mit Kurs auf die niederländische Küste zogen sie über die Nordsee. Eine tiefhängende, dichte

Wolkendecke behinderte die Sicht; durch die vereiste Kanzelverglasung war kaum etwas auszumachen. Die ebenfalls stark vereisten Tragflächen bedeuteten eine zusätzliche Gefahr.

Inzwischen hatten die drei übrigen Beauforts der 217. Staffel, die in Thorney Island zurückgeblieben waren, sich über Manston eingefunden. Auch diese drei Piloten wußten nichts von den deutschen Schlachtschiffen, doch war ihr Führer, Pilot Officer J. A. Etheridge, so vernünftig, zu landen und weitere Befehle zu erfragen. Gleave und sein Stab klärten ihn sofort auf und schickten ihn auf den richtigen Kurs. Wenigstens diesmal stimmten die Befehle bis ins kleinste Detail.

Als Etheridge die Wolkendecke durchstieß, befand er sich genau über dem deutschen Schlachtgeschwader, wich aber des Flak-Sperrfeuers wegen weit über die niederländische Küste aus. Seine Maschine wurde mehrfach getroffen; erst brachen Granatsplitter seinem Funker den Arm, dann riß ein Geschoß die Torpedo-Ausstoßvorrichtung weg. Da Etheridge sein Torpedo nicht mehr werfen konnte, kehrte er nach England zurück.

Die zweite Beaufort unter Pilot Officer T. A. Stewart wurde von zwei Messerschmitts angegriffen. Ein Geschoß durchschlug die Höhenflosse seiner Maschine, woraufhin Bordschütze Sergeant Bowen eine lange Salve auf den Deutschen abgab. Eine Rauchfahne hinter sich, kreiselte die Me aufs Meer hinab.

Die dritte Beaufort flog Sergeant Rout — es war übrigens sein erster Feindeinsatz — in geringer Höhe durch das intensive Flakfeuer zum Torpedoangriff. Focke-Wulf 190 fielen ihn von hinten an. Rout wurde durch ein Geschoß an der Hand verwundet, sein Funker bekam eine Kugel in Arm und Bein, sein Heckschütze erlitt durch einen Splitter von der zerborstenen Frontverglasung eine gefährliche Verletzung am rechten Auge. Die Maschine fing Feuer, das die Männer trotz ihrer Verletzungen zu löschen vermochten.

Als die beiden splitterdurchsiebten Maschinen steil auf *Scharnhorst* herabstießen, sah Kapitän z. S. Hoffmann von seiner Brücke aus, daß die beiden Maschinen sich trennten, um das Schiff beidseitig von achtern anzugreifen. Ein Torpedo zischte durchs Wasser, und Hoffmann befahl „Ruder hart Steuerbord". Jetzt drehte die Steuerbord-Beaufort das Schiff direkt an, indem sie sehr tief seine Schanze überflog und MG-Garben spuckte. Die Kugeln schlugen hinter den Flak-Bedienungsmannschaften ein, die auf die andere Maschine feuerten. Ein Kugelhagel traf die Brücke *Scharnhorst,* verletzte jedoch niemand.

Nach diesem entschlossenen Angriff gelang es Pilot Officer Stewart und Sergeant Rout, ihre beschädigten Flugzeuge nach Manston zurückzubringen. Etheridge hätte es beinahe nicht geschafft. Dicht bei Ramsgate wurde seine Beaufort von britischen Fla-Batterien, die anscheinend auf alles ballerten, was vom Kanal hereinkam, für eine deutsche Maschine gehalten, beschossen und getroffen. Etheridge drehte ab und machte bei Horsham St. Faith in Norfolk eine Bauchlandung.

Mittlerweile war Carson von seiner ergebnislosen Suche im Kanal nach Manston zurückgekehrt. Als er sich in der Befehlsstelle meldete, erfuhr er durch Tom Gleave zum erstenmal von der Präsenz der deutschen Schlachtschiffe im Kanal.

Carson entschloß sich daraufhin zu einer mutigen Tat. Er wartete nicht auf die andere Beaufort, die gerade aufgetankt wurde, sondern startete allein gegen die Deutschen. Es regnete stark, und die Sichtweite belief sich auf höchstens drei Meilen. Gleich griffen deutsche Jäger, die über der Nordsee nach britischen Flugzeugen fahndeten, die einsame Maschine an. Aber im Nebel konnte Carson ihnen entwischen.

Als er die deutschen Schiffe auf seinen Radarschirm bekam, flog er dicht über den Wellen, unter heftigem Flakbeschuß, den äußeren Schnellbootring der *Gneisenau* entlang. Mit ratternden Bordwaffen stürzten sich deutsche Jäger auf ihn.

Carson riß den Knüppel herum, zog seine Beaufort etwas höher und sauste über die Masten der deutschen Zerstörer hinweg, die längs *Gneisenau* einen Rauchvorhang legten. Er ging dann bis fast aus Wasser hinab und warf seinen Torpedo auf zweitausend Meter. In dem Moment krachten deutsche Granaten in sein Heck; er drehte ab und entwich in den Schutz der Wolkendecke — nicht wissend, daß *Gneisenau* schnell den Kurs geändert und der Torpedo sie deshalb nur um Haaresbreite verfehlt hatte: in einem Abstand von zwanzig Metern flitzte er an der Backbordseite des Schiffes entlang.

Ohne Verschulden der Flieger wurde es ein nahezu erfolgloser Tag für die Bomber. Typische Erfahrungen dieser Art machten die Wellington-Bomber der in Alconbury (Huntingdonshire) stationierten 40. Staffel. Den Abend zuvor hatten die Männer um 18.30 einen Angriff auf Mannheim geflogen und waren kurz vor Mitternacht zurückgekehrt.

Gegen Mittag saßen die Flieger im Kasino oder ruhten sich in ihren Unterkünften aus, als sie zu einer dringenden „Fuller"-Besprechung gerufen wurden. Um 14.40 stiegen vier Wellingtons unter Sq.-Ldr. McGillivray auf. Den größten Teil flogen sie durch dichte Wolken, die bis in Höhen von 450 m hinaufreichten.

Kaum hatten sie den Standort der deutschen Schiffe gefunden, kam ein deutscher Jäger bis auf zweihundert Meter heran. Die Wellingtons wichen aus, der Deutsche verschwand in die Wolken. Während sie über der Position kreisten, vereisten die Fenster. In der von Sergeant Hathaway gesteuerten Maschine versagte die Enteisungsanlage. Da der Pilot nichts mehr sehen konnte und unter diesen Umständen jedem deutschen Jäger hilflos ausgeliefert gewesen wäre, kehrte er um.

Flying Officer Barr startete erst um 15 Uhr — zwanzig Minuten später. Auch er kreiste zunächst über dem Zielraum, ohne durch die dichten Wolken etwas auszumachen. Als sein Bugschütze auch noch Ladehemmung am Geschütz meldete, gab er auf und drehte ab. Beim Anflug auf die englische Küste wurde er unweit Lowestoft von Flak beschossen, obwohl er immer wieder sein Dreifarben-Erkennungszeichen setzte. Er brummte über die Dächer von Lowestoft — das Feuer hielt an. Ein Schrapnell traf seinen Heckschützen, Pilot Officer Leavett, am Hinterkopf; Barr schaffte eine Notlandung bei Lakenheath, und der bewußtlose, blutende Leavett wurde sofort ins Lazarett gebracht.

Noch größeres Pech hatte die 241. Wellington-Staffel in Stradishall, deren Flugbetrieb seit einer Woche durch Schneestürme lahmgelegt war. Nach dem Abklingen des Unwetters erhielten die Besatzungen am Donnerstag eine Vorwarnung, sich für einen nächtlichen Bombenangriff auf deutsche Ziele bereitzuhalten. Mitten in die entsprechenden Vorbereitungen platzte die Order „Fuller ausführen" hinein.

Um 14.45 nahmen zwölf Wellingtons Kurs auf die niederländische Küste. Bei der Wolkenuntergrenze von nur 150 Metern war ein Verbandsflug so gut wie unmöglich. Nur ein Pilot glaubte deutsche Schiffe zu sehen, ging auf 300 Meter hinunter und warf sechs 500-Pfund-Bomben. Irgendwelche Ergebnisse konnte er nicht beobachten.

Eine andere Wellington unterflog in etwa 100 Meter Höhe die Wolkendecke und sichtete das weißschäumende Kielwasser eines Schiffes. Als der Pilot wendete und die Spur verfolgte, raste mit wütendem MG-Feuer eine Messerschmitt heran. Der britische Heckschütze erwiderte das Feuer, und im Kurvenkampf verschwanden beide Maschinen in der Waschküche. Diese Wellington hat das Gebiet dann nochmals kreuz und quer abgesucht, jenes Kielwasser aber nicht mehr entdeckt.

Die meisten Wellingtons brachten ihre Bomben wieder mit nach Hause. Ihre Piloten meldeten: „Auch nach längerer Suche nichts gesehen, deshalb mit kompletter Bombenlast zum Horst zurück."

Eine Wellington indes kam nicht wieder. Sie wurde von den älteren Offizieren der Staffel geflogen, darunter Staffelkapitän Wing-Cdr. MacFadden, Sq.-Ldr. Stephens und F.-Lt. Hughes. Wie ihr letzter aufgefangener Funkspruch besagte, hatte sie einen Motorschaden. Danach hörte man nichts mehr von ihr. Im Tagebuch der 241. Staffel heißt es: „Die Staffel hatte einen sehr erfolglosen Tag und verlor den Kommandeur."

Den Blenheim-Bomberstaffeln erging es genauso: in letzter Minute Start bei sehr diesigem Wetter, dann vergebliche Suche nach den Schlachtschiffen. Diese Besatzungen hatten es besonders schwer, weil es für manche der erste Einsatzflug war.

Kennzeichnend für das, was mehrere hundert Bomberpiloten an diesem Tage erlebten, sind die niederschmetternden Erfahrungen von Flt.-Sgt. Tom Betjeman. Der untersetzte, dunkelhaarige Flieger war als Pilot der 110. Blenheim-Staffel in Wattisham (Suffolk) stationiert.

Wie die meisten Bomber-Besatzungen standen Betjeman und seine Leute seit einer Woche abrufbereit und waren seit Tagen nicht einmal zu den Mahlzeiten aus ihrer Fliegerkombination herausgekommen. Sie wußten, daß sich irgendeine dicke Suppe zusammenbraute, aber aus welchen Ingredienzien, das wußten sie nicht.

Kurz nach 11.30 wurden sie vom Staffelkapitän zur Besprechung in die Einsatzbaracke gerufen, wo man sie über den Durchbruch der *Scharnhorst* und *Gneisenau* informierte. „Ab geht die Post", hieß es, „das ist der Alarmfall, auf den wir gewartet haben."

Für den Obsthändler Tom Betjeman aus Caterham in Surrey war es der erste Feindflug nach Abschluß der Fliegerschule. Er hatte eine typische Zivilistenbesatzung zu führen: Sein Navigator war ein neuseeländischer Büroangestellter namens Noel Colyton, und sein einundzwanzigjähriger Schütze Jackie Turner war ein noch in der Ausbildung befindlicher technischer Zeichner aus Manchester.

Mit zwei 500- und zwei 250-Pfund-Bomben stand die Blenheim auf dem Flugfeld bereit. Beim Einsteigen sagte der Waffenoffizier warnend zu Betjeman, die Bomben seien auf elf Sekunden Verzögerungszündung eingestellt. „Die Wolkenhöhe wird mit 150 Meter angegeben, aber geht beim Abwurf ja nicht tiefer, sonst seid ihr geliefert!"

Man hatte die Maschinen für Nachtangriffe auf die norwegische Küste mit schwarzer Tarnfarbe bemalt, und die Männer waren sich völlig klar darüber, daß sie bei Tageslicht vor grauen Wolken ein leicht erkennbares Ziel abgaben.

„Das Wetter war hundsgemein", erinnert sich Betjeman. „Solchen Dunst hatte ich noch nie erlebt. Unter diesen miserablen Flugbedingungen betrug unsere Sichtweite kaum neunzig bis hundertzwanzig Meter."

Sie starteten in vier Dreierketten. Als Betjeman in der letzten Kette auf die Startbahn rollte, blieben die anderen beiden Maschinen plötzlich mit Motorenschaden liegen. Die Flugleitung wollte ihn nicht allein aufsteigen lassen und rief ihn immer wieder, aber Betjeman hörte sie nicht, weil er sein Funktelefon abgeschaltet hatte. Er gab Gas und stieg in die tiefhängenden Wolken hinein.

Mit Koppelnavigation überflog er die verhältnismäßig ruhige See zunächst in geringer Höhe. Sein Navigator Colyton mahnte: „Denken Sie an den Wetterbericht — über hundertzwanzig Meter Vereisungsgefahr!" Dennoch kletterte Betjeman über dem Zielgebiet in die Wolken hinein, und schon nach etwa fünfzehn Sekunden meldete Bordschütze Turner über die Sprechanlage: „Vom Propeller knallen Eisbrocken gegen meinen Heckstand."

Betjeman mußte sofort in wärmere Regionen absteigen — mit einer vereisten Maschine in dichten Wolken zu fliegen, war ein riskantes Manöver, bei dem ein unerfahrener Pilot wie er leicht hätte in Panik geraten können. Aber er kippte ganz glatt ab; und als sie sich der Wasseroberfläche näherten, taute das Eis. Sie spähten nach den Schlachtschiffen aus, sahen indes nur Nebelschwaden. Weil die ganze Sache hoffnungslos war, wendete Betjeman und flog zurück.

Auch Fl. Officer Norman Nicholas absolvierte an diesem Tag seinen ersten Feindflug. Er saß in einer anderen Blenheim als Navigator. Als sie sich auf der dritten Geraden ihres Suchvierecks über der angenommenen deutschen Position befanden, sichtete er durch aufreißende Wolken sechs Kriegsschiffe. Nicholas wollte sie hundertprozentig als deutsche Schlachtschiffe identifizieren und wies Flugzeugführer Pilot Officer Hedley zum Bombenzielanflug ein. Da schrie der Bordschütze mitten im schärfsten Flakbeschuß: „Mein MG ist kaputt!"

Nicholas war fest entschlossen, die deutschen Schiffe zu erwischen; er bekam jedoch kein vernünftiges Ziel ins Bombenvisier, rief dem Piloten deshalb „Durchziehen!" zu und ließ ihn zu einem zweiten Versuch eindrehen. Jetzt aber schloß sich der Wolkenvorhang und verschluckte die Schiffe. Suchend kreisten sie noch eine Weile, während der Bordschütze erfolglos an seinem MG arbeitete. Ohne Bordwaffe konnten sie sich deutscher Jäger unmöglich erwehren — sie mußten zum Horst zurückfliegen. Unterwegs bedauerte Nicholas sehr, daß er seine Bomben nicht gleich beim erstenmal geworfen hatte.

Die meisten übrigen Staffeln erlebten Ähnliches oder kehrten wie Betjeman und seine Leute um, ohne überhaupt etwas gesehen zu haben. Von den neununddreißig, die die Schlachtschiffe entdeckt haben wollten, erzielte kein einziger einen wirkungsvollen Bombentreffer. Die anderen brachten ihre Bomben wieder mit nach Hause oder entledigten sich ihrer, wenn deutsche Jäger angriffen. Fünfzehn Maschinen gingen so verloren; wie man annimmt, wurde höchstens die Hälfte vom Feind abgeschossen, während der Rest zu dicht über den Wellen flog und dabei abstürzte. Nach britischen Unterlagen — die entsprechenden der deutschen Luftwaffe gingen verloren — beliefen sich die deutschen Verluste auf siebzehn Maschinen.

Außer den Bombern starteten an diesem Tag alle verfügbaren Jäger des Fighter Command zu mehreren Einsätzen. Obgleich auf dem Papier 600 Maschinen bereitstanden, stiegen gegen die Deutschen de facto nur 398 auf. Siebzehn wurden abgeschossen. Mit den 242 Bombern und den 35 Hudsons und Beauforts des Coastal Command warfen die Briten insgesamt 675 Flugzeuge ins Gefecht mit den deutschen Schlachtschiffen.

Es ist nicht den Fliegern anzulasten, daß dieser massive Angriff fehlschlug. Die Bomberbesatzungen, die die Schiffe fanden, bewiesen an jenem grauen Winternachmittag beispiellosen Mut. Am Spätnachmittag überflog eine einzelne Wellington bei sehr diesigem Wetter die *Prinz Eugen* in etwa 120 Meter Höhe, wobei ihr die Flak fast das ganze Heck wegschoß. Als sie den Zerstörer *Hermann Schoemann* im Tiefflug angriff und ihre Bomben warf, mußte sie abermals schwere Treffer einstecken, so daß sie ins Meer stürzte. Von deutscher Seite wurde beobachtet, wie die Wellington brennend ins Meer trudelte.

Das war nur einer der Bomber, die nicht zurückkehrten. Keiner kennt den Namen des Piloten dieses Flugzeuges; jedenfalls verdient der tapfere Mann einen Ehrenplatz in den Annalen der RAF. Sein Angriff, nicht minder kühn als der Esmondes und seiner Swordfish, ist absolut würdig für das Viktoriakreuz.

Vizeadmiral Ciliax lobte die Tapferkeit der RAF-Flieger: „Von ca. 12.45 bis 18.30 Uhr massierte und einzelne Luftangriffe von Maschinen aller Typen. Eindrücke: verbissener Kampfgeist, sehr forsches Fliegen, große Widerstandskraft gegen leichte Flaktreffer."

Den Mißerfolg der Angriffe erklärte er so: „Die Überraschung des Gegners drückte sich zum Vorteil des Verbandes in einem anfänglich etwas planlosen und überstürzten Einsatz seiner Luftstreitkräfte aus. Daß im Verlauf des Nachmittags und Abends am x + 1 Tag die feindliche Luftwaffe trotz ihres von höchstem Einsatzwillen zeugenden Rangehens mit Bombe und Torpedos keine Erfolge beschieden waren, ist . . . der besonders anzuerkennenden Aufmerksamkeit der Sicherungsstreitkräfte zu verdanken, welche in der planmäßigen Aufstellung sowohl Torpedoflugzeugen als auch den in der niedrigen Wolkendecke zum Abwurfpunkt fliegenden Bombern das Erreichen ihrer optimalen Abwurfpunkte außerordentlich erschwerte . . ."

Auch Oberst Galland zollte der RAF seinen Respekt: „Ihre Piloten kämpften tapfer, zäh und unermüdlich, obwohl sie mit unzureichender Planung, ohne klares Angriffskonzept, ohne Schwerpunkt und systematische Taktik ins Gefecht geschickt wurden."

10

TAPFERE KLEINE *WORCESTER*

Der britische Zerstörer *Walpole* schlich am Rand des Minenfeldes entlang, während die Ingenieure versuchten, das Hauptlager zu reparieren. *Walpole* war zwar ein leicht zu treffendes,
aber schwer zu identifizierendes Ziel; denn das Leinwandsymbol
der RAF auf dem Vordeck ließ sich des nebligen Wetters, der tie-
fen Wolken und der auf zwei bis drei Meilen begrenzten Sicht
wegen aus der Luft kaum erkennen.

Plötzlich stießen zwei RAF-Wellingtons aus den grauen Wolken
herab und warfen Bomben, die dicht neben *Walpole* aufschlugen. Hinter den Briten sauste ein Pulk Messerschmitts heran
und vertrieb die Wellingtons. Feuerbereit standen *Walpole*-
Kanoniere an den Geschützen, schossen aber nicht auf die ungewöhnlichen Schirmherren der deutschen Luftwaffe, die zunächst
die Wellingtons verjagten und dann emsig kreisend über dem
britischen Zerstörer blieben.

Bis sie die rot-weiß-blaue Kokarde sahen, die sie wohl dermaßen
überraschte, daß sie nur noch imstande waren, demonstrativ ein
paar MG-Salven abzugeben und sofort in der Waschküche zu
verschwinden.

Mit provisorisch zusammengeflickten Maschinen machte *Walpole* allmählich wieder etwas Fahrt. Ohne nochmals angegriffen
zu werden, erreichte sie nach langen drei Stunden Harwich und
schloß sich dort den Zerstörern der Hunt-Klasse an, die sie auf
der anderen Seite des Minenfeldes erwarteten und dann hinein-
begleiteten.

Um 14.45, als Pizeys übrige fünf Zerstörer in Kiellinie mit
voller Kraft durch die See pflügten, tauchte aus einer Wolke ein
Flugzeug auf und kam näher. Schon richteten die Geschütz-

bedienungsmannschaften ihre Rohre auf den Eindringling, als gemeldet wurde „Eigene Maschine voraus!" — denn es war eine Hampden. Sie ging tief zwischen *Mackay* und *Worcester* herunter, aber die Ausgucksposten interessierten sich nicht mehr für den Landsmann, sondern suchten den Himmel nach Deutschen ab. Plötzlich rief ein Offizier auf der Brücke *Mackay:* „Die Hampden hat Bomben geworfen!" Im selben Moment brummelte Kapitän Pizey: „Donnerwetter, wir haben uns geirrt." Hinter der *Mackay* explodierten die Bomben und überschütteten die Heckgeschütze samt ihren Mannschaften mit einem Sprühregen. Der Artillerieoffizier befürchtete eine vorschnelle Reaktion seiner Kanoniere und gab telefonisch Befehl: „Abwarten, abwarten, abwarten, Feuer nicht eröffnen! Wiederhole, Feuer nicht eröffnen!" Und er fügte hinzu: „Das ist eine von uns, sie benimmt sich bloß ein bißchen komisch." Aber einige andere Zerstörer, die die Bomben hatten fallen sehen und die Maschine auf die große Entfernung nicht identifizieren konnten, schossen.

Die Hampden war noch nicht fertig. Sie wendete und sauste im Tiefflug auf *Worcester* zu und deckte sie mit Bomben ein. Pizey verfolgte den Angriff von *Campbell* aus und murmelte: „Sieht wie eine Hampden aus, kann's aber nicht sein!"

Im Schiffslazarett *Worcester* las Dr. Jackson, der seine Gedanken vom bevorstehenden Gefecht ablenken wollte, gerade einen medizinischen Fachartikel über die Behandlung von Kinderkrankheiten, als er die Bombe an der Seite des Schiffes krepieren hörte. Er stürzte an Deck und beobachtete, wie zwischen seinem Schiff und *Mackay* weitere Bomben aufschlugen, von denen eine die Brücke unter Wasser setzte. Coats ließ Pizey melden, er wolle jetzt das Feuer eröffnen. Hurtig wurde zurückgeblinkt: „Nicht schießen, es ist ein Brite!" Als das Flugzeug dann in den dunklen, niedrigen Wolken verschwand, erkannten die Fla-Höhenrichtkanoniere deutlich die RAF-Kokarde an den Tragflächen.

Diese beiden Episoden waren aber nur der Auftakt zu einem unfaßlichen Durcheinander in der Luft. Beim Verlassen des Minenfeldes wurden die fünf Zerstörer nicht nur von britischen, sondern auch von deutschen Flugzeugen angegriffen. Seite an

Seite tauchten Me 109 und Beauforts aus den Wolken auf und entwichen wieder in den Dunst; weiter oben in der Wolkendecke flogen Hampdens praktisch Flügel an Flügel mit Dorniers und Me 110, und in noch größerer Höhe sausten Heinkel und Ju 88 neben Wellingtons, Halifaxes und Manchesters durch den Nebel. Viele britische Maschinen hielten die Zerstörer für deutsche Einheiten; andererseits nahmen Zerstörer mehrfach Wellingtons und Hampdens unter Feuer, bevor sie sie als RAF-Maschinen identifizieren konnten.

Angesichts dieses Flugzeuggetümmels bedauerten Pizey und Wright lebhaft, daß die Zerstörer der Hunt-Klasse wegen ihrer zu geringen Fahrtgeschwindigkeit sie nicht begleiten konnten, denn deren 4-Zoll-Geschütze (10,2 cm) hätten dort oben ganz schön aufgeräumt. So blieben ihnen nur die 3-Zoll-Flak (7,5 cm) und die MG der anwesenden Zerstörer.

Das Wetter wurde immer schlechter — kräftiger Wind, starke Dünung, Brecher, die die Geschützbedienungen auf den Gefechtsstationen immer wieder durchnäßten. Daß sich die Sichtweite plötzlich von sieben auf vier Meilen verminderte, begrüßten die Zerstörer-Kommandanten, weil es ihren Angriff tarnen half.

Diesmal hatten die Briten doppeltes Glück. Zum einen war da jene Mine, die *Scharnhorst* traf und damit als Gegner ausschaltete, zum anderen bewährte sich das moderne Radar der *Campbell*. Drei Wochen vor ihrer Verlegung nach Harwich stand *Campbell* zur Überholung in Chatham. Sie besaß ein Radar mit Festantennen mit einer Reichweite von vier Kilometern, das nur in der Fahrtrichtung funktionierte. Während der Werftliegezeit inspizierte Captain Pizey ein neues, allerdings für ein anderes Schiff bestimmtes 271-Radar. Dieses stärkere, rotierende Radar erfaßte in einem Umkreis von zwölf Meilen Objekte in jeder Richtung. Da das andere Schiff noch nicht klar war, verschaffte sich Pizey durch Vermittlung des Werftdirektors die Erlaubnis der Admiralität, sein altes 4,7-Feuerleitgerät auf dem hinteren Teil der *Campbell*-Brücke gegen das neue auszutauschen. Es blieb indes so wenig Zeit, daß die Monteure vor dem Auslaufen nicht fertig wurden und noch an dem 271 arbeiteten, als *Campbell* sich bereits auf der Fahrt von Chatham nach Sheerness befand. Dank der Spezialkenntnisse eines radarbegeisterten *Campbell*-Funkers konnte die Anlage dann sofort in Betrieb genommen werden.

Um 15.17, zweiundzwanzig Meilen vor Hoek van Holland, legte das Gerät seine erste Bewährungsprobe ab. Mit zwei großen „Blips" zeigte es Schiffe auf eine Entfernung von neuneinhalb Meilen. Die Zerstörer liefen jetzt volle Fahrt; die immer rauher werdende See überschwemmte die Decks mit mächtigen Brechern. Plötzlich, um 15.30, ein Ruf vom Ausguck: „Mündungsfeuer voraus!" Es waren die deutschen Schlachtschiffe, die RAF-Maschinen beschossen.

Steuerbord sahen die Brückenoffiziere der *Campbell* Geschützfeuer über den grauverhangenen Horizont blitzen und machten mit ihren Doppelgläsern die deutschen Schiffe als schwarze Silhouetten vor dem dunklen Himmel aus. Sie fuhren in einer Entfernung von vier Meilen mit hoher Geschwindigkeit einen Kurs, der sich dem der Briten leicht näherte.

„Feind in Sicht!" Der Ruf war noch nicht verhallt, da hißte die *Campbell* an der Rahnock die weiße Kriegsflagge. Durch Dunst und zunehmenden Sprühregen beobachteten die Männer, wie auch auf den anderen Zerstörern die großen weißen Kriegsflaggen hochgingen.

An Bord der *Whitshed* bemerkte der Bootsmannsmaat: „Ist doch prächtig, wenn die Flagge so weht!" Viele junge, frisch eingezogene Matrosen, die noch kein Gefecht miterlebt hatten, stimmten ihm bei. Es war wirklich ein aufregender historischer Anblick — fünf alte britische Zerstörer, die stampfend durch die türmenden Wogen keuchten, um den Stolz der deutschen Kriegsmarine anzugreifen. Sie wußten zu der Zeit nicht, daß *Scharnhorst* sich außer Reichweite befand.

Um 15.42 konnte man von der Brücke der *Campbell* die deutschen, von Geschützblitzen und Flak-Leuchtspurgeschossen umzuckten Schiffe deutlich erkennen. Sie liefen in Kiellinie und waren jetzt so nahe, daß viele deutsche Flugzeuge, die über den Schiffen kreisten, die britischen Zerstörer für deutsche hielten

und mit ihrem Erkennungssignal — vier Kugeln in Rhombus-
anordnung — begrüßten.

Auf *Worcester* erkannte Höhenrichtkanonier Douglas Ward
durch sein Zielfernrohr ein sehr großes deutsches Schlachtschiff.
Wenig später war es bereits mit bloßem Auge auszumachen.

Die laufende Bedrohung durch im Sturzflug angreifende RAF-
Bomber und miteinander kämpfende Spitfires und Messerschmitts beschäftigte die deutschen Kommandanten so intensiv,
daß Kapitän z. S. Fein, der das Geschwader jetzt auf *Gneisenau*
anführte, die schnelle Annäherung der britischen Zerstörer gar
nicht bemerkte.

Um 15.45 sah er von der Brücke dicht beim Schiff Granaten mit
dem für britische Munition typischen grünlich-gelben Rauch
detonieren. Einen Moment lang war er verwirrt, aber als kurz
nach dem Ruf eines seiner Ausgucke „Feind in Sicht backbord
voraus" eine Reihe grauer Schatten aus dem Dunst hervorbra-
chen, gab er seinem I. A. O. Kähler Feuererlaubnis und funkte
an das Marinegruppenkommando Nord in Wilhelmshaven: „Bin
im Gefecht mit feindlichen Zerstörern."

Immerhin, es konnte auch ein Ablenkungsmanöver sein, ein
Scheinangriff. Fein ließ die vorne stehenden Zerstörer vorstoßen — er wollte wissen, ob etwa noch größere britische
Schiffe zum Angriff bereitstanden, sobald er sich mit Pizeys
Zerstörern engagierte. Für sein eigenes Schiff und für *Prinz
Eugen* befahl er Zickzackkurs, und zwar hauptsächlich wegen
der heftigen RAF-Attacken auf *Prinz Eugen*, deren Flak die
britischen Maschinen pausenlos beschoß. Der Luftangriff war so
stark, daß der I. A. O. Fregattenkapitän Paulus Jasper das Gefecht vom Hauptflakeinsatzstand aus leitete.

Um 15.43 wurden ihm durchs Waffeneinsatztelefon von der
Brücke feindliche Zerstörer Backbord voraus gemeldet, die sich
mit Höchstfahrt näherten. Jasper begab sich in den Vormars
und gab die Einleitungskommandos für die schwere Artillerie.
Dann machte er eine Reihe von Schatten aus, die er als vier Zerstörer erkannte.

Um die gleiche Zeit sah Oberfähnrich Bosehke, der Leiter im

vorderen Stand, vier britische Zerstörer auf Parallelkurs von achtern auflaufen. Aus allen Rohren feuernd, näherte sich die *Campbell*, und Bosehke sowie Btsmt. Gustav Kühn versuchten sie zu identifizieren. Beide hielten das Schiff wegen der mächtigen Aufbauten zunächst für einen Kreuzer. Fregattenkapitän Jasper glaubte drei Schornsteine zu erkennen.

Dann begannen rings um *Prinz Eugen* britische Zerstörergranaten einzuschlagen. Rotglühend zischten Geschoßsplitter ins Wasser. Als *Campbell* mit Höchstgeschwindigkeit parallel zur *Prinz Eugen* lief, bekam Bosehke den Briten gut in seine Zielgeberoptik. Jasper gab Feuerbefehl, und Bosehke schoß eine donnernde, blitzende Vollsalve ab. Trotz des Feuers rückte *Campbell* näher, indem sie geschickt eine von den deutschen Geleitfahrzeugen gelegte Nebelwand benützte.

Dann brüllten auch die großen 28-cm-Geschütze der *Gneisenau* zusammen mit ihren 15ern los, die allein schon für den Kampf gegen die Zerstörer ausgereicht hätten.

Zur gleichen Zeit befahl Kapitän z. S. Brinkmann von *Prinz Eugen*, den Funkspruch „Bin im Gefecht mit feindlichem Kreuzer und Zerstörern" abzugeben. Eine solche dringende Meldung hat bei allen Kriegsmarinen absoluten Vorrang; aber im Funkraum herrschte ein solches Durcheinander, daß sie nicht abgesetzt werden konnte. Der Nachrichtenverkehr unterstand einem Oberleutnant und einem Oberfähnrich. Beide waren noch sehr unerfahren. Während der Fahrt mußte die Funknachrichtenanlage ca. 800 Funksprüche bearbeiten; die Entschlüsselung dauerte so lange, daß wichtige Funksprüche der Schiffsführung erst Stunden später vorgelegt wurden. Demzufolge wußte die deutsche Marineleitung nicht, daß *Prinz Eugen* Feindberührung hatte.

Als sich die Zerstörer näherten, stand *Gneisenau* 5500 m vor *Prinz Eugen*. Fein hielt sich genau an die Weisung, den Vormarsch unter allen Umständen fortzusetzen, und ließ seine Artillerie auf die schattenhaften Umrisse der Zerstörer feuern. Obgleich *Gneisenau* noch im Gefecht war, verlor *Prinz Eugen* vorübergehend Kontakt mit ihr, so daß Kapitän Brinkmann schon meinte, er müsse die Schlacht allein austragen.

Auf *Prinz Eugen* donnerten nicht nur Bosehkes schwere Geschütze, sondern auch sämtliche Flak. In der Luftwaffen-Nachrichtenzentrale meldeten Oberleutnant Rothenberg und Oberleutnant z. S. von Kuhlberg von allen Seiten RAF-Anflüge. Die eigens installierten 2-cm-Vierlingsflak erzielten viele Treffer. Wie beobachtet wurde, erwischten ihre Granaten mehrere britische Flugzeuge, jedoch ohne sie am Weiterflug zu hindern. Die kleinen Geschosse schienen ihnen nicht viel auszumachen, und Flak-Einsatzleiter Schmalenbach war enttäuscht über die sichtbar so geringe Wirkung am Ziel.

Unterdessen hielten Pizeys Zerstörer tapfer ihre dreißig Knoten durch, erwiderten das deutsche Feuer mit ihrer Artillerie und den Beschuß durch deutsche Flugzeuge mit ihren automatischen Schnellfeuerkanonen. Der Granatenhagel nahm immer mehr zu, die Geschosse schlugen jetzt schon bedenklich dicht bei den Zerstörern ein. Pizey wich nicht von seinem Kurs ab und wartete auf eine günstige Gelegenheit zum Torpedoschuß. Er stand auf der Brücke der *Campbell* und beobachtete die deutschen Schiffe und Flugzeuge so gelassen wie bei einem Manöver. Alle paar Augenblicke beugte er sich vor und gab seinem Navigationsoffizier oder dem Signalmaat neue Befehle.

Auf *Whitshed* stand Ted Tong, einer der größten Männer der ganzen Besatzung, vor einem Stahltisch und zog, den Arm um einen Pfosten gelegt, Granaten für das achtere 4,7-Geschütz (12 cm) herauf. Er hatte schon mehrere Dutzend Geschosse hochgewunden, als er die Geschützbedienung oben rufen hörte: „Da sind sie!" Das Geschütz eröffnete das Feuer, Explosionsstöße ließen das Schiff erdröhnen und schwanken — aber Ted konnte nach wie vor nichts sehen. Selbst die Männer an Deck hatten durch den sprühenden Gischt und die von Granaten aufgeworfenen Wassersäulen keine bessere Sicht. Als *Mackay* auf die Deutschen zudrehte, brach plötzlich die Sonne durch, und Hutchings erblickte von seinem Gefechtsstand über der Brücke zwei wunderschöne, silbrig glänzende Schiffe.

Die Dämmerung war nicht mehr weit, als sich die Zerstörer in offener Gefechtsordnung zum Angriff formierten. Schwere Brecher überrollten die Schiffe und erreichten sogar die Offiziere auf der Brücke. Knietief wateten die Torpedomannschaften auf den stark schlingernden Zerstörern im Wasser und versuchten, die Torpedorohre zu richten. Hinter dem Flottillenführer *Campbell* kamen im Gänsemarsch *Vivacious* und dann *Worcester*.

Steuerbord querab standen *Mackay* und *Whitshed*, die als erste angreifen sollten. Während Captain Wright seine *Mackay* zum Torpedoschuß abdrehen ließ, sah er ein deutsches Schiff direkt auf sich zusteuern. Er erkannte *Prinz Eugen*. Sie griff indes nicht an; ihr Kommandant Kapitän Brinkmann hatte seinen Kurs geändert, weil er *Mackay* für einen deutschen Zerstörer hielt. Zwei Minuten später folgte *Whitshed* der *Mackay* durch die schwere See und hielt unter heftigem Beschuß auf die deutschen Schiffe zu. Die Sicht war schlecht, und die Deutschen feuerten aus allen Löchern auf die britischen Einheiten. Wie durch ein Wunder erzielten sie keine Treffer; weder Kähler auf *Gneisenau* noch Jasper auf *Prinz Eugen* bekam die Briten in seinen Schußbereich. Die deutschen Granaten zerbarsten mindestens eine Viertelmeile vor *Mackay* und *Whitshed*.

Um 15.45 schossen die beiden britischen Zerstörer aus 4000 m gleichzeitig ihre Torpedos ab. Als *Mackay* schoß, änderte *Prinz Eugen* den Kurs — nicht, um dem vermeintlichen deutschen Zerstörer auszuweichen, sondern um den Bombenangriff einer RAF-Maschine zu vereiteln.

Hutchings sah *Mackays* Torpedos wie Schwimmer bei Bauchlandungen in die Wellen klatschen. Nach dem Abschuß drehte *Mackay* scharf ab und lief dann wieder mit voller Fahrt voraus. Hutchings mußte sich an den beiden Metallgriffen des Aufsatzeinstellers festhalten, sonst hätte ihn dieses nahezu ruckartige Manöver umgerissen.

Auf *Whitshed* hörte Ted Tong die Artilleristen rufen. „Wir greifen *Prinz Eugen* an, wir können sie sehen, wir haben sie wohl erwischt!" Aber auch ihre Torpedos verfehlten den deutschen Kreuzer. Rings um den Zerstörer schlugen die deutschen Granaten aufs Wasser. Etliche Nahkrepierer ließen das Schiff taumeln. Unmittelbar nach der Torpedosalve sanken die Wolken bis fast aufs Meer herab, und in einer Regenbö verschwanden die deutschen Schlachtschiffe aus der Sicht der Zerstörer.

In diesem Moment entschloß sich Pizey zum Angriff. In seinem Bericht sagte er: „Als wir auf 3500 Meter heran waren, hatte ich den Eindruck, daß es nun nicht mehr lange gutgehen könnte. Die feindliche Artillerie deckte unsere Schiffe bereits ziemlich stark ein."

Den letzten Anstoß gab eine schwere *Gneisenau*-Granate aus Kählers Rohren, die nicht explodierte, von den Wellen zurücksprang und dann wie ein Delphin unter *Campbell* durchtauchte. Pizey wandte sich an Navigationsoffizier Fanning und sagte: „Pilot, wir drehen. Welchen Rückzugskurs empfehlen Sie?" Fanning hatte sich das bereits überlegt, so daß der neue Kurs den beiden Zerstörern achtern sofort zugefunkt werden konnte. Alle Schiffe sollten zugleich wenden und ihre Torpedos, um den größten Bestreichungskreis zu bekommen, gleichzeitig schießen. Bereits knapp eine Sekunde nach Pizeys Entscheidung auf der Brücke der *Campbell* waren die übrigen Zerstörer informiert. Dann erteilte Pizey — fast blind von dem Sprühregen, der über die Brücke niederging — den schon gespannt auf weitere Sprachrohr- oder Telefonbefehle wartenden Torpedoschützen den kurzen Befehl: „Wir greifen den Gegner mit Torpedos an — Ausführung!" Der Signalmaat rief in den Funkraum hinunter: „Ausführungssignal absetzen!" Während der Morsespruch — drei kurze Zeichen und ein langes — an die anderen Zerstörer hinausging, kommandierte Pizey: „Abdrehen zum Torpedoschuß!"

Es war 15 Uhr 47 und eine halbe Minute. *Campbell* und *Vivacious* drehten hart Backbord und schossen ihre Torpedos aus 3500 Meter Entfernung ab. *Campbell* schoß sechs, *Vivacious* jedoch nur drei, weil man die Hälfte ihrer Ausstoßrohre entfernt und durch 3-Zoll-Flak (7,6 cm) ersetzt hatte.

Bosehke auf *Prinz Eugen* sah *Campbells* Torpedos losjagen und verständigte Kapitän Brinkmann, der das Schiff sofort hart steuerbord aus der schäumenden Blasenbahn drehte. Zugleich deckten Bohsekes Artillerie sowie sämtliche übrigen verfügbaren

Geschütze der *Prinz Eugen* den britischen Zerstörer abermals mit Granaten ein.

Da starker achterlicher Wind den Vormars in Rauch hüllte, konnten die deutschen Kanoniere nicht verfolgen, wo ihre Granaten einschlugen. Während die Geschosse rings um die britischen Zerstörer aufschlugen, wartete Pizey auf einen sichtbaren Erfolg seines Torpedoangriffs. Als er vor *Gneisenau* deutsche Zerstörer auftauchen sah, ließ er das Flaggensignal „Disregard" setzen, was bedeutet: Selbständig handeln. Demnach durften die Zerstörerkommandanten nach eigenem Gutdünken entweder angreifen oder Ausweichkurse fahren.

Ein Zerstörer hatte aber noch nicht angegriffen. Von Brecherkaskaden und Wassergüssen durch Nahkrepierer überschüttet, drängte sich *Worcester* mit stampfenden Maschinen noch näher als die beiden anderen Zerstörer an die Deutschen heran, bis sie mit den zwei deutschen Schiffen so dicht auf Parallelkurs fuhr, daß die Offiziere auf ihrer Brücke die Dreibeinmasten und die massigen grauen Leiber der Gegner deutlich ausmachen konnten. Lt.-Cdr. Coats, ein sehr tapferer und entschlossener Mann, murmelte durch die Zähne: „Eines dieser verflixten Schiffe werde ich versenken!!" Seine Soldaten wies er an: „Jeder muß sein Bestes geben."

Vor ihm tauchte *Gneisenau* empor, das Führungsschiff des Verbandes. Ohne Rücksicht auf die Granaten, mit denen die deutsche Artillerie den kleinen Zerstörer bedenklich genau einzudecken begann, dampfte Coats dichter auf. Kaum fünfzehn Meter vor *Worcester* peitschten deutsche Breitseiten eine stäubende Wasserwand hoch.

Aber Qualm und die Torpedo-Ausweichmanöver der *Prinz Eugen* erschwerten den deutschen Artilleristen Zielen und Beobachtung. Dann schnitt Btsmt. Kühn das Mündungsfeuer der *Worcester* an, die immer noch unverzagt auf das deutsche Schlachtschiff zuhielt. Keiner der deutschen Kanoniere konnte feststellen, ob es sich um einen neu hinzugekommenen Zerstörer handelte oder um einen der vier, die sie bereits unter Beschuß hatten.

Obgleich jede Sekunde mit Treffern deutscher Geschosse zu

rechnen war, blieb Coats eisern auf seinem Kurs und erwiderte das Feuer. Manche Granaten, die *Prinz Eugen* gegolten hatten, zerbarsten harmlos in den hohen Wellen. Douglas Ward gab aus seinem achteren 4,7-Geschütz (12 cm) eine Salve ab. Beim zweiten Schuß versagte es — denn im Eifer des Gefechts hatte jemand vergessen, das Kordit hineinzuschütten.

Seit dem Torpedoangriff der *Campbell* und *Vivacious* waren erst drei Minuten verstrichen. Den Leuten kamen sie wie drei Jahre vor. Das Schiff torkelte und schwankte durch den ohrenbetäubenden Krach. Unmöglich, jetzt noch zwischen britischem Geschützdonner und Explosionen deutscher Granaten zu unterscheiden.

Auf der Brücke stand ein junger Sub-Lt. und erwartete den Befehl „Nr. 1 los!". Er hielt ein pistolenähnliches Gerät in der Hand, dessen Abzug er nur durchzudrücken brauchte, um die Torpedos elektronisch abzufeuern. Torpedoschütze Wellman saß unten am eigenen Visier. Falls der Feuerbefehl der Brücke ausblieb, sollte er den Hebel ziehen und die Torpedos selbst feuern. Für den Abschuß der Torpedos befahl die Schiffsführung eine Fahrt von 25 Knoten an. Telefonisch und per Sprachrohr wurde Welman davon verständigt. Er bestätigte den Befehl.

Während *Worcester* tiefer und tiefer in den Hexenkessel hineinstieß, direkt auf den grauen Koloß *Gneisenau* zu, lief wie gewohnt eine ganz gelassene Startzählung ab — 40, 30, 20 Grad vor Abschuß des Torpedos. Jede Zahl wurde wiederholt, so daß Mißverständnisse ausgeschlossen waren.

Worcester legte sich hart auf die Steuerbordseite, ehe sie den großen Kreis nach Backbord für den Torpedoschuß beschrieb. Zu Dutzenden rissen Granatenaufschläge neben ihrem schräggeneigten Deck Wassersäulen empor. Der Abstand zwischen ihr und *Prinz Eugen* war jetzt so gering, daß Bosehke im vorderen Stand des Kreuzers mit gestreckter Flugbahn schießen und den Briten kaum verfehlen konnte.

Coats lief in einer Entfernung von ungefähr eindreiviertel Meilen querab zu den deutschen Schiffen und wollte gerade Feuerbefehl erteilen, als mit Donnergetöse fast gleichzeitig drei schwere Granaten auf der *Worcester* detonierten. Weißer Rauch quoll auf, gelbrote Flammen schossen gegen den Himmel.

Eine Granate explodierte in Höhe des 12-cm-Geschützes, mehrere der Bedienungsmannschaften fielen, der Rest wurde verwundet. Wellman und seine Leute, die vor dem Geschütz an den Torpedoausstoßrohren standen, wichen den herumfliegenden Splittern aus und kamen ungeschoren davon — wenn auch völlig benommen und mit rauchgeschwärzten Gesichtern.

Vor den Torpedorohren auf der Steuerbordseite wurde von Deckmitte bis unterhalb der Wasserlinie ein Loch aufgesprengt, durch das sofort Wassermassen eindrangen. Fast im selben Augenblick fiel Kesselraum Nr. 1 aus. Granatenstücke schlugen in Kesselraum Nr. 2 ein und rissen auch dort ein Loch vom Deck bis halb hinab zur Wasserlinie.

Ein weiterer Volltreffer krachte etwa viereinhalb Meter vom Schiffslazarett entfernt in die Steuerbordseite des Vorderdecks. Bewußtlos sanken Dr. Jackson und Sanitätsgast A. J. Shelley im Splitterregen zu Boden. Das Geschoß riß auch die Decks auf und zerstörte den unteren Teil der Brücke sowie den Funkraum. Wie durch ein Wunder blieben Cdr. Coats und seine Offiziere unverletzt, obgleich unterhalb der Brücke Kisten mit Munition für die Oerlikon-Geschütze zu explodieren begannen.

Die dritte Granate krepierte auf dem Wasser etwa in Höhe der Offiziersmesse dicht neben dem Schiff, zerstörte die Einrichtung und tötete mehrere Angehörige des Versorgungs- und Reparaturtrupps. Drei Granatentreffer waren so schwer, daß manche Matrosen dachten, sie stammten von Küstenbatterien an der niederländischen Küste.

Die *Worcester* hatte ihre Torpedos noch nicht verschossen, als Bosehkes Granaten einschlugen. Der Sub-Lt. auf der Brücke gab weiter Feuerleitkommandos, die der halb betäubte Wellman auf dem Torpedodeck des Lärms wegen nicht hörte. Als die Oerlikonmunition detonierte, glaubte Wellman, die Brücke sei in die Luft geflogen. „Jetzt müssen wir unsere Torpedos selber feuern", murmelte. Da ihn die Anordnungen der Brücke nicht erreichten, tat er seine Pflicht und feuerte die Torpedos ab.

Beim Abschuß waren sie 2500 Meter von der *Gneisenau* entfernt. Obwohl sich *Worcester* so nahe herangeschoben hatte, flitzten die Torpedos wirkungslos zwischen dem Heck der *Gneisenau* und dem Steven der *Prinz Eugen,* die gerade sieben RAF-Bombern auswich, hindurch.

Das Getöse war mörderisch. Bei den vielen Explosionen ließ sich akustisch nicht mehr ausmachen, ob das Schiff getroffen wurde oder nicht. Aufschäumende Wasserwände mauerten das Schiff förmlich ein, und diese Tarnung ersparte ihm weitere Einschläge. Die deutschen Einheiten sah man nicht mehr; was aus den Torpedos wurde, war nicht festzustellen.

Coats stand noch immer unversehrt auf seiner Brücke. Er erinnert sich: „Drei Minuten nach *Campbell* schoß ich meine Torpedos. Wir liefen weiter Zickzackkurs, um den deutschen Granaten auszuweichen. Das waren die längsten drei Minuten meines Lebens. Ich hatte mit den anderen Zerstörern jeglichen Kontakt verloren und kam mir sehr verlassen vor. Nach dem Abschuß meiner Torpedos sah ich vom Wasser schwarzen Rauch aufsteigen. Ich hielt ihn für den Einschlag eines meiner Torpedos, es war aber eine Bombe, die dicht neben *Gneisenau* krepierte. Ich fühlte mich ziemlich mitgenommen und kaputt, als ich erkennen mußte, daß meine Torpedos zwischen dem Heck der *Gneisenau* und dem Bug der *Prinz Eugen* einfach durchgelaufen waren."

Von den drei Granaten außer Gefecht gesetzt, beschrieb *Worcester* mit stehenden Maschinen fast einen vollen Kreis und trieb breitseitig nach Backbord auf *Prinz Eugen* zu. Für Bosehkes Kanoniere begann nun das reinste Scheibenschießen. Zunächst landeten sie zwei Volltreffer, dann zog *Gneisenaus* Artillerie nach. Die vier schweren Geschosse schlugen durch die Wandungen des manövrierunfähigen Zerstörers, ruinierten die Geschütze und rissen ihm weitere klaffende Löcher in die Seite.

Ein Geschoß der *Prinz Eugen* ging durch den Bug, detonierte in der Farbenlast und verursachte dort einen Brand. „Feuer im Vorschiff!" rief jemand. Zunächst schienen die hochgehenden Wogen die Flammen zu löschen, aber dann züngelten sie doch wieder auf.

Als der leitende Ingenieur Griffiths an Deck erschien und meldete, daß seine Kessel ausgefallen seien, schoß plötzlich eine braune Qualmwolke auf. Große, gezackte Splitter pfiffen über das Deck. Eine Granate traf den Unterbau des vorderen Schornsteins, biß ein etwa anderthalb Meter breites Loch und knickte den Mast knapp zwei Meter über Deck ab. Mit lose baumelnder Takelage kippte er hintenüber und legte sich heftig wippend gegen die Schornsteinkappe. Cdr. Coats mußte daran denken, wie man zu Nelsons Zeiten die Takelage zusammenkartätschte, und sagte zu Lt. Taudevin: „Das ist ja fast wie in alten Tagen!"

Worcester, den direkten Schüssen der beiden deutschen Schiffe wehrlos preisgegeben, war durch das Entfernungsmeßgerät im Vormars von *Prinz Eugen* deutlich auszumachen. Btsmt. Hehenberger sah das britische Schiff brennen und anscheinend gestoppt daliegen. Dann nahm ihm der Explosionsqualm die Sicht. Als der Rauch für einen Augenblick aufriß, erkannten auch andere Soldaten auf dem Vormars flüchtig den Zerstörer, bis er von Bosehke erneut mit Granaten eingedeckt wurde und in den Wellen zu versinken schien. Oberstückmeister Emanuel Pietzka im achteren Fla-Einsatzstand blickte nach dem Ruf „Zerstörer sinkt" in die Schußrichtung „und stellte fest, daß einer der beschossenen Zerstörer in eine mächtige Rauchwolke eingehüllt war. Wenige Sekunden später war der Zerstörer nicht mehr auszumachen. Dabei wurde ich sehr stark an den Untergang des *Hood* erinnert, den ich von derselben Stelle des Schiffes aus beobachtet habe".

Coats schätzte die Situation nicht anders ein. Als er von der Brücke aus sein brennendes, geschossenes Schiff betrachtete, meinte er, daß sie jeden Augenblick sinken würde. *Worcester* war achterlastig, rollte schwerfällig und hatte zwanzig Grad Steuerbordschlagseite. Das Achterdeck war überspült, und auf Grund der verheerenden Wassereinbrüche in den Hauptabteilungen glaubte man nach jeder Rollbewegung, das Schiff werde sich nicht mehr aufrichten. Deshalb befahl Coats: „Vorbereiten zum Verlassen des Schiffs." Ein junger Matrose kletterte auf der

Steuerbordleiter von der Brücke und rief die Order aus. Dabei wurde er von einem Granatsplitter getroffen.

So verbreitete sich auf dem Schiff eine verstümmelte Version des Befehls. Taub von dem Artilleriegedröhn und den Explosionen verstanden die Leute nur „Schiff verlassen"*, warfen Flöße über Bord und ließen das Rettungsboot zu Wasser. Einige Männer sprangen von Bord, hielten sich schwimmend an der Oberfläche oder klammerten sich an nahebei treibende Flöße.

Aber die *Worcester* sank nicht. Vor dem Untergang hat sie wahrscheinlich nur ein winziger Glücksumstand bewahrt: plötzlich schwiegen die schweren Geschütze der *Gneisenau*. Bei der zweiten Salve klemmte bei zwei Rohren eine Granate beim Ansetzen, so daß die Kartusche herausstand und deformiert wurde. Deshalb konnte der Munitionstransport nicht weiterlaufen.

Worcester schwamm also noch; aber jetzt brannte es in der Farbenlast, wo die Männer das Feuer mit Eimern zu löschen versuchten. Vorpiek, Kammer, Messe, die achtere Last, Granatkammer und die achteren Vorratsräume standen unter Wasser. Ein moderner Zerstörer wäre sicher gesunken — *Worcester* profitierte vermutlich von ihrer älteren Bauweise und den engeren Spanten. Gefechtsklar war sie jedoch nicht mehr.

Gespenstische Szenen spielten sich an Bord ab. Als eine Granate die untere Brücke traf und die darunter liegende Munitionskammer explodierte, verklemmte die Gewalt der Detonation die wasserdichten Türen des Funkraumes unter der Brücke, so daß die Männer dort bei lebendigem Leib verbrannten.

Der Rudergänger bemühte sich trotz seiner zerschmetterten Hand, das Ruder zu halten. Der Matrose neben ihm im Ruderhaus war nur noch eine blutige Knochenmasse.

Einem jungen Matrosen in einem Geschützturm wurde ein Arm abgerissen. Schluchzend versuchte er, ihn wieder anzusetzen. Da das Geschütz noch funktionierte und feuerte, schlug ihn ein Unteroffizier bewußtlos. Das war nicht nur das beste für den

* Unter dem Eindruck dieses Chaos auf der *Worcester* schaffte die britische Marine den Befehl „Prepare to abandon ship" später ab, da er im heutigen Schlachtgetöse zu leicht mißverstanden werden kann.

Schwerverletzten, sondern verhinderte auch eine Panik unter den jungen, teilweise ebenfalls verwundeten Soldaten. Die übrigen Kanoniere schossen weiter, bis ihnen die Munition ausging. Auch Ward und seine Leute bemühten sich, mit ihrem Geschütz das Feuer aufrechtzuerhalten. Sie konnten es jedoch nicht mehr richten, weil das Schiff zu rasch absackte.

Die Artillerie der *Worcester* schwieg. Geisterhafte Stille breitete sich auf dem hilflos treibenden Schiff aus, unterbrochen allein von den Schreien der Verletzten, von Kommandorufen und dem Pfeifen des Dampfes, der aus den beschädigten Kesseln strömte.

Um dieselbe Zeit schwiegen die deutschen Geschütze. Durch sein Doppelglas sah Kapitän Fein von *Gneisenau* aus den brennenden Zerstörer in der rauhen See treiben. Da er allmählich abzusacken schien, ließ Fein das Feuer einstellen. Er sagte: „Ich bemerkte, daß unsere Artillerie Volltreffer auf dem britischen Zerstörer erzielte, unter deren Einwirkung er meines Erachtens stark krängte und zu kentern drohte. Ich gab daher Befehl zur Feuereinstellung, da der Beschuß eines sinkenden Schiffes reine Munitionsverschwendung war. Undenkbar, daß ein Schiff dieser Größe so schwere Treffer überstehen würde."

Die anderen britischen Zerstörer sah man von den deutschen Schiffen aus nicht mehr. *Worcester* war wohl in schwarzem Qualm untergegangen, die anderen im Nebel verschwunden. Bosehke schoß nochmals auf große Entfernung auf einen schwach erkennbaren Schatten sowie auf das Mündungsfeuer eines anderen Schiffes achteraus. Dann befahl Jasper: „Halt, Batterie, Halt!"

Es war 15.56. Der Zerstörereinsatz hatte elf Minuten gedauert, der Beschuß der *Worcester* nur drei Minuten.

Im offiziellen deutschen Bericht heißt es: „Sowohl *Prinz Eugen* wie *Gneisenau* eröffneten mit ihrer schweren Artillerie das Feuer. Die englischen Zerstörer gingen auf Parallelkurs und drehten auf zum laufenden Gefecht. Sie schossen Torpedos ungefähr um die gleiche Zeit ab, als die deutschen Schiffe von Torpedoflugzeugen aus der Luft angegriffen wurden. Nach den ersten direk-

ten Treffern auf den feindlichen Zerstörern — nach Beobachtungen riefen drei Treffer der *Gneisenau* Brände hervor — versenkte
die *Prinz Eugen* einen Zerstörer und schoß einen weiteren in
Brand. Der Gegner drehte hart auf zum Passiergefecht und kam
im Dunst fast sofort außer Sicht."

Für die deutschen Kriegsschiffe war es ein unbefriedigendes Gefecht gewesen. Sowohl Fein von *Gneisenau* als auch Brinkmann
von *Prinz Eugen* bedauerten, daß sie keine Torpedos an Bord
hatten, mit denen sie ihrer Ansicht nach die Zerstörer viel leichter
hätten vernichten können als durch das schwerste Artilleriefeuer.
Es befanden sich keine Gefechtsköpfe auf den Schiffen, weil das
Marinegruppenkommando West befohlen hatte, Explosivmate-
rial für den Durchbruch auf ein Minimum zu beschränken.

Die von sieben schweren Granaten getroffene *Worcester,* ein
qualmendes Wrack, schien dem Untergang geweiht. Die Decks
waren glitschig von Blut, auf der Brücke zeugten herumliegende
rote Fleischklumpen und Gehirnspritzer von dem Gemetzel.
Blut und grüne Farbe aus der zerstörten Farbenlast krochen um
zerschmetterte Körper. Ein Matrose stolperte umher und stopfte
sich mit bloßen Händen die Gedärme in den Leib zurück.

Die unversehrten Überlebenden warteten eigentlich nur noch
darauf, daß deutsche Zerstörer auftauchten und ihnen den Rest
gaben. Aber keiner erschien. Denn die deutschen Zerstörer fuhren
wieder vor ihrem Geschwader her und suchten britische Großkampfschiffe — die sich indes hunderte Meilen entfernt in Scapa
Flow befanden.

Da sowohl der Schiffsarzt wie sein Sanitätsgast eine Zeitlang
bewußtlos waren, verbreitete sich an Bord das Gerücht, im
Lazarett sei kein einziger mit dem Leben davongekommen. Als
ein Matrose durch die Tür taumelte und bewußtlos zusammen-
brach, rafften sich Dr. Jackson und sein Helfer mit äußerster
Kraftanstrengung auf und schleppten den Mann in eine Koje.
Dann wankte der Doktor an Deck. Er war aber noch so benommen, daß er sein Besteck vergaß und umkehren mußte. Er raffte
alles vorhandene Verbandszeug zusammen, steckte zwei Flaschen
Morphium ein und versah sich auch mit einer Taschenlampe —

denn es dunkelte allmählich, und auf dem Schiff gab es kein Licht mehr. Unterdessen erschienen einige leichtverwundete Artilleristen von den A- und B-Geschützen verlegen grinsend in der Tür.

Erst an Deck begriff der Arzt, daß die Schlacht vorüber war. Der Lärm hatte sich gelegt; jetzt herrschte auf dem schlingernden Schiff unheimliche Stille. Dr. Jackson stellte fest, daß er genau wie die übrigen Besatzungsmitglieder kaum noch hören konnte. Offiziere und Mannschaften schrien einander weiterhin an — sie hatten das plötzliche Aussetzen von Bombardement und Beschuß einfach nicht bemerkt.

Dr. Jackson stolperte über die blutüberströmten Decks und gab den Verwundeten und Sterbenden Morphiumspritzen. Nachdem er einen von der B-Geschützbedienungsmannschaft versorgt hatte, kümmerte er sich im Ruderhaus um einen schweren Fall, stieg dann zum Mitteldeck hinab und arbeitete sich das Oberdeck entlang. Viele Verwundete lagen oder hockten unter den Schnellfeuergeschützen und neben den leeren Torpedorohren. Bill Wellman, wunderbarerweise unverletzt, leistete ihnen Erste Hilfe.

Einigen Männern, die regungslos neben dem 12-cm-Geschütz lagen, sah der Arzt gleich an, daß sie tot waren. Deshalb wandte er sich den achteren Ausbauten zu, wo Leute von Versorgungs- und Instandsetzungstrupp gräßliche Verletzungen erlitten hatten.

Ein Oberheizer, dem es den Magen und einen Arm weggerissen hatte, stolperte an die Reling und wollte sich ins Meer stürzen, um seinen hoffnungslosen Qualen ein Ende zu bereiten. Der leitende Ingenieur Griffiths hielt ihn zurück, und Dr. Jackson versuchte ihn zu operieren. Aber wenige Minuten darauf starb der Mann.

Dann sah Griffiths den ersten Offizier Dick Taudevin über das Deck hasten und rief ihm zu: „Eine schöne Bescherung hier, was. Wieso rennen denn Sie hier rum?" Taudevin erwiderte: „Diese verrückten Kerle wollen über Bord springen, das muß ich verhindern!" Angeblich hatte es ja geheißen „Schiff verlassen" ...

Während Dr. Jackson unermüdlich für die Verwundeten sorgte, tauchte Taudevin an seiner Seite auf und sagte: „Gott sei Dank, daß Sie wohlauf sind. Wir verlassen das Schiff nicht, sagen Sie's den Verletzten." Dann ging er nach achtern und ermahnte in möglichst ruhigem Ton die Leute, die bei Besinnung waren, in Deckung zu bleiben und sich hinzusetzen.

Niemand hat eine klare Erinnerung an die Vorgänge auf diesen qualmigen, blutbesudelten Decks, die von den heiseren Hilferufen der Verwundeten widerhallten. Es gab ein oder zwei Fälle von Panik in dem allgemeinen Wirrwarr. Ein paar Männer mit zerschmetterten Beinen versuchten, sich auf allen vieren über das Deck zu schleppen; andere verstümmelte Soldaten blieben leise stöhnend auf dem schrägen Deck liegen. Ein oder zwei Matrosen taumelten ans Geländer und stürzten sich über Bord. Die einen wollten sich vom sinkenden Schiff auf die Flöße retten, die anderen wollten Schluß machen, weil sie sich mit ihren entsetzlichen Verwundungen keine Chance mehr gaben.

In all dem Durcheinander sah Griffiths plötzlich, wie Obermaschinist Hayhoe das Dampfventil schloß, und schrie ihn an: „Was zum Teufel soll denn das?" Hayhoe entgegnete: „Wir haben keinen Dampf mehr, Chef, alle Kessel bis auf Nr. 3 sind ausgefallen."

Sie kletterten in den Kesselraum 1 hinab — zu zweit, weil nur zwei Luken vorhanden waren und sie befürchteten, daß ein dritter Mann den Ausstieg nicht mehr schaffen würde, falls das Schiff zu sinken begann.

Das Leck unweit des Maschinenraumes maß etwas über einen Meter, lag aber ein gutes Stück oberhalb der Wasserlinie. In Kesselraum 1 strömte noch immer Wasser ein, aber in den Manometern stand Dampf, und die Ruderleitung war intakt. Dann wurde auch gemeldet, daß Kesselraum 2 schwer beschädigt sei, Kesselraum 3 hingegen arbeite.

An der zunehmenden Schlagseite erkannte Griffiths, daß das Schiff bald sinken würde, wenn es nicht schnell wieder in Fahrt kam. Normalerweise läßt sich einer Schlagseite durch Fluten der gegenüberliegenden Abteilungen entgegenwirken, aber durch das

Leck im Vorschiff trat so viel Wasser ein, daß die Decks nur noch knapp einen Meter über den Wellen lagen und *Worcester* bei weiterem Fluten zweifellos kentern würde.

Bis an die Hüften im Wasser stehend, erörterten Griffiths und Hayhoe unten im Maschinenraum die Lage. Die Marine-Schiffskessel brauchen ganz reines destilliertes Wasser, dessen Speiseleitungen in normalen Zeiten von Fachleuten der Admiralität ständig auf Sauberkeit hin überwacht werden. Dieses Wasser war jetzt ausgelaufen; ersetzen konnte man es nur durch Salzwasser. Fraglich war, ob die Anlage das vertragen oder das vom Dampf mitgerissene Salz die Rohre verstopfen würde.

Es gelang ihnen, das große Leck mit Hängematten und der einzigen verfügbaren Leckmatte abzudichten. Dann hängte Griffiths einen Schlauch über Bord und ließ mittels der Lenzvorrichtung rasch zwanzig Tonnen Seewasser hereinpumpen.

Um das Schiff zu erleichtern, warf die Besatzung alles mögliche über Bord — Spinde, Säcke mit Kartoffeln, selbst das eilends abgeschraubte, schwere Entfernungsmeßgerät. Man packte die Verwundeten in Decken ein und bettete sie, so gut es ging, unter die Bresche im Vorschiff oder auf Achterdeck. P. O. Gordon begann die Takelage von dem geknickten Mast abzuschneiden.

Campbell und *Vivacious* suchten nach den deutschen Zerstörern vor den Schlachtschiffen, und als Pizey seinen restlichen Verband in dem Nebel aus den Augen verlor, entschloß er sich, kehrtzumachen und im eigenen Kielwasser zurückzulaufen. So hoffte er, seine Flottille am ehesten wiederzufinden. Kurz nachdem *Campbell* auf neuen Kurs gegangen war, sichtete Pizey ein Schiff, das er für *Prinz Eugen* hielt. Beim Näherkommen erkannte er die beschädigte und offenbar gestoppte *Worcester*. Qualmend und dampfend stand sie zwei Meilen Backbord querab. In der See trieben Flöße, an die sich Männer klammerten. Es war 15.57. Soeben hatten die Deutschen das Feuer eingestellt.

Die *Worcester*-Crew hielt die herannahenden *Campbell* und *Vivacious* zunächst für deutsche Zerstörer und glaubte das Ende gekommen. Ohne ein einziges feuerklares Geschütz zur Verteidigung zu haben, harrte die *Worcester* des Gnadenstoßes. Die *Campbell* versuchte mit ihr über Kurzwelle Kontakt aufzunehmen, jedoch wie praktisch alles andere war auf dem verwüsteten Zerstörer auch die Funkanlage ausgefallen. *Worcester* konnte nur noch blinken. Erst als *Campbell* sie über Megaphon anrief, löste sich die dumpfe Erstarrung der Besatzung, sie begriff, daß es sich um einen Landsmann handelte.

Die Männer auf den Rettungsflößen sahen *Campell* und *Vivacious* aus dem Dunst auftauchen, winkten und begannen, den Schiffen entgegenzupaddeln. Sobald sie längsseits der *Campbell* waren, ließen sich Männer an Tauen herab, um die Schiffbrüchigen an Bord zu holen.

Genau in diesem Moment traf Sq.-Ldr. Cliff mit seinen Torpedo-Beauforts von der 42. Staffel über dem Schauplatz ein und stürzte sich in das tosende Luftgefecht, das dort noch immer im Gange war. Deutsche Jäger versuchten, RAF-Bomber abzuschießen, die durch das Flakfeuer *Gneisenau, Prinz Eugen* und ihrer Geleitschiffe kurvten. Die Deutschen hatten den Beschuß zwar abgebrochen, weil sie die britischen Zerstörer nicht mehr sehen konnten; aber aus der Luft vermochte man beide Seiten unschwer auszumachen. Sie waren einander so nahe, daß manche Beaufort-Piloten die britischen Zerstörer für Geleitschiffe der deutschen hielten!

Als die Beauforts zum Torpedoangriff auf Wellenhöhe herabgingen, klatschten zwischen ihnen schwere Granaten der deutschen Schiffsgeschütze in die See.

Durch die aufschießenden Wasserfontänen erblickte Cliff ein Schiff — wie er glaubte, *Scharnhorst* — mit einer Rauchfahne aus dem Schornstein. Er überflog einen Zerstörer und warf auf 1100 Meter seinen Torpedo. Hart nach Backbord abdrehend, sah er einen weiteren Zerstörer. Eine Minute später meldete er dem Horst, er habe seinen Torpedo geworfen und dessen Laufbahn ein Stück verfolgt, aber kein Ergebnis beobachtet.

Hinter Cliff folgte Pilot Officer Birchly, der zwei Zerstörer und ein größeres Schiff — für ihn ebenfalls *Scharnhorst* — gesichtet hatte, durch das heftige Sperrfeuer. Er zog über die Zerstörer hinweg und lancierte seinen Torpedo aus 800 Meter Entfernung gegen das Schiff.

Die dritte Beaufort des Schwarms wurde von Pilot Officer Kerr geflogen. Auch er sah ein großes Schiff und dicht dabei vier Zerstörer. Das ist sicher *Scharnhorst*, dachte er und ging auf 24 Meter hinunter, um seinen Torpedo abzuwerfen. Bordschütze Sergeant Smith schoß auf die Zerstörer, die sie mit Flakgranaten beschossen. Sowohl sein Bordfunker, Sergeant Waller, wie sein Bordschütze, Sergeant Smith, meldeten „schwere Schlagseite und Rauch um Bug" des Kriegsschiffes.

Pilot Officer Archer in einer weiteren Beaufort sah ein großes Schiff mit hohen Aufbauten und einem kurzen Schornstein. Genau wie seine Kameraden tippte auch er auf *Scharnhorst*. Als er seinen Torpedo warf, sauste ihm eine Granate in den Backbordmotor. Eine andere durchschlug den Schwanz der Beaufort und schmetterte die Verglasung vom Heckturm, wobei Bordschütze Sergeant Betts im Gesicht und am Arm verletzt wurde. Der Bordfunker, Sergeant Cain, erlitt eine Splitterverwundung am Bein.

Bei diesem ungestümen Angriff fast in Meereshöhe unterlief einem Beaufort-Piloten ein Irrtum, der fast tragische Folgen gehabt hätte. Im Gewühl der Luft-See-Schlacht hielt er die *Campbell* für ein deutsches Schiff. Pizey sah die Torpedos fallen und glaubte zunächst, sie seien gegen *Prinz Eugen* gezielt, die, wie er wußte, irgendwo im näheren Umkreis im Nebel steckte. Dann meldete sein aufmerksamer Mann am Unterwasser-Horcher: „Torpedo in 45, grün, Peilung steht."

Zu seinem Schrecken erkannte Pizey, daß der Torpedo auf ihn zukam. Im ungeeignetesten Zeitpunkt, da fast ein Dutzend seiner Männer an Tauen von der Reling herabhingen und sich um die Bergung der *Worcester*-Matrosen bemühten, die in den eiskalten Wogen abgetrieben zu werden drohten. Jetzt konnte er sein Schiff und die Leute nur retten, indem er alle Kraft zurück kommandierte. Er tat es schweren Herzens, denn er mußte damit die Männer im Wasser zeitweilig ihrem Schicksal überlassen.

Bei dem Manöver überspülte das Kielwasser der *Campbell* die längsseits liegenden Flöße und riß einige Matrosen in die See. Mehrere Verwundete, die nicht mehr schwimmen konnten, ergriffen zum Glück die ausgeworfenen Rettungsleinen; manche jedoch starben in den eisigen Fluten an Unterkühlung.

Noch ehe *Campbell* Rückwärtsfahrt aufgenommen hatte, meldete der Horcher: „Peilung geht vorne vorbei!" — was bedeutete, daß der Torpedo am Bug vorbeilief und nicht treffen würde. Pizey erinnert sich: „Ich brauchte keine ganze Sekunde für den neuen Befehl, A. K. voraus'. Dadurch wurde das Schiff abgestoppt, und wir konnten wieder Überlebende auffischen. Einige offensichtlich in schlechter Verfassung. Es war ein schlimmer Anblick. Aber die meisten Schwerverletzten im Rettungsboot und auf den Flößen machten einen ganz passablen Eindruck. Wir haben sie an Bord geholt."

Aber nicht nur die RAF irrte sich in diesem Chaos, sondern auch die deutsche Luftwaffe. Gerade, als Pizey dem RAF-Torpedo auswich, feuerte der deutsche Zerstörer *Hermann Schoemann* wie wild auf eine Dornier 217, die in seiner Nähe zwei Bomben abwarf. Während der deutsche Bomber zum Bordwaffenangriff wendete, versuchte die Flak des Zerstörers, ihn abzuschießen.

Wenig später zeigte sich über dem Zerstörer „Z 29", auf dem sich Admiral Ciliax mit seinem Stab befand, eine Dornier. Gespannt beobachteten die Geschützbedienungen ihren Bombenzielanflug. Kurz bevor die Deutschen sie unter Feuer nehmen konnten, erkannte sie den eigenen Zerstörer und entwich unter Abschuß ihres Erkennungssignals — fünf rote Sterne — in die Wolken.

Während also deutsche wie britische Schiffe Angriffe ihrer eigenen Flieger abzuwehren hatten, trieb die lecke und schwer schlagseitige *Worcester* hilflos in der See. Der Leitende Ingenieur Griffiths war jetzt überzeugt, daß er sie unter Dampf bekommen konnte, wenn ihm die Reparatur des achteren Kessels gelang. Pizey schickte einen Morsespruch. „Wir wollen Sie ins Schlepp nehmen." Douglas Ward erhielt von der Brücke Anweisung, ein Schlepptau heranzuschaffen. Das war in den Trümmern aber nicht mehr auffindbar. Coats meldete Pizey: „Schleppleine nicht aufzutreiben", und Pizey erwiderte: „Klarhalten — werfen selber Leine."

Für *Worcester* hing alles an einem Haar. Sie wälzte sich abermals herum und schien danach momentan stillzustehen. Coats wußte: noch etwas mehr Schlagseite, und sie kentert. Da sie außerdem stark trieb, mußte *Campbell* wenden und vor ihrem Bug vorbeiziehen, um eine Leine hinüberzuwerfen.

Campbell wollte gerade werfen, als Pizey bemerkte, daß *Worcester* sich von seinem Schiff entfernte. Zuerst vermutete er einen Fehler seines Rudergängers, aber dann wurde klar, daß sie mit eigener Kraft lief. Schon kam von drüben die Meldung: „Ein Maschinenraum arbeitet wieder!"

Langsam kam *Worcester* unter Dampf. Ihre Maschine klopfte und stampfte, wiederholt fielen Pumpen und E-Maschine aus, allein Griffiths und seine Leute brachten sie jedesmal wieder in Gang. Coats signalisierte Pizey: „Wir müssen die Kessel mit Salzwasser speisen, aber bis nach Hause schaffen wir's allein."

Als sie um 17.18 bereits etwas Fahrt machten, ging Coats in das zerstörte Kartenhaus unter der Brücke. Die meisten Navigationshilfen und der Kreiselkompaß waren dem schweren Beschuß zum Opfer gefallen. Auf den Magnetkompaß konnte man sich nicht verlassen; deshalb gab ihm *Campbell* seinen Standort und den Kurs zum Heimathafen an. Dann ließ er Taudevin den Dienst als wachhabender Offizier übernehmen, während er im Kartenhaus dem Marineoffizier beistand.

Der achtere Schornstein qualmte, aus einem großen Riß in der Steuerbordseite entwich zischender Dampf, so entfernte sich *Worcester* schwerfällig von *Campbell*. Zuerst liefen sie in der rauhen See nur etwa einen Knoten, allmählich jedoch gewannen sie an Fahrt. Als Pizey sicher war, daß *Worcester* mit eigener Kraft vorankam, entschloß er sich, der Weisung des Oberbefehlshabers Nore Folge zu leisten, nach der alle Schiffe nach Verschuß ihrer Torpedos zum Auftanken von Treibstoff und Munition nach Harwich zurückkehren sollten. Bei der Abfahrt von Harwich hatten sie Treibstoff für zwei oder drei Tage getankt; da sie seither ständig mit Höchstgeschwindigkeit gefahren waren, reichte der Vorrat nur noch für zehn Stunden volle Fahrt. Mit zwanzig Knoten — mehr ließ das Wetter nicht zu — dampften *Campbell* und *Vivacious* davon.

Nun mußte die *Worcester* sich allein bis nach Hause durchschlagen.

11

„*SCHARNHORST* BRAUCHT DRINGEND HILFE"

Im offiziellen RAF-Bericht heißt es, nur 39 Flugzeuge hätten die Schiffe gefunden, was aber offensichtlich eine Untertreibung ist. Zweifellos konnten sie noch viele andere Flugzeuge ausmachen, die dann aber abgeschossen wurden.

Kurz nachdem *Scharnhorst*, noch immer weit abgeschlagen, von *Gneisenau* Funksprüche über Gefechte mit feindlichen Kreuzern und Zerstörern (Captain Pizeys Kräften) aufgefangen hatte, verstärkten die Bomber der RAF ihre Angriffe.

Die *T 13*, das Torpedoboot, das die *Scharnhorst*-Sicherung leitete, wurde von Splittern in der Nähe aufschlagender Bomben durchsiebt. Aus den Luken quoll Rauch; das Torpedoboot mußte stoppen. *Scharnhorst* und ihr Geleit fuhren weiter und überließen die *T 13* ihrem Schicksal. Ein anderes Torpedoboot geleitete es nach Hoek van Holland.

Als der Winterabend hereinbrach, griffen die britischen Bomber so heftig an, daß die Rohre der Flak buchstäblich zu glühen begannen. Obgleich die Soldaten versuchten, sie durch eimerweises Begießen mit Wasser zu kühlen, versagten mehrere Geschütze. Ein 20-mm-Geschütz hatte einen Rohrreißer.

Während dieser Angriffe erlitt die Besatzung der *Prinz Eugen* ihren einzigen tödlichen Verlust. Der Mechaniker-Obergefreite Erich Kettermann, der unter Deck Reparaturarbeiten ausführte, wollte auch mal sehen, was oben los war, und wurde beim Öffnen einer Panzertür von einem Granatsplitter auf der Stelle getötet.

Die 12 Beauforts der 86. Staffel aus St. Eval, Cornwall, hatten noch nicht in den Kampf eingegriffen. Sie waren zu spät von Cornwall gestartet und erreichten erst um 14.30 Thorney Island, wo man ihnen mitteilte, daß sie ihre Torpedos in Coltishall bekommen würden. Coltishall war zwar in erster Linie Jagdfliegerhorst, hatte aber Torpedos angefordert. Insofern war die Auskunft korrekt. Aber leider hatte niemand nachgefragt, ob die motorisierte Versorgungseinheit schon eingetroffen sei. Daraufhin rief der Staffelkapitän Flt.-Lt. Kidd an und sagte: „Ich bin in Coltishall gelandet, hier sind keine Torpedos! Was zum Donner soll dieses Versteckspiel?" Er wurde sofort nach Thorney Island zurückbefohlen.

In Manston trafen die Beauforts dann erst um 17.00 Uhr ein — und mußten feststellen, daß keine Jäger da waren. Sie kreisten ein paar Minuten und flogen allein los. Um 17.41 befanden sie sich über jener Position, die ihnen Thorney Island vor Stunden als Standort der Deutschen angegeben hatte.

Diese Information war natürlich längst überholt — die deutschen Schiffe waren bereits 50 Meilen weiter östlich. Auf ihrer Suche sichtete die tieffliegende Staffel durch den Dunst vier deutsche Minensucher, auf die sie das Feuer eröffneten. Da es inzwischen zu dunkel geworden war, kehrten die Briten um. Zwei Flugzeuge schafften es nicht bis nach Hause; man nimmt an, daß sie in der Finsternis zu dicht über dem Wasser flogen und ins Meer stürzten.

Von diesen Pechvögeln abgesehen, starteten Beaufort-Piloten, die die Schiffe fanden, mutige Angriffe.

Wer von den RAF-Fliegern davonkam, machte sich über den Ausgang der Schlacht keine Illusionen. Im Tagebuch der 217. Beaufort-Staffel heißt es am 12. Februar: „Toller Wirbel. *Gneisenau* und *Scharnhorst* von Brest ausgelaufen mit Kurs auf Nordsee. Daß sie so weit vorrücken konnten, gehört wahrlich zu den kleinen Rätseln dieses Krieges. Am späten Abend immer noch ziemliches Durcheinander."

Um 19.00 Uhr waren die Beauforts der 42. Staffel in North Coates gelandet. Im Einsatzbericht heißt es: „Neun Flugzeuge unter Sq.-Ldr. Cliff zu Angriff auf die deutsche Flotte im Kanal gestartet. Sieben Torpedos geworfen. Pilot Officer Dewhurst konnte seinen Torpedo nicht ausklinken. Flt. Lt. Pett fand die Schlachtschiffe nicht."

Über Sq.-Ldr. Cliffs Angriff sagt das Kriegstagebuch der 42. Staffel: „Um 16.06 Uhr sichtete die Beaufort einen Zerstörer und einen großen Kreuzer. Vermutete *Scharnhorst*. Vor dem Schornstein stiegen dichte Rauchsäulen empor.

Ein zweiter Zerstörer wurde steuerbord mit 10—12 Knoten Fahrt gesichtet. Abschuß des Torpedos auf die Schlachtschiffe innerhalb des Zerstörerschirms aus 1200 m. Beim Abdrehen nach Steuerbord sichteten sie einen weiteren Zerstörer 100 m steuerbord querab. Beobachtet wurde Laufbahn des Torpedos, aber kein Ergebnis. Gelandet in North Coates um 18.50 Uhr."

Der Angriff der achtundzwanzig Torpedo-Bomber war nicht nur fehlgeschlagen, sondern hätte die Navy auch noch beinahe Captain Pizeys Zerstörer gekostet. Dennoch kann man den Piloten keinen Vorwurf machen, denn man hatte sie völlig ohne Befehl und mit völlig unzulänglichen Informationen losgeschickt. Das lag wiederum daran, daß die Bodenorganisation versagte und zwischen allen Kommandostellen überhaupt keine Zusammenarbeit bestand.

An jenem Abend ging der vereinsamte Bordschütze Donald Bunce, einer der beiden Swordfish-Überlebenden, in die Unteroffiziersmesse von Manston, die er erst kurz vor dem Lunch verlassen hatte, und trug dort knapp und undramatisch in sein Tagebuch ein: „Torpedoangriff gegen *Scharnhorst* und *Gneisenau*. Von Jägern (FW 190) angegriffen und zum Wassern gezwungen."

Der zweite unverletzte Zeuge des Desasters, Edgar Lee, meldete sich zunächst bei Admiral Ramsay und wurde dann nach Manston gefahren, wo er als ältester überlebender Offizier der Swordfish-Staffel noch eine Menge zu klären hatte, ehe er seinen Sonderurlaub antreten konnte. Tom Gleave drückte ihm stumm die Hand. Was war einem Mann zu sagen, an dessen Seite dreizehn Kameraden gefallen und drei verwundet worden waren?

Noch am selben Abend saß Gleave in seinem Büro und schrieb einen ersten Bericht über das Swordfish-Massaker. Er gibt zu, daß er dabei geweint hat. In seinem Vorzimmer saß eine junge Luftwaffenhelferin schluchzend vor ihrem Schreibtisch und barg den Kopf in den Händen. Sie war mit einem der Marineflieger befreundet gewesen. Gleave richtete seinen Bericht an Air Vice Marshal Trafford Leigh-Mallory, Befehlshaber des 11. Geschwaders, mit der Bitte um Weiterleitung an die zuständigen Marinedienststellen. In steifer Amtsprosa schildert er den mutigen Angriff der Swordfish-Männer:

„Betr. Piloten und Besatzungen der 825. Staffel, die von Manston aus gegen *Scharnhorst*, *Gneisenau* und *Prinz Eugen* operierte, der Bericht von Sub-Lt. Lee wird beigefügt. Als Kommandant dieses Horstes, dem die 825. Staffel zu operativen Zwecken zugeordnet war, und aus eingehender Kenntnis ihrer Einsatztätigkeit gegen feindliche Kriegsschiffe sowie der Begleitumstände obenerwähnten Unternehmens, die zum Verlust der gesamten Staffel und fünfundsiebzig Prozent ihrer Besatzungen führten, ersuche ich ergebenst, es nicht als Anmaßung meinerseits betrachten zu wollen, wenn ich mich dazu erkläre, wie Lt.-Cdr. Esmonde und die ihm unterstellten Männer bei diesem Anlaß ihre Pflicht erfüllten.

Ich besprach den Einsatz mit Lt.-Cdr. Esmonde vor dem Start der Staffel um 12.30. Seine bei dieser Zusammenkunft anwesenden Piloten und Besatzungen bekundeten große Begeisterung und Einsatzbereitschaft für die bevorstehende Aufgabe, und es ist zweifellos Lt.-Cdr. Esmondes Führereigenschaften zu danken, daß dieser hervorragende Geist die Oberhand behielt. Man hörte von dieser Staffel erst wieder, als die fünf Überlebenden an Land gebracht wurden. Eindeutig wurden die deutschen Schlachtkreuzer durch ein ungeheures Fla-Sperrfeuer geschützt und von dem größten je dagewesenen Jagdschirm gedeckt. Dagegen traten Lt.-Cdr. Esmonde, seine Piloten und Besatzungen mit einer Entschlossenheit und einem Mut an, die gar nicht genug gerühmt werden können. Meines Erachtens sollte Lt.-Cdr. Esmonde posthum das Viktoriakreuz verliehen werden."

Somit hatte zum erstenmal in der Geschichte ein RAF-Offizier einen Marineoffizier — der nicht einmal zu seinem Kommando gehörte — für Großbritanniens höchste Auszeichnung vorgeschlagen. Später bedauerte Gleave zutiefst, seinen Bericht so hastig abgefaßt zu haben: nach etwas gründlicherer Überlegung hätte er noch weitere Swordfish-Leute für das Viktoriakreuz vorgeschlagen.

Die Admiralität, die die volle Verantwortung für dieses absolut sinnlose Massaker trägt, sagte über Esmonde: „Es stand ihm frei, nach seinem eigenen Entscheid zu handeln und das zu unternehmen, was ihm den meisten Erfolg zu versprechen schien. Er wußte, daß er unerhörte Risiken einging, aber er war dazu bereit, wie er auch vordem schon viele Risiken eingegangen war."

Aber Admiral Ramsay und die Offiziere seines Stabes in Dover wollten den fast totalen Verlust der 825. Staffel nicht einfach als unvermeidlichen Blutzoll des Krieges buchen. In einer persönlichen Botschaft an den Fliegerhorst der Marineflieger in Lee-on-Solent schrieb Ramsay: „Ich kann nicht umhin, das Scheitern der Pläne für den Jagdschutz der Swordfish-Staffel als eine der großen Tragödien dieses Krieges zu bewerten. Bis zum Zeitpunkt ihres Startes war ich des Glaubens, daß alle Vorbereitungen einen zufriedenstellenden Verlauf nehmen. Wenn ich gewußt hätte, daß der Jagdschutz nicht rechtzeitig eintreffen würde, wäre Lt.-Cdr. Esmonde von mir angewiesen worden, nicht zu starten. Ja ich hätte den Flug dann durch einen Befehl ausdrücklich verboten."

Es gab so gut wie keinen Beteiligten, der das Unternehmen nicht verurteilte und kritisierte. In besonderem Maße galt das für die RAF. Die Kommentare reichten von Sq.-Ldr. Brian Kingcombes bitterer Bemerkung über den beispiellosen Blödsinn der Geheimniskrämerei um *Gneisenau* und *Scharnhorst* bis zu der Reaktion von Flt.-Lt. Gerald Kidd, dem Leiter der Radarstation von Swingate, der, von Admiral Ramsay ermutigt, sich in jener Nacht hinsetzte und einen so kritischen Bericht über diesen Einsatz schrieb, daß er kriegsgerichtliche Folgen befürchten mußte. Indessen landete sein Bericht bei Churchill.

Als die letzte britische Maschine nach England zurückflog und die Nacht hereinbrach, begann für die deutschen Schiffe der in mancher Hinsicht schwierigste Abschnitt des ganzen Unternehmens. Sie waren sicher durch den Kanal gekommen, aber noch längst nicht zu Hause — und nun lag vor ihnen eine rabenschwarze Nacht, wie man sie an Bord noch kaum je erlebt hatte. Die Finsternis verbarg sie zwar; dafür erwies sich der Wasserweg vor der niederländischen Küste als außerordentlich tückisch. Steuerbord drohten Sandbänke, backbord lagen die britischen Minenfelder. Die Schwierigkeiten wurden noch durch den Umstand vermehrt, daß Echolot und Funkpeiler der *Scharnhorst* nach der Minenexplosion ausgefallen und noch nicht wieder instand gesetzt werden konnten. Wie Kapitän Gießler im Kartenhaus meinte: „Nur Mut und Selbstvertrauen können uns jetzt helfen."

Da sich die Schiffe nun schon die niederländische Küste entlang zum Nord-Ostsee-Kanal vortasteten, blieb den Briten nur eine letzte Angriffsmöglichkeit. Der schnelle Minenleger *Welshman* und RAF-Bomberstaffeln hatten die französische, belgische und niederländische Küste bereits vermint. Diese wurden jetzt durch zwanzig Maschinen — elf Hampdens und neun Manchesters — des Bomber Command verstärkt, die Minen vor die Elbemündung legten.

Während *Scharnhorst* vor Hoek van Holland im Zwielicht und bei hartem südwestlichem Wind von Stärke 7 durch hochgetürmte Wogen stampfte, schien *Friedrich Ihn* nur recht langsam voranzukommen. Dem Zerstörer folgte das Torpedoboot *Jaguar* mit schwarzqualmenden, demolierten Aufbauten und zwei Verwundeten an Bord — denn in der Dämmerung hatte die RAF das Schiff heimgesucht.

Plötzlich tauchten genau vor *Scharnhorst* zwei Zerstörer auf. Zwischen ihnen erspähte der Ausguck direkt vor der mächtigen Bugwelle des Schlachtschiffes einen Kutter. Kapitän Hoffmann vermochte noch rechtzeitig seine Geschwindigkeit herabzusetzen, sonst hätte *Scharnhorst* das Fahrzeug halbiert oder umgeworfen. Dann rief der Ausguck plötzlich: „Der Admiral ist im Kutter!" Tatsächlich konnte man von der Brücke aus Admiral Ciliax im Heck des Kutters stehen sehen.

Kapitän Hoffmann erkannte einen der Zerstörer als *Z 29*, der den Admiral an Bord genommen hatte. Aus den Maschinen- raumluken des Zerstörers quoll eine große Rauchwolke, aber das war kein Werk der Briten. Vielmehr hatten Sprengstücke von einem Flak-Rohrkrepierer das Oberdeck durchschlagen, einen Mann getötet und die Hauptölleitung der Turbinenlager beschä- digt. Da die Reparatur der Leitung und das Umschalten auf einen anderen Tank mindestens zwanzig Minuten gedauert hät- ten, wäre das Schiff zurückgefallen und Ciliax womöglich aber- mals von seinem Geschwader getrennt worden. Noch ließen sich die Schiffe in der zunehmenden Dunkelheit ausmachen — also mußte sich der Admiral rasch entscheiden.

Er setzte gerade mit dem Kutter zum zweiten Zerstörer *Her- mann Schoemann* über, als die *Scharnhorst* mit zwei Torpedo- booten in hoher Fahrt passierte. Das Übersetzmanöver gelang. Weiter heißt es im Kriegstagebuch des Zerstörers *Z 29:* „Da Kutter noch nicht zurück und bei *Hermann Schoemann* längsseits liegt, sowie in Anbetracht der laufenden Fliegeralarme und des noch immer gestoppt liegenden Bootes, weiter wegen des See- ganges wird an *Hermann Schoemann* Winkspruch gemacht, die eigene Kutterbesatzung dort an Bord zu nehmen und den Kutter zu versenken."

Um 18.16 entschwand das letzte britische Flugzeug in die Dun- kelheit. Zehn Minuten später flogen die letzten deutschen Jäger zu holländischen, belgischen und französischen Stützpunkten zurück. Von Le Touquet aus gratulierte Oberst Galland den deutschen Fliegern. Sie hatten ihre Aufgabe erfüllt — jetzt über- nahmen diesiges Wetter und finstere Nacht den Schutz der Schlachtschiffe. Nur Vizeadmiral Ciliax an Bord der *Hermann Schoemann* wurde nicht froh; er wußte, daß ihnen der schwie- rigste Teil der Fahrt vielleicht erst bevorstand. Als die Nacht hereinbrach, zog Gießler seinen feldgrauen Schafsfellmantel

über. Das warme, auf Wache besonders angenehme Kleidungs-
stück war ein Geschenk seines Vaters, der es im Ersten Weltkrieg
getragen hatte. Um den Hals schlang Gießler seinen „weißen
Schal", wie er das dicke Halstuch nannte.

Vor Terschelling war der Funker der *Scharnhorst* wieder klar,
so daß Gießler den Schiffsort durch Peilungen nach Küstenstatio-
nen und dem Feuerschiff überprüfen konnte. Aber das Echolot
funktionierte noch nicht, und mit weiteren Markbooten konnten
sie erst ab ca. 20.00 Uhr rechnen. Dann würde das Markboot
bei Texel die dringend erforderliche Orientierungshilfe für die
friesischen Zwangswege bieten.

Ohne Licht liefen sie in die schmale Fahrrinne ein und setzten
zur letzten Etappe ihres gefahrvollen Marsches an. Jetzt spürten
die Offiziere und Mannschaften doch die Anstrengungen der
verflossenen einundzwanzig Stunden.

Um 19.00 Uhr hörte man das Dröhnen einer Maschine, die das
Schiff offenbar in großer Höhe überflog und mittels Radar zu
orten suchte. Es waren noch ein bis zwei Flugzeuge in der schwarzen Nacht zu hören — indes fühlte man sich auf den Schlachtschiffen vor Luftangriffen jetzt ziemlich sicher.

Um 19.15 kam der Zerstörer *Hermann Schoemann* mit wehender
Admiralsflagge am Topp und signalisierte *Scharnhorst*, ihm zu
folgen. Unter seiner Führung dampfte das Schlachtschiff mit
erhöhter Geschwindigkeit auf das Markboot zu, als das Wetter
ihm einen Streich spielte: in einer heftigen Regenbö verlor
Scharnhorst das Hecklicht des Zerstörers aus Sicht.

Auf der Brücke spähte jedermann in die dunkle See vor dem Bug
des Schiffes. Da das Zerstörerlicht noch immer nicht auftauchte,
gab Kapitän Hoffmann Gießler den Befehl, nach Koppelnavigation auf den neuen Kurs zu gehen. Kaum war der entsprechende Ruderbefehl gegeben, da rief ein Ausguck: „Kleines Boot
an Steuerbord!" Es war das Markboot. *Scharnhorst* war auf
dem richtigen Weg, und nun brauchte sich Gießler nur noch an
den Markierungen zu orientieren.

Der lange Tag neigte sich dem Ende zu. Für die Schiffsbesatzungen war es die zweite Nacht auf See. Seit zwölf Stunden standen

sie auf Gefechtsstation. Endlich schienen die letzten britischen Flugzeuge in der Dunkelheit verschwunden zu sein. Kapitän Hoffmann gewährte seinen Leuten eine Ruhepause.

Um 19.30, nach Wegtreten der Backbordwache, fand das Schiff wieder zu einigermaßen normalen Verhältnissen zurück. Zum erstenmal seit dem Aufbruch von Brest konnte die Backbordwache statt der Kaltverpflegung sich ein warmes Abendbrot in den Wohndecks am Tisch schmecken lassen.

Die Männer waren zwar müde, aber recht aufgedreht. Jeder wollte seine Erlebnisse zum besten geben. Die Seeleute, die in den Geschütztürmen gewesen waren, tauschten mit Leuten von der leichteren Flak Eindrücke von den Flieger- und Zerstörerangriffen aus, und auch die in Brest eingeschifften Soldaten der Küstenartillerie schilderten, wie sie die pausenlosen britischen Luftattacken überstanden hatten.

Schon schien alles wieder wie am Schnürchen zu laufen. Um 19.34 passierte *Scharnhorst* fast genau zur befohlenen Zeit Texel — sie hatte nicht nur die zweistündige Verspätung in Brest, sondern auch den durch den Minentreffer verursachten Zeitverlust aufgeholt.

Gneisenau rauschte mit 27 Knoten durch Gewässer, die eigentlich nur zehn Knoten erlaubten, und verlor bei jener Bö, die auch *Scharnhorst* und den Zerstörer mit dem Admiral auseinanderbrachte, den Kontakt zur *Prinz Eugen*. Dann passierte sie ebenfalls die Markboote vor den Friesischen Inseln.

Elf Minuten später — um 19.55 — gab es einen Stoß und eine Stichflamme. Das Schlachtschiff erbebte unter der Gewalt einer Explosion und stoppte — es war auf eine von der RAF geworfene Mine gelaufen. Auf der Brücke spürte man die Detonation nicht so stark wie vordem den Minentreffer der *Scharnhorst* aus einer Entfernung von 1500 Metern. Zunächst fiel die Mittelmaschine aus; dann ließ Kapitän z. S. Fein, um einen großen Druck auf eventuelle Wassereinbruchstellen zu verhindern, auch die anderen Maschinen stoppen.

Die *Gneisenau* trieb nur sechs Meilen vor Terschelling mit dem Gezeitenstrom, als Lecksicherungstrupps nach unten kletterten. Sie entdeckten ein Loch an der Steuerbordseite, aber sonst keine schwereren Schäden. Aus den eingehenden Berichten ersah Kapitän Fein sehr schnell, daß die Explosion keine Folgen hinterlassen hatte. Offenbar war die Mine in größerem Querabstand vom Schiff explodiert.

Eine halbe Stunde später hatte man das Leck im Schiffsboden nahe dem Heck mit einer stählernen Leckmatte abgedichtet, arbeiteten die Pumpen zufriedenstellend; die *Gneisenau* erhöhte ihre Geschwindigkeit wieder. Da aber die Navigationshilfen ausgefallen waren, mußte das Schiff mit Handlot durch die Untiefen fahren. Bisweilen hatte die *Gneisenau* nur so wenig Wasser unter dem Kiel, daß sie die Geschwindigkeit auf acht Knoten verringern mußte. Sobald sie schneller lief, wirbelten die Schrauben zuviel Sand auf und erzwangen ein langsameres Tempo. So steuerte das Schiff recht unsicher durch dieselben Gewässer, in denen auch *Hermann Schoemann* und *Scharnhorst* einander suchten.

Prinz Eugen hatte *Gneisenau* ebenfalls verloren und bewegte sich blind und mit acht Knoten an den Bänken vor Terschelling vorbei. Sie meldete, daß sie keinen Standort habe, und bat um Peilung.

Um 21.35, als die *Scharnhorst* sich zwischen Terschelling und Schiermonikoog zehn Meilen vor der niederländischen Küste befand, schwatzten die Matrosen noch immer über das Gefecht. Im Wohndeck beschrieb ein Mann mit rudernden Armen dramatisch eine kurvende Wellington im Flakfeuer, als es plötzlich einen gewaltigen Stoß gab, dem heftige Erschütterungen des ganzen Schiffsleibes folgten. Auf der Brücke wurde Kapitän Hoffmann gegen den Rudergänger geschleudert. Es krachte, knallte und knirschte. Matrosen fielen aufs Deck, alle Lichter verloschen, Ventilatoren und andere elektrische Geräte verstummten. Eine unwirkliche Stille senkte sich auf das Schiff, zumal jetzt die Maschinen stoppten. *Scharnhorst* hatte einen weiteren Minentreffer abgekriegt.

Auf einmal ertönten sämtliche noch intakte Schiffsglocken und Telefone und Sprachrohre. „Ruder folgt nicht", „Maschinen gestoppt", „Kreiselkompaß ausgefallen", „Elektrisches Licht aus!" Im Schein der rasch angeknipsten blauen Nachtlampen glaubte man zu erkennen, daß diese Mine viel größere Schäden angerichtet hatte als der Nachmittags-Treffer.

Die Steuerbordmaschine war beschädigt und stand. Die beiden anderen Maschinen waren ebenfalls außer Betrieb. Die E-Maschine und die meisten Hilfsaggregate arbeiteten nicht. Mehrere Steuerbordabteilungen meldeten Wassereinbrüche, wodurch das Schiff eine leichte Schlagseite bekam.

Da sämtliche Nachrichtenmittel an Bord ausgefallen waren, tasteten sich die Offiziere mit Taschenlampen durch das finstere Schiff und versuchten, den Schaden festzustellen. Die Lichtkegel huschten über geborstene Rohre und Fassungen, in denen nur noch die Sockel von Glühbirnen staken. Selbst die geschweißte Kompaßhalterung war gebrochen. Viele Instrumente waren nicht mehr zu gebrauchen. Der Stoß hatte die empfindlichen Prismen der schweren Geschütze verschoben und auch ihre übrigen komplizierten Vorrichtungen in Mitleidenschaft gezogen — die schweren Batterien konnten nicht einmal mehr von Hand bewegt werden und waren damit nutzlos.

Ohne Licht, ohne Kraftantrieb driftete die *Scharnhorst* auf den dunklen Wassern breitseitig auf die Küste zu, hilflos wie die *Worcester*. Und dabei rückten die gefährlichen Untiefen bei Terschelling näher und näher. Sollte die Fahrt so enden? Doch trotz der umfangreichen Schäden war die Lage für die *Scharnhorst* nicht so kritisch wie am Nachmittag, denn sie befand sich bereits in der Helgoländer Bucht und war geborgen im Schutz der tintenschwarzen Nacht.

Die Nacht wurde kälter, leichter Schneefall setzte ein. An Bord des Zerstörers *Hermann Schoemann* zog sich Admiral Ciliax in die Kommandantenkajüte zurück, die man ihm zur Verfügung gestellt hatte. Oberst Ibel, Verbindungsoffizier der Luftwaffe, weilte irgendwo unter Deck. Kapitän Reinicke stand auf der Wetterseite der Brücke und schmauchte sein Pfeifchen, als er plötzlich das dumpfe Rumpeln einer Unterwasserdetonation hörte. Wenige Sekunden darauf schüttelte es den Zerstörer. Das ist aber gar nicht weit weg, dachte Reinicke. Das Geräusch schien aus der Richtung *Scharnhorst* zu kommen und auf mehr als eine Detonation schließen zu lassen. Oder waren es teilweise Echos?

Reinicke eilte zum Admiral. Auch der hatte die Explosion vernommen und seine Kajüte bereits verlassen. Erregt begehrte er Aufklärung. Mit ihren blau abgedunkelten Signallampen riefen die Signalgasten *Scharnhorst* an. Sie erhielten keine Antwort. Sehr verdächtig — waren diesmal die Kessel in die Luft geflogen? Sank sie?

Erst fünf Minuten später, um 21.42 Uhr, blinkte Hoffmann herüber: „Habe Minentreffer." Obgleich die Befürchtungen des Admirals damit halbwegs beschwichtigt waren, fragte er unwirsch wie stets: „Warum antworten die uns erst nach fünf Minuten?"

Auch das lag an der Mine. Die Explosion auf der *Scharnhorst* hatte die Morselampe des Signalgastes zerbrochen; die Suche nach Ersatz dauerte fünf Minuten. Da nach der lakonischen Zwei-Worte-Meldung weitere Nachrichten ausblieben, glaubte Ciliax schon wieder, das Schiff sei untergegangen.

In der Tat befand sich *Scharnhorst* in einer gefährlichen Situation. Das Schlachtschiff trieb zwei Meilen vor den tückischen Untiefen nach Steuerbord ab, als der leitende Ingenieur Walther Kretschmer und seine Mannen den Schaden nochmals inspizierten und ermittelten, daß das Ruder gelitten hatte und drei Bolzen an der Steuerbordmaschine gerissen waren. Aber schon um 22.15 — fünfunddreißig Minuten nach der großen Explosion — konnte der unermüdliche Kretschmer seinem Kommandanten melden: „Schiff mit Steuerbordmaschine für 14 Knoten und Mittelmaschine für 16 Knoten klar. Backbordmaschine vorläufig unklar."

Langsam machte die *Scharnhorst* wieder etwas Fahrt, gab jedoch keine weiteren Lageberichte.

Hermann Schoemann fuhr kreuz und quer durch die pechschwarze Nacht und suchte das Flaggschiff mit dem Suchscheinwerfer. Nicht zum erstenmal bei diesem Unternehmen hatte Ciliax die Fühlung mit seinen Schiffen verloren; er war nach fast einstündigem vergeblichem Suchen von dem Untergang der *Scharnhorst* überzeugt und erteilte dem Zerstörer Befehl, zum Ausgangspunkt zurückzukehren, um gegebenenfalls Überlebende von der Besatzung aufzufischen. Als sich auf der Brücke des Zerstörers intensiver Ölgeruch bemerkbar machte, wähnte der Admiral seinen Verdacht bestätigt; und richtig — kurz darauf erfaßte der Suchscheinwerfer eine Öllache auf dem Wasser. Sofort verfolgte der Zerstörer die Spur bis zur Fahrrinne zurück.

Sie fanden keine Schiffstrümmer. War das Öl die einzige Spur von der untergegangenen *Scharnhorst?* Ciliax befahl höhere Fahrt. Mit aufgeblendetem Scheinwerfer rauschte der Zerstörer durch die Nacht — doch während die beiden Schiffe einander umkreisten, sah eines das Morsezeichen des anderen nicht. Erst um 22.39 fing Ciliax' Zerstörer eine *Scharnhorst*-Meldung auf: „Bin klar für 12 sm. Bitte mich einzulotsen, da Echolot ausgefallen."

Aus irgendwelchen Gründen begriff Ciliax nicht, daß die *Scharnhorst* wieder unter eigenem Dampf fuhr. Um 22.46 brach er die Funkstille und setzte zur Information der Landstellen folgenden Funkspruch ab: „*Scharnhorst* benötigt dringend Hilfe, auch Schlepper." Zugleich erfragte er von den Torpedobooten des Geleitschutzes die Lage des Schiffes.

Um 23.03 widerrief Ciliax seinen Hilferuf für *Scharnhorst*, weil wenige Minuten vorher der Scheinwerfer des Zerstörers *Hermann Schoemann* einen dunklen Schatten in Fahrtrichtung angestrahlt hatte — das Flaggschiff.

Befriedigt trug Hoffmann in sein Kriegstagebuch ein: „Hierdurch ersehe ich, daß er (Ciliax) nunmehr über Lage *Scharnhorst* im Bilde ist."

Während *Hermann Schoemann* in die vorgeschriebene Bahn einfuhr und den für die Einfahrt nach Wilhelmshaven vorgesehenen Lotsendampfer ansteuerte, hielt sich *Scharnhorst* dicht hinter dem Zerstörer. Sie fuhren mit herabgesetzter Geschwindigkeit, da der Sperrbrecher, der vorausfahren sollte, erst gegen 7 Uhr morgens bereitstand und sie in diesem minenverseuchten Gebiet kein unnötiges Risiko eingehen wollten.

Scharnhorst war davongekommen — aber schwer angeschlagen. Der Zustandsbericht lautete: „1. Steuerbord- und Mittel-Maschinen klar für 14 sm. Backbordmaschine vorläufig unklar. 2. Beschränkter Öl- und Wasserbestand. Für Rückmarsch Elbe aber ausreichend. 3. Stärkere Einschränkungen bei der Artillerie einschließlich schweren Flak. 4. Durch Wassereinbrüche keine lebenswichtigen Ausfälle. 5. Ein Schwerverwundeter. . . .“

Und wie stand es um das übrige Geschwader? Wenn die anderen Einheiten gesunken waren, mußte das Unternehmen als gescheitert gelten. Doch *Prinz Eugen* und *Gneisenau* befanden sich ebenfalls in Sicherheit.

Kurz vor Mitternacht hatte *Gneisenau* Fühlung mit *Prinz Eugen* und bekam Befehl, gemeinsam Kurs auf Brunsbüttel am Nordufer der Elbe zu nehmen. Das war der westliche Endpunkt des Nord-Ostsee-Kanals, der Nord- und Ostsee miteinander verbindet.

Mit fortschreitender Nacht mußten sich die Engländer eingestehen, daß den Deutschen der Durchbruch gelungen war. In London schritt um ein Uhr morgens der Erste Seelord Sir Dudley Pound zum Sondertelefon, das eine direkte Verbindung zu Downing Street Nr. 10 hatte. Während hohe Stabsoffiziere im Lagezimmer verlegen die Karten an den Wänden anstarrten, erstattete Sir Dudley eine der schlimmsten Meldungen, die je ein britischer Admiral einem britischen Premierminister hat durchgeben müssen: „Ich sehe mich zu meinem Bedauern zu der Meldung veranlaßt, daß die feindlichen Schlachtkreuzer inzwischen ihre sicheren Heimatgewässer erreicht haben dürften.“

Churchill brummte nur: „Wieso?“ und knallte den Hörer auf die Gabel.

12

SCHIFFE SCHLEICHEN HEIMWÄRTS

Während die deutschen Schiffe durch die pechschwarze Nacht langsam ihren Heimathäfen entgegenfuhren, kroch in einem anderen Teil der Nordsee *HMS Worcester* wie ein waidwundes Tier auf die englische Ostküste zu. Aus dem achteren Schornstein puffte Rauch in Schwaden, aus einem großen Riß an der Steuerbordseite zischte Dampf, die Maschinen schepperten und klopften laut — so ächzte sie mit ganzen sechseinhalb Knoten durch die See. Um 19.15 setzte für mehrere Minuten der Dampf aus. Um 21.30 wieder, und diesmal sank ihre Geschwindigkeit auf dreieinhalb Knoten, um allmählich auf sieben Knoten zu steigen. Ununterbrochen bemühte sich Dr. Jackson um die Verwundeten und operierte mit zerschundenen, blutenden Händen und erstumpfenden Instrumenten die dringlichsten Fälle, immer wieder gehetzt von dem Notschrei: „Hierher, Doktor, um Gottes willen hierher!" Die Klagerufe wollten und wollten nicht verstummen.

Endlich waren fast alle Schwerverletzten versorgt. Jetzt mußte man sehen, wie man sie einigermaßen vernünftig unterbrachte. Die Löcher im Schott zwischen dem Kajütdeck und der Offiziersmesse war inzwischen mit hölzernen Leckstopfen gedichtet, und jemand hatte auch die Beleuchtung zusammengeflickt. Hier wollte Dr. Jackson ein provisorisches Lazarett aufschlagen. Aber das Kajütdeck befand sich am Fuße eines senkrechten Niederganges, über den die Verwundeten herabgeschafft werden mußten — ein schwieriges Problem, zumal viele komplizierte Beinbrüche hatten und im Grunde überhaupt nicht transportfähig waren. Während der Schiffsarzt sein möglichstes tat, kümmerte sich der Sanitätsgast Shelly um die Leichtverletzten, soweit sie

220

sich nun nach wiederholter Aufforderung — falls überhaupt — meldeten.

Selbst die Nichtverwundeten taumelten noch wie benommen umher. Als Höhenrichtkanonier Douglas Ward zum Rapport im Ruderhaus erschien und jemand schrie: „Tür zu, Idiot, man sieht doch das Licht!", lautete Wards Erwiderung: „Es ist keine Tür mehr da, Sir."

Dann begab er sich zur Steuerbord-Oerlikon. Dort fand er blutige, zerfetzte Fleischmassen vor, in denen er die zwei gefallenen Kameraden zu erkennen meinte. Er bedeckte die Reste mit einer Ölhaut und stand Wache.

Auch der Koch war gefallen; ein Freiwilliger ging in die Kombüse und schüttete alle greifbaren Konserven in einen großen Eimer. Hungrig verschlangen die Leute den Fraß.

Cdr. Coats, der Kommandant des Schiffes, sagt: „Gottlob mußte ich mich darauf konzentrieren, mein Schiff heimzubringen, sonst hätte ich wohl noch durchgedreht. Das Ganze war ein tragischer Fehlschlag. Noch näher wäre man bei Tageslicht überhaupt nicht herangekommen. Wenigstens zwei meiner Torpedos hätten die *Gneisenau* treffen müssen, aber sie gingen daneben. Alle diese Menschenleben umsonst geopfert!"

Es war bitter kalt. Der Wind frischte auf und blies den Rauch aus dem Schornstein in den Dunst auf der dunklen See. Die Leute kamen sich schrecklich einsam und verlassen vor.

Die bleierne Schwere wurde noch lastender, als der Leitende Ingenieur Griffiths dem Kommandanten meldete, daß das Schiff bei längerem Stoppen wahrscheinlich sinken werde. Das war keine Meldung eines Schwarzsehers: etwa alle Stunde setzte das Salzwasser die Kessel außer Betrieb, woraufhin das Schiff im Wasser sofort zu taumeln begann. Jedesmal schien es sich stärker nach Steuerbord zu legen und sich nur mit Mühe, qualvoll langsam, wieder aufrichten zu können. Und jedesmal dachten die Männer: „Jetzt ist es soweit, wir sind erledigt."

Nachdem Dr. Jackson die Verwundeten nach bestem Vermögen untergebracht hatte, schleppte er sich die zerschlagene Leiter zur Brücke hinauf und erstattete dem Kommandanten Coats Meldung. Er konnte ihm noch die Zahl der Verletzten und Toten nennen, dann brach er zusammen. Sein Mund öffnete sich, aber es kam kein Laut. Coats blickte ihn an und sagte freundlich: „Ich glaube, Sie gehen besser wieder an Ihre Arbeit, Doktor."

Die Bilanz des Grauens: Von 130 Mann Besatzung über die Hälfte tot oder verwundet — 17 gefallen, 6 vermißt. Nach Unterlagen der Admiralität waren es 18 Schwer- und 27 Leichtverletzte, nach Angabe Dr. Jacksons fast hundert Tote und Verwundete. Die meisten Leichtverletzten konnten nach Behandlung durch den Schiffsarzt wieder auf ihre Posten gehen und Dienst machen.

Dr. Jackson nahm sich nun wieder der schwereren Fälle an. Überall auf dem Schiff, in jedem etwas geschützten Winkel lagen Blessierte, von Kameraden behutsam gebettet. Bei der Arbeit bemerkte der Arzt plötzlich, daß die Schiffsschrauben abermals ausgesetzt hatten.

Diesmal trieben sie eineinhalb Stunden lang durch die rauhe See vor der niederländischen Küste. Allein, manövrierunfähig und wahrscheinlich bereits absackend, wälzte sich *Worcester* in der starken Dünung träge von einer Seite auf die andere. Nur das Stöhnen der Verwundeten drang durch die schwarze Nacht. Dazu das Rauschen der Wogen, die über die von Trümmern übersäten, splitterdurchsiebten Decks hereinbrachen. Ein Wrack, dem Untergang geweiht.

Und wenn das Schiff sank? Mit Entsetzen dachte der Arzt an die vielen Verletzten an Bord — denn auch die Gesunden hatten, selbst wenn er es sich nicht eingestehen mochte, in der eisigen See kaum eine Überlebenschance, falls sie nicht rasch gerettet werden würden.

Aber der Zerstörer sank nicht. Kurz vor Mitternacht brachten Griffiths und seine Leute die Maschinen wieder in Gang, und langsam schleppte sich das Schiff vorwärts. Die gefährliche Schlagseite gelang es durch Lenzen etwas zu verringern, und als der Wind den dichten Dunst wegblies, besserte sich auch die Sicht, obwohl kein Mondstrahl die Finsternis aufhellte.

Man unternahm alles, um an Bord die Disziplin zu wahren.

Ein qualmender Schornstein galt in der Royal Navy in Kriegszeiten geradezu als Verbrechen. Während nun *Worcester* mit
sieben Knoten und einer Schlagseite von zwanzig Grad durch
die Nordsee schlich, überbrachte ein Melder von der Brücke dem
Leitenden Ingenieur die Botschaft: „Glückwünsche vom Käptn,
aber er wäre Ihnen verbunden, wenn Sie etwas weniger qualmen würden."

Worauf Griffiths erwidern ließ: „ Wegen der Löcher im Schiff
hat sich im Maschinenraum ein so ungehinderter Durchzug entwickelt, daß ich das Qualmen nicht eindämmen kann."

Da die meisten Navigationsgeräte an Bord nicht funktionierten,
blieb Coats nichts übrig, als das Schiff auf dem gleichen Kurs
mit Hilfe des Magnetkurses der *Campbell* zurückzubringen.
Daß er dabei erneut das Minenfeld durchqueren mußte, war
allerdings seine geringere Sorge — beim gegenwärtigen Gesamt-
zustand des Schiffes stellten Gezeiten und Sandbänke die größere Gefahr dar. Und da er auch nicht funken konnte, wußte
niemand, wo er sich befand und wann er etwa eintreffen
würde.

Nach Mitternacht breitete sich Stille über das Schiff. Die einzigen
Geräusche waren das Stampfen der Maschinen und das Knirschen
und Ächzen des im auffrischenden Wind rollenden Zerstörers.
Bis auf die Wache schien jedermann zu schlafen, auch die leidlich
versorgten Verwundeten. Vier von ihnen sollten nie mehr er-
wachen.

Dr. Jackson machte eine Runde nach der anderen und kümmerte
sich darum, daß die Verletzten, zumal die an Deck liegenden,
Decken bekamen und gut eingewickelt wurden. Vom Ruderhaus
bis zum Maschinenraum war jede Ecke mit ein oder zwei nicht
transportfähigen Schwerverwundeten belegt. Das zerstörte
Schiffslazarett konnte man noch nicht in Betrieb nehmen; im
Vorraum roch es stark nach Brandqualm und Korditrauch. Aber
in der kleinen Kammer nach voraus und in der Kombüse fand
sich Platz für einige Verletzte.

Dann erschien der Erste Offizier, Dick Taudevin, beim Kommandanten, der mit der Navigation alle Hände voll zu tun

hatte, und sagte: „Wir sollten unsere Toten auf See bestatten. Das ist psychologisch günstig. Außerdem würden die Gefallenen bei unserer Ankunft nur Bestürzung hervorrufen."

Coats nickte. Einerseits fand er das Zeremoniell nach einem solchen Gefecht angemessen, andererseits dachte er sich: „Unsere Rückkehr ist noch keineswegs sicher — sollen wenigstens ein paar von uns ein anständiges Seemannsgrab haben."

Man umwickelte die Leichen mit beschwerten Hängematten und ließ sie nacheinander über Bord, während Taudevin hastig die Totenmesse las. Zu einer formvollendeten Feier beizudrehen ging nicht, weil die Sinkgefahr für das Schiff zu groß war.

Leuchttürme wurden in Kriegszeiten gelöscht, jedoch arbeitete, auf Anordnung der Admiralität, das Leuchtfeuer Orfordness an der Küste von Suffolk. Es sollte *Worcester* — falls sie noch schwamm — Orientierungshilfe geben. Auf dieses Feuer mußte sich Coats mangels anderer Navigationsmöglichkeiten bei der Standortbestimmung verlassen.

Um vier Uhr morgens sank dem übermüdeten Schiffsarzt der Kopf auf den Kapitänstisch, und er schlief ein. Um dieselbe Zeit erblickte der Ausguck den Strahl eines Leuchtturmes. Nun wußte Coats, daß er richtig stand.

Kurz vor der Dämmerung rüttelte Taudevin, selbst mit trüben, übernächtigen Augen, den Doktor wach und sagte: „Wir sind dicht vorm Sunk." Er meinte die Sunk-Leuchtboje an der Einfahrt zum Hafen von Harwich. Als sie beide an Deck gingen, war es noch dunkel. Der Arzt schaute nochmals nach den Verwundeten. Dann tauchte im grauenden Morgen an Backbord voraus die niedrige, dunstverhangene Küste Englands auf.

Ungeachtet der viel ruhigeren See wären sie wegen ihrer geringen Eigengeschwindigkeit vor Harwich vom starken Gezeitenstrom beinahe auf die Sandbänke geworfen worden. Dort glücklich vorüber, sahen sie einen Geleitzug aus dem Hafen dampfen, und Coats sagte zu Taudevin: „Das ist ein Anblick, der mich wirklich freut!" Ein Zerstörer der Hunt-Klasse fragte an: „Brauchen Sie Hilfe?" Stolz blinkte *Worcester* zurück: „Wir haben es von Holland bis hierher geschafft, da schaffen wir auch das letzte Stück allein." Indes bat *Worcester* zugleich um Bereitstellung von Sanitätswagen an Land für den Abtransport der Verwundeten.

Ohne fremde Unterstützung kroch *Worcester* langsam dem Hafen entgegen und schleppte sich mit schwerer Schlagseite, aus allen Ritzen und Einschlaglöchern rauchend, hinein. Noch lehnte der gebrochene Mast am Schornstein, wehte die zerfetzte, geschwärzte Kriegsflagge an einem Besenstiel über der Brücke. Von den im Hafen liegenden Schiffen begannen die Sirenen zu heulen, Signalpfeifen schrillten, Unteroffiziere und Mannschaften traten an und riefen Hurra, während der Zerstörer vorbeizog. Als sie sich dem Land näherten, jubelten ihnen vor Shotley Sick Quarters Matrosen und Angehörige der weiblichen Hilfskorps zu. Aber *Worcester* erwiderte die freudige Begrüßung nicht. Sie hatte zu viele Tote zu beklagen.

Die beiden bereitgehaltenen Schlepper warteten, bis sie klar zum Anlegen war. Die ganze Nacht über hatte Griffiths an der häufig ausfallenden Ölpumpe gearbeitet und sie auch jedesmal wieder hingekriegt. Während vom Parkstone-Kai in Harwich die ersten Leinen herübergeworfen wurden, versagte sie erneut. Diesmal, trotz aller Bemühungen des Ingenieurs, endgültig.

Es begann der Abtransport der Schwerverletzten und der vier, die über Nacht gestorben waren. Offiziell gab man diese vier Männer als die einzigen tödlichen Verluste der *Worcester* aus. Tatsächlich erhöhten sie die Zahl der Gefallenen auf 27. Nur 52 Mann von der ganzen Besatzung waren ungeschoren davongekommen.

Zum letzten Mal ging der Doktor müde in sein zertrümmertes, mit Verbandszeug übersätes Schiffslazarett. Sein Jackett war bis an die Ellbogen steif von geronnenem Blut. Blut klebte an seinen weißen Strümpfen, an den Knien seiner Hose. Einen der zwei verlorengegangenen unteren Jackettknöpfe fand er durch Zufall in der Kammer wieder — verbogen und zerschrammt. Instinktiv hob er ihn auf und steckte ihn in die Tasche.

Erst während eines heißen Bades im Hotel in Harwich wurde ihm die Bedeutung dieses Knopfes klar; er entdeckte an seinem

Bauch eine runde, blaugrüne Druckstelle von etwa zwei Zentimetern Durchmesser. Genau dort hatte der Knopf einen Granatsplitter abgefangen.

Coats holte die rauchgeschwärzte Kriegsflagge ein, um sie mit an Land zu nehmen, und verließ dann als letzter sein Schiff.

Des Ausmaßes der Katastrophe wegen schirmte man die Besatzung zunächst für einige Tage gegen die Umwelt ab. Nur Douglas Ward, dessen Namensvetter auf dem Schiff seinen Verletzungen erlegen war und der eine Verwechslung befürchtete, durfte mit einer Sondererlaubnis zum Polizeirevier gehen und seine Frau selbst benachrichtigen.

Der Leitende Ingenieur Griffiths sorgte sich, daß ein normales Telegramm seine Frau zu sehr erschrecken würde, und gab deshalb bei der Post ein Schmuckblattelegramm in Auftrag. Aber die Post versagte, und so bekam Frau Griffiths ein gewöhnliches Telegramm, das sie vor lauter Angst von ihrer Wirtin öffnen ließ.

Der Rest der Flottille schwamm bereits wieder auf See. *Campbell* und ihre Schwesterzerstörer waren um Mitternacht in Harwich eingelaufen, hatten Torpedos übernommen und ihre Munitionsvorräte aufgefüllt. Dann suchten sie die ganze Nacht über erneut nach den Deutschen. Die konnten von Glück sagen, daß die Briten sie nicht aufspürten; denn schließlich waren die drei Schlachtschiffe, von denen zwei mindestens angeschlagen waren, noch nicht ganz in Sicherheit.

Das Marinegruppenkommando Nord beorderte die *Scharnhorst* nach Wilhelmshaven. Auf der Fahrt zu diesem wichtigsten deutschen Marinestützpunkt fing *Scharnhorst* um 3.50 früh eine verschlüsselte Meldung auf: *Gneisenau* habe trotz Minenschadens mit *Prinz Eugen* die Helgoländer Bucht erreicht, und beide Schiffe hielten auf Brunsbüttel zu.

Doch selbst so kurz vor dem Ziel drohten noch weitere Katastrophen. Solange sie nicht in deutsche Häfen eingelaufen waren, mußten die drei Kommandanten mit Minentreffern und Luftangriffen rechnen, was ihnen nicht geringe Sorgen bereitete. Daß nun nach einer so gewagten Fahrt in die Heimat weder

Schlepper noch Lotsen bereitstanden, war nach deutscher Ansicht eine der unnötigsten Pannen des ganzen Unternehmens.

Gruppe Nord hatte keinerlei Vorbereitungen getroffen und ließ die Schiffe die ganze Nacht vor den Häfen herumfahren. Es sah fast so aus, als habe man ihr Eintreffen nicht mehr erwartet. Übrigens fehlten an Bord auch Spezialkarten der deutschen Küstengewässer. Kapitän Fein notierte in seinem Kriegstagebuch: „Es wäre sehr nützlich gewesen, in dieser Situation eine vorbereitete Karte größeren Maßstabes für die Ansteuerung der Elbe zu besitzen, wie sie von der Gruppe West den Schiffen für die Ansteuerung der vorgesehenen Nothäfen mitgegeben worden war."

Nach langwierigem Morsespruchverkehr mit den Signalstellen mußte Fein erkennen, daß keine Lotsen verfügbar waren. In Anbetracht der zunehmenden Vereisung der See und seines ungewissen Standorts glaubte Fein, das Einlaufen in die Elbe ohne Lotsen nicht verantworten zu können, und da er die Briten nicht durch Funksprüche aufmerksam machen wollte, schickte er den kleinen Sperrbrecher 138 „Elbeaufwärts mit dem Befehl, bis Hellwerden mit Lotsen wieder zur Stelle zu sein. In dieser Situation entschließe ich mich zu ankern. Es bestand Luftgefahr. Ich hielt aber die Gefahr, beim Auf- und Abstehen auf Grundminen zu laufen, für erheblich größer, als vor Anker bei dunkler Nacht mit wechselnder Sicht von Flugzeugen gefunden zu werden."

Prinz Eugen, die *Gneisenau* nach Brunsbüttel folgte, befand sich in einer ähnlich unangenehmen Lage. Fein teilte Brinkmann per Morsespruch mit, daß keine Lotsen bereitstünden, er jedoch für den frühen Morgen einen angefordert habe. Während die *Gneisenau* östlich der *Prinz Eugen* ankerte, dampfte der Kreuzer die ganze Nacht ab und ab. Brinkmann weigerte sich zu ankern, denn er fürchtete Torpedo- oder Bombenangriffe auf das vor Anker liegende Schiff mehr und Minen weniger als Fein.

Erst bei Anbruch der Dämmerung erschienen Schlepper und Eisbrecher mit Lotsen, die die Führung zur Reede übernahmen. Aber die Situation blieb kritisch.

Kurz vor dem Eintreffen der Schlepper wurde neuerlich Luftwarnung gegeben. Er vermutete, daß die Briten jetzt alle verfügbaren Luftstreitkräfte ohne Rücksicht auf die Folgen einsetzen und versuchen würden, die Schiffe wenigstens noch in der Flußmündung zu vernichten. Mit frischem Südwestwind und etwa zwei Stunden laufender Flut herrschten für das Einlaufen in die Schleusen nicht gerade günstige Bedingungen. Angesichts des Luftalarms entschloß sich Fein zu diesem riskanten Schritt; denn er wollte sein Schiff nicht länger Torpedo- oder Bombentreffern aussetzen, sondern so bald wie möglich in Sicherheit wissen.

Als *Gneisenau* langsam die Mole ansteuerte, wurde ihr Heck von Wind und Strom erfaßt und scherte nach Backbord aus. Fein befahl „Volle Kraft zurück!". Nun ging das Schiff zwar von der Mole ab, trieb aber auf ein östlich der Einfahrt liegendes Wrack zu. Eilig suchte Fein sein Schiff zum Stehen zu bringen, um es frei zu manövrieren — vergeblich: Der Flutstrom drückte die *Gneisenau* auf das Wrack.

Fein versuchte es erneut mit Rückwärtsfahrt. Ohne Erfolg. Dann halfen Gezeitenstrom und Wind, und mit einem scharfen Knirschen kam er frei. Der Wellentunnel der Steuerbordmaschine lief voll Wasser. Er hatte schon nach dem Minentreffer Wasser gemacht, das aber gehalten werden konnte. Jetzt schätzten die Ingenieure die Lage ernster ein. Fein ankerte deshalb außerhalb der Schleuse in der Absicht, das Nachlassen der Strömung und mehr Schlepper abzuwarten. Als wieder keine Schlepper erschienen, lichtete er die Anker und brachte die *Gneisenau* nur mit Mittel- und Backbordwelle endlich in die rettende Schleuse.

Die nachfolgende *Prinz Eugen* wäre fast auf dasselbe Wrack gekracht, kam jedoch im letzten Moment frei. Auch sie machte dann an der Brunsbütteler Nordschleuse fest.

Auf *Gneisenau* und *Prinz Eugen* durften die Leute zum erstenmal seit vierundzwanzig Stunden richtig schlafen. Nur einige Offiziere fanden keine Ruhe, weil sie sich um die *Scharnhorst* sorgten, von der man noch immer nichts gehört hatte.

Das Marinegruppenkommando Nord versagte bei *Scharnhorst*

nicht minder als im Falle der anderen beiden Schiffe. Um 6.43 Uhr tauchte bei der *Scharnhorst* der Schlepper *Steinbock* auf und übernahm, da trotz wiederholten Anrufens kein Lotsenboot kam, die Führung. Um 7.00 Uhr erreichte *Scharnhorst* das Leuchtschiff *Fritz*. Um 9.30 ging ein Schlepper mit Admiral Ciliax längsseits — der Admiral und sein Stab stiegen wieder auf das Flaggschiff über.

Die Kälte war groß. Weitab vom winterlichen Nebel Brests schlich die zweimal von Minen getroffene *Scharnhorst* jetzt mit völlig ausgelaugter Besatzung, die fast dreiundzwanzig Stunden auf Gefechtsstationen hinter sich hatte, durch den kalten norddeutschen Winter langsam jadeaufwärts nach Wilhelmshaven.

Als sie vor Deutschlands wichtigstem Marinehafen eintrafen, war die See schon stark gefroren. Helmuth Gießler, der Navigationsoffizier der *Scharnhorst*, betrachtete die dicken Eisschollen und den raschen Gezeitenstrom. Er wußte, daß sie hier nicht nur gegen die Briten, sondern auch gegen das Wetter zu kämpfen hatten.

Erst mit Hochwasser vor Wilhelmshaven, frühestens um die Mittagszeit, würden Schlepper das Schiff durch die schwierigen Schleusen in den Hafen ziehen können; jetzt wurde nur mitgeteilt, daß keine Schlepper verfügbar seien. Sollte die *Scharnhorst* draußen vor der Tür stehen bleiben und sich britischen Bomben präsentieren?

Kapitän Hoffmann auf der Brücke überlegte sich die Witterungsverhältnisse und die Möglichkeit eines Luftangriffs. Dann faßte er seinen letzten großen Entschluß auf dieser Fahrt: „Ich werde sie ohne Schlepper hineinbringen", sagte er gelassen zu Gießler.

Ganz langsam, mit kleinen Fahrtänderungen, lotste Hoffmann sein Schiff auf die Schleusen zu. Von seiner kundigen Hand geführt, glitt der schwere Kasten Zentimeter um Zentimeter durch das Treibeis. Die Propeller arbeiteten kaum noch, als die Männer auf der Brücke mit angehaltenem Atem beobachteten, wie der scharfgeschnittene Bug der *Scharnhorst* sich zwischen die engen Schleusentore schob. Hafenarbeiter, die an den eisverkrusteten Pollern der Mole standen, brachen in lautes Hurrageschrei aus — und schon glitt der schlanke Haifischrumpf des Schlachtschiffes vorüber.

Kapitän Hoffmann, seit vierzig Jahren bei der Marine, hatte sein ganzes Können aufgeboten und gewonnen. Jetzt lag *Scharnhorst* sicher am Kai und wurde festgemacht. Hoffmann nickte Wachoffizier Wilhelm Wolf kurz zu, und Wolf klingelte zu Chefingenieur Walther Kretschmer hinunter: „Maschinen stopp."

Während Gießler seine Karten zusammenlegte, ließ Ciliax an Admiral Saalwächter in Paris funken: „Es ist meine Pflicht, Sie davon in Kenntnis zu setzen, daß Operation Cerberus erfolgreich abgeschlossen worden ist. Schadens- und Verlustlisten folgen."

Es war geschafft. *Scharnhorst* hatte die Heimat erreicht.

Als einer der ersten ging Luftwaffenverbindungsoffizier Oberst Max Ibel an Land. „Mir reicht's", sagte er zu Ciliax. „Was bin ich Ihnen für die Fahrt schuldig?"

Im Laufe des Morgens erhielt Ciliax die Meldungen der Zerstörerkommandanten, die nun nach und nach in deutsche Flußmündungen einliefen. Die deutschen Verluste betrugen siebzehn Maschinen der Luftwaffe, zwei Torpedoboote, *Jaguar* und *T 13*, die aber nur Bombenschäden davongetragen hatten, und zwei Tote. Ferner hatten mehrere Matrosen schwere Bombensplitter- und MG-Schußverwundungen erlitten. Das war alles.

Um 14.15 wurden alle Mann zu einer Ansprache des Vizeadmirals an Deck gepfiffen. Die Rede erweckte keine sonderliche Begeisterung, denn die Matrosen fanden sie unangebracht von einem Mann, der seine Admiralskabine erst diesen Morgen wieder bezogen hatte. Man fühlte sich auf *Scharnhorst* von Ciliax im Stich gelassen. Von ihm aus hätten wir glatt versaufen können, hieß es. Mag es die Stimme der Unwissenheit einfacher Soldaten gewesen sein — jedenfalls galt als ausgemacht, daß der Schwarze Zar in der Führung der Operation versagt hatte. Nicht zuletzt, weil er postwendend auf den Zerstörer *Z 29* überstieg, als sein Flaggschiff nachmittags auf die erste Mine gelaufen war. Noch stärker befremdete seine Entscheidung, von der *Z 29* auf den Zerstörer *Hermann Schoemann* überzusteigen, obgleich er in seinem Kutter von *Scharnhorst* bei hoher Fahrt fast gerammt worden wäre und gesehen haben mußte, daß sein Flaggschiff wieder fahrbereit war.

Zwei Stunden später mußte die Besatzung noch eine zweite Ansprache über sich ergehen lassen. Der Flottenchef, General-Admiral Schniewind, betrachtete es als seine Pflicht, beim Festmachen der *Scharnhorst* in Wilhelmshaven zugegen zu sein. Beide Admirale sprachen zu der Besatzung auf der Schanze, auf der zweitausend Leute Platz hatten, und standen dabei unter den langen Rohren von Turm C („Caesar") auf der traditionellen „Palaverkiste".

Ab 16.00 wurden die Tarnnetze ausgerollt; dann richteten die abgekämpften Seeleute ihre *Scharnhorst* noch für die Nacht am Liegeplatz in Wilhelmshaven her.

Kapitän Hoffmann schrieb seinen Bericht, als die Kabinentür aufflog. Mit dem Jubelruf „Papa, Papa!" stürmte Hoffmanns siebzehnjährige Tochter Elly herein und dem Vater in die Arme. Sie hatte vom Einlaufen des Schiffes gehört und war ihrer Mutter, die am nächsten Tag aus Bremen eintreffen sollte, vorausgeeilt. Bei einer gemütlichen Tasse Tee, vom Steward gebracht, erfuhr Kapitän Hoffmann nebst allerlei Familientratsch auch eine Neuigkeit, die ihm besonders willkommen war: Sein Sohn Heinz, U-Boot-Offizier, befand sich gesund und wohlauf.

Tags drauf freute sich ganz Deutschland über das gelungene Bravourstück der Brestgruppe. Nur die Offiziere und Mannschaften der drei siegreichen Schiffe selber waren viel zu müde, um den Überschwang der anderen zu teilen.

In England meldete die Presse den Durchbruch der deutschen Schiffe am Freitag, dem 13. Februar, in den frühen Morgenausgaben. In der *Daily Mail* hieß es: „Eines der härtesten und undurchsichtigsten Duelle, die es je in der Straße von Dover gegeben hat, trugen gestern britische und deutsche Ferngeschütze sowie Bomber und Jäger der RAF und deutsche Abfangjäger aus. Eine britische Bomberwelle nach der anderen überflog die

Küste von Kent und griff Einheiten an, in denen ein deutscher Geleitzug auf dem Kanal vermutet wurde.

Vergangene Nacht gab der Berliner Rundfunk bekannt, daß Swordfish-Torpedoflugzeuge mit massivem Jagdschutz in das Gefecht eingegriffen hätten. Um welche Ziele es sich dabei handelte, wurde jedoch nicht mitgeteilt. Nach Angaben der offiziellen deutschen Nachrichtenagentur wurden in den Kämpfen vor der Küste sieben Swordfish abgeschossen und die übrigen Feindkräfte zurückgeschlagen."

Die nächsten Ausgaben brachten bereits die neueste, ausdrücklich als „offiziell" gekennzeichnete Meldung: „Mit starker Luft- und Seeunterstützung wurden unweit der Straße von Dover die *Scharnhorst, Gneisenau* und *Prinz Eugen* angegriffen."

Um 1.40 Uhr veröffentlichten Admiralität und RAF gemeinsam ein Kommuniqué mit einigen Einzelheiten. Darin hieß es: „Die deutschen, von Überwassereinheiten und Flugzeugen stark gesicherten Schiffe unternahmen von Brest einen Durchbruch nach Helgoland und wurden mit größter Entschlossenheit angegriffen. Alle drei Schiffe sollen getroffen worden sein."

13

DIE GROSSE MOHRENWÄSCHE

Ärger und Zorn, wie sie in Dover Castle bereits herrschten, sollten bald auf die ganze Nation übergreifen und Churchills Kriegskabinett in eine Vertrauenskrise stürzen.

Die meisten RAF-Offiziere erklärten die Katastrophe aus dem Umstand, daß nur ganz wenige Piloten über ihre wirklichen Einsatzziele Bescheid wußten. Zu ihnen gehörten die Flieger der 42. Beaufort-Staffel, die um ein Haar Captain Pizeys *Campbell* torpediert hätten.

Sq.-Ldr. Roger Frankland, Fliegerleitoffizier von Coltishall, erinnert sich: „Durch diese lachhafte Geheimhaltung kam es so weit, daß sie unsere eigenen Schiffe zu torpedieren versuchten. Wie der Staffelkapitän der 42. Beaufort-Staffel den Group Captain am Telefon anbrüllte — so was hatte ich noch nicht erlebt. Er war fuchsteufelswild und rief: ‚Ich sollte nach einem Konvoi suchen. Warum hat mir keine Sau was von den verdammten Riesenschlachtschiffen gesagt?!‘ "

Die meisten Piloten waren seiner Meinung. Auf manchen Fliegerhorsten hatte sich die Verwirrung selbst nach Anbruch der Dunkelheit noch nicht gelegt. Am späten Abend fragte ein Fighter Pilot Sergeant nach der Rückkehr von einer Nordsee-Patrouille in Martlesham verdutzt: „Was geht eigentlich vor? Ich habe eben ein riesiges Schlachtschiff gesehen!" Er hatte sich über den Schlachtschiffen befunden, wußte aber nicht, über welchen — weil man auch ihn noch immer nicht informiert hatte.

Die Schuld muß auf höchster Führungsebene irgendwo zwischen dem Befehlshaber des 11. Jagdgeschwaders, Air Vice-Marshal Leigh-Mallory, und dem Befehlshaber Coastal Command, Sir Philip Joubert, gesucht werden. Beide waren Berufsoffiziere vom alten Schlag und der dramatischen, schnellen Luftkriegführung jener Tage nicht mehr gewachsen. Leigh-Mallory erfreute sich nur geringer persönlicher Beliebtheit; viele Offiziere nannten ihn „einen aufgeblasenen, ehrgeizigen Nörgler".

Während die Staffeln ihre Tagebücher mit wütenden Kommentaren füllten, tat ein Offizier mehr. Flt.-Lt. Kidd erwies sich als ein Mann von Wort. Er und die Sq.-Ldr. Igoe und Oxspring waren jene drei RAF-Offiziere, die sofort begriffen hatten, daß es sich bei den gesichteten Einheiten um die deutschen Schlachtschiffe handelte.

Die ganze Nacht über arbeitete Kidd an einem empörten Bericht, in dem er die gesamte britische Landesverteidigung aufs Korn nahm. Er kritisierte den Operationsverlauf sowie insbesondere das Oberkommando. In seiner Eingabe heißt es:

„Ich möchte mir erlauben, folgende Gesichtspunkte und sich daraus ergebende Alternativen zur gefälligen Beachtung zu unterbreiten.

Die Durchfahrt eines feindlichen Geschwaders durch die Straße von Dover, ein glatter Hohn auf unsere See- und Luftmacht, kommt m. E. einer schweren Niederlage unsererseits gleich. Diese ist um so schwerwiegender, als es sich im Grunde um eine Niederlage auf See handelt, noch dazu kurz nach dem Verlust von *Repulse, Prince of Wales, Barham* und *Ark Royal*. Seit Jahrhunderten setzen wir Briten unser Vertrauen, unsere Hoffnungen auf unsere Seemacht. Für uns gibt es keine größere Freude, keine bleibenderen Erinnerungen als die eines Seesieges. Nichts kann uns so verbittern, unseren Stolz so verletzen wie eine Schlappe unserer Marine. Dieser jüngste, erfolgreiche Schlag gegen unsere Vormachtstellung auf See wird nicht nur in unserer Öffentlichkeit, sondern auch im Ausland nachhaltige Folgen haben.

Immer wieder haben wir in den vergangenen Jahren den Fehler gemacht, die Schuld zu oft bei anderen zu suchen, uns in zu hohem Maß auf unsere Freunde — besonders auf die Vereinigten Staaten — zu verlassen, und die Kraft und Geschicklichkeit unserer Feinde allzusehr zu unterschätzen. Wir haben in der Vergangenheit Siege über viele Gegner davongetragen — aber nicht dadurch, daß wir sie und ihre Anstrengungen hochmütig belächelten, sondern indem wir sie niederrangen.

In diesem Krieg kam nun ein Rückschlag nach dem anderen, und nach jedem fanden wir irgendwelche Ausreden. ‚Die Norweger und Holländer wollten nicht mit uns zusammenarbeiten‘, ‚Die Deutschen haben das Völkerrecht verletzt‘, ‚Die Belgier haben uns betrogen, die Franzosen uns im Stich gelassen‘. Sollum und Halfaya wurde jede strategische Bedeutung abgesprochen, und dann mußten wir unsere Rückeroberungsversuche mit vielen Menschenleben bezahlen. In Griechenland wurden wir geschlagen, weil wir keine Flugplätze hatten, von Kreta wurden wir vertrieben, weil wir Maleme und andere kretische Flugplätze gegen den von griechischen Luftstützpunkten aus operierenden Feind nicht halten konnten. Malaya, so hieß es, ging verloren, weil die Siamesen von uns abfielen. Wozu dieser ganze Humbug? Es steht eindeutig fest, daß wir nirgends und niemals vorbereitet sind, daß wir nichts organisieren, nichts im voraus planen. Solche Verschwendung von Menschenleben und Wirtschaftskraft war und ist skandalös.

Als Baldwin anfangs erklärte, er werde ‚die volle Verantwortung übernehmen‘, befiel die Mitglieder des Unterhauses eine Trägheit, eine korrumpierende, unerträgliche Lähmung, die bis heute wirksam ist und sich in allen Verwaltungs- und Führungsbereichen unseres Landes bemerkbar macht. Sie hat sich nicht nur in eine Regierungsbehörde nach der anderen eingeschlichen, sondern auch in unsere bewaffneten Streitkräfte. Man verglich sie mit dem Besitz einer toten Hand, einer Hand, die den Eifer der Bürger knebelt, alle Anstrengungen zuschanden werden läßt und nun beginnt, auch alle Hoffnung abzuwürgen. Wir sollten uns wirklich zusammenreißen und uns der Realität stellen, solange noch Zeit ist.

Warum sind die deutschen Schlachtschiffe durchgekommen? Lassen Sie mich eine unumwundene Antwort geben, und lassen Sie uns aus diesem Ereignis so viel wie möglich lernen. Die Antwort liegt nicht darin, daß der Eingreif- und Abfangplan schlecht ausgeführt worden sei oder gescheitert wäre. Die eigentliche Ursache des Fiaskos liegt vielmehr darin, daß es überhaupt keinen Plan gab. Wir haben uns viel zu sehr auf hastiges Improvisieren verlassen. Meine persönlichen Erfahrungen eines einzigen Tages in der Marinebefehlsstelle Dover veranlassen mich zu folgenden Schlußfolgerungen.

a. Es lagen keine ausreichenden und umfassenden Pläne für die Vernichtung der deutschen Schlachtkreuzer im Fall eines Ausbruchs aus Brest vor. Für diese Unterlassung des Kriegskabinetts und derer, die ihm dienen, gibt es keine Entschuldigung.

Man hätte Pläne für jeden erdenklichen Notfall ausarbeiten müssen. Unser Nachrichtendienst hatte uns lange genug gemeldet, daß die deutschen Schiffe auslaufbereit seien und wahrscheinlich den Kanal passieren würden. In den drei Wochen unmittelbar vor dem Auslaufen der großen Schiffe sind mindestens sieben Zerstörer auf dem Weg nach Brest in Südrichtung durch die Straße von Dover gefahren. Dort wurde vor dem 12. Februar 1942 zunehmende Tätigkeit feindlicher Schiffe, besonders auffallend im Zusammenhang mit Minenräumaktionen, festgestellt, die ihren Höhepunkt in der Nacht des 11. Februar erreichte. Drei Pläne wären zu erarbeiten gewesen — einer für die Beschattung des feindlichen Konvois, der westlich von Brest unterwegs betroffen wird, ein zweiter für die Sichtung und Kennung des Feindes beim Verlassen oder beim Vorrücken in östlicher Richtung kurz nach dem Verlassen von Brest, und ein dritter für den Fall, daß der Feind unentdeckt aus Brest entwischt und erst bei der Fahrt durch den Kanal entweder von Luftaufklärern oder sonst wie gesichtet wird. Und man hätte diese Pläne variieren und auf unterschiedliche Witterungsverhältnisse abstimmen müssen. Der Angriff, wo auch immer dieser erfolgt wäre, hätte unabhängig von den herrschenden Bedingungen genauestens koordiniert werden müssen. Es wäre unbedingt erforderlich gewesen, die jeweiligen Teiloperationen der drei Waffengattungen genau zu überwachen und bis zuletzt den Umstand auszunützen, daß sich große feindliche Schiffe entweder hier in engen Gewässern und in großer Nähe unserer Luft- und Seestützpunkte zu stellen hätten oder bei anderer Marschroute gezwungen sein würden, auf den Schutz durch küstengestützte Jäger zu verzichten. Statt dessen wurde der Feind zu keiner Zeit wirklich intensiv und anhaltend angegriffen und so auch in seinem Vormarsch nicht behindert.

b. Es gab keine angemessene Luft- oder Seeaufklärung — was eigentlich beides zur täglichen Routine gehören müßte.

c. Es fehlte eine besondere Instanz mit dem klar umrissenen Auftrag, alle Informationen über die drei Schiffe oder über die Fahrzeuge im einzelnen aus jedweden Quellen zu sammeln, auszuwerten und an die betroffenen Stellen weiterzuleiten. Allein die ununterbrochenen Störungen unserer Radarkette am Morgen des 12. sowie die für einen feindlichen Durchbruchsversuch günstigen Wettervorhersagen waren Informationen, aus denen eine solche Zentrale hinlänglichen Aufschluß über die Absichten des Gegners zu gewinnen vermocht hätte. Während des Unternehmens hätte diese Stelle die äußerst wichtige Aufgabe erfüllen können, alle Teilstreitkräfte, Geschwader, Staffeln und Einheiten mit übereinstimmenden Informationen zu versorgen, so daß jeder wußte, was der andere tut. Wenn der Marinestab Dover von den kreisenden ‚Blips‘ auf den Bildschirmen der Radarstationen früher verständigt worden wäre, so hätte man dort höchstwahrscheinlich das eine oder andere unternehmen können, was zu einer sehr viel früheren Entdeckung des Feindgeschwaders geführt haben würde.

d. Um 10.45 Uhr war die Anwesenheit der Schiffe bekannt; aus der extremen Entfernung und der Größe der ‚Blips‘ wurde sofort geschlossen, daß es sich, wenn schon nicht um Schlachtschiffe, so doch um außergewöhnliche Objekte handeln mußte, die fast mit Sicherheit einen Angriff lohnten. Dennoch verstrichen über eindreiviertel Stunden, bis ein Angriff — und dann auch nur von sehr leichten Marineeinheiten ohne Luftunterstützung — durchgeführt wurde.

e. Das war die Gelegenheit, auf die das Fighter Command seit einem Jahr gewartet, eine Situation, die herbeizuführen es sich mit allen Kräften bemüht hatte: Jetzt endlich flogen starke feindliche Luftwaffenverbände so ein, daß sie sich im Aktionsbereich unserer Jäger und überdies zahlenmäßig wie strategisch im Nachteil befanden. Nun wurden unsere Jägerverbände aber viel zu spät eingesetzt und auch unzulänglich geführt — denn obgleich der Kurs des Feindes mit den modernsten technisch-wissenschaftlichen Methoden verfolgt wurde, erreichten viele Staffeln das Ziel nicht, weil man sie schlecht einwies. Wäre der Angriff früher erfolgt, so hätten wir den taktischen Vorteil des Einsatzes unmittelbar im Heimatraum gehabt — so aber waren wir den feindlichen Stützpunkten näher als den eigenen.

f. Sowohl vor wie nach dem Durchbruch hat das Coastal Command in der Lagebeurteilung völlig versagt. Das mag zu keinem geringen Teil am Fehlen eines genauen Einsatzplanes bei den Teilstreitkräften und der Führung gelegen haben; es bleibt jedoch Tatsache, daß unsere Chancen, frühzeitig über das Auslaufen der Schiffe informiert zu werden und dementsprechend früh angreifen zu können, wesentlich von der Arbeit dieser Befehlsstelle abhingen. Gleichwohl beschwerte sich das 16. Geschwader darüber, daß die Swordfish den Angriff flogen, ,ohne auf die Beauforts zu warten'. Durch Zaudern gewinnt man keine Schlachten; außerdem war es unter den gegebenen Umständen für die sehr langsamen Swordfish unmöglich, einen Angriff gemeinsam mit den fast doppelt so schnellen Beauforts durchzuführen. Die Swordfish griffen so an, daß sie ihre damalige genaue Kenntnis der Standorte der Schiffe als Vorteil ausnutzen und zugleich in Nähe der Heimatküste sowie möglichst dicht beim eigenen Stützpunkt operieren konnten. Der Vorschlag, den Angriff zu verschieben, ist kennzeichnend für das Unvermögen, rasches Handeln als den entscheidenden Faktor des gesamten Unternehmens zu begreifen. Statt seiner Wachaufgabe nachzukommen, ließ das Coastal Command die Deutschen auslaufen und verpfuschte den nachfolgenden Angriff.

g. Wie gemeldet wurde, sind Beaufort-Piloten in Manston gelandet, um weitere Torpedos an Bord zu nehmen; sie mußten dort aber erfahren, daß keine Torpedos vorrätig waren. Mehrere der zum Einsatz abkommandierten Beaufort-Piloten hatten noch nie ein Torpedo abgeschossen. Ein solcher Sachverhalt spottet jeder Beschreibung und scheint genau die Wichtigkeit jenes planenden Vorausdenkens zu unterstreichen, dessen Mangel so typisch für die gesamte Operation war.

h. Da zwischen der Navy und der Air Force keinerlei Zusammenarbeit bestand, griffen die leichten Marineeinheiten ohne jene Luftunterstützung an, die ihnen die Durchführung ihrer Aufgabe sehr erleichtert hätte.

i. Von den insgesamt 11 Jägerstaffeln, die die Swordfish unterstützen und sichern sollten und zu diesem Zweck abgeteilt waren, erschien nur eine Staffel am Sammelpunkt. Andere fanden die deutschen Schiffe überhaupt nicht. Die Swordfish waren bei ihrem Angriff dann fast ohne Geleitschutz und dem konzentrierten Fla-Feuer jedes deutschen Geschützes, das sich nur auf sie richten ließ, praktisch hilflos preisgegeben.

j. Es ist nicht wahr, daß die deutschen Schiffe auf Grund schlechter Witterungsverhältnisse entkommen konnten; denn diese waren — jedenfalls bis 2.45 Uhr, also noch vier Stunden nach Eingang der ersten Standortmeldungen — nicht so, daß sie unsere Operationen ernstlich behindert hätten. Die den Deutschen vorliegenden Wetterberichte hätten wir uns mindestens ebenso leicht, wenn nicht leichter beschaffen können. Wußte der Feind, daß das Wetter einen Durchbruchsversuch begünstigte, so hätten auch wir wissen müssen, daß die herrschenden Bedingungen ihm die gesuchte Chance nachgerade anzubieten schienen. Wir hätten ihn dann genauer überwachen und unsererseits entsprechende Dispositionen treffen können.

k. Wiederum aus Mangel an einem festumrissenen Plan wurden unsere Einheiten nur schubweise und unvorbereitet eingesetzt, so daß ihre Angriffe erfolglos blieben. Zu keinem Zeitpunkt bekam der Feind ihre geballte Schlagkraft zu spüren. Wir verzettelten unsere Kräfte in einer Serie kostspieliger und schlecht überlegter Angriffe gegen einen mächtigen und vollkommen vorbereiteten Feind. Wie gewöhnlich hatte der Gegner sorgfältig vorausgeplant — wir aber nicht. Von über 250 eingesetzten Bombern fanden nur 37 das Ziel, und von diesen sollen einige gar unsere eigenen Schiffe bombardiert haben. Das alles, obwohl man in Dover über den Standort des Feindes genauestens Bescheid wußte. Der Einsatz der Jäger kam großenteils gar nicht zum Tragen, weil die Maschinen nicht so koordiniert geführt wurden, wie es hätte geschehen müssen. Es gab zu viele ‚wasserdichte Schotten‘, zu viele Einzelpersonen und Einheiten, die unabhängig voneinander zu handeln suchten und sich auf eigene Informationsquellen verlassen mußten, da es eine Zentralstelle ja nicht gab, bei der man die genauen Informationen hätte anfordern können.

l. Der Beitrag des Heeres zum Kampfgeschehen belief sich auf dreiunddreißig Schüsse, und selbst das war erst möglich, nachdem man angefragt hatte, ob man den See- oder Luftangriff auch nicht behindern werde. Diese Anfragen im letzten Moment, als der Feind bereits vor unseren Toren stand, spiegeln die bejammernswerte Absurdität der gesamten Situation und lassen abermals überdeutlich werden, wie wichtig Vorausplanung ist.

m. Diese Schlachtkreuzer werden nun viele unserer Schiffe versenken und uns noch viele Menschenleben auf See kosten. Unser Prestige daheim wie im Ausland ist auf einem neuen Tiefpunkt angelangt; und welche Rückwirkungen sich nach einer solchen Katastrophe einstellen werden, ist zur Stunde noch nicht abzusehen. Aber am schlimmsten ist vielleicht der tragische Verlust so vieler unersetzlicher Flieger und Seeleute durch einen von vornherein zum Scheitern verurteilten Einsatz. Der von jenen Männern geforderte und von ihnen bewiesene unerhörte Mut wurde zuschanden an der leichtfertigen Art und Weise, in der hier Indolenz Vertrauen mißbrauchte und Menschenleben in die Waagschale warf.

Dieser Faustschlag ist, wie so viele in diesem Krieg, einem Mangel an Voraussicht, Energie und Intelligenz jener Leute zuzuschreiben, bei denen Verantwortung klein geschrieben wird. Verantwortung ist eine schwere Bürde, und es braucht bedeutende Persönlichkeiten, um sie zu tragen.

Reformen und Umstrukturierung sind die unabweisbaren Forderungen der Stunde. Was wir in Friedenszeiten hätten tun sollen, muß nunmehr in der Hitze und unter dem Druck des Kampfes geschehen.

a. Wir brauchen ein eigenes repräsentatives Imperial War Committee, an dessen Beratungen die Oberbefehlshaber der Teilstreitkräfte teilnehmen können. Wir müssen eine langfristige Heimat- und Überseestrategie entwerfen und ohne Aufschub in die Tat umsetzen. Vor allem gilt es, in möglichst vielen Bereichen die Initiative nicht zu verlieren, sondern zu ergreifen. Für Aktionen, die die Generalplanung ergänzen, sind Unterausschüsse mit voller Handlungsfreiheit einzusetzen. Ein derartiger Unterausschuß hätte sich um die deutschen Schlachtkreuzer in Brest kümmern und die Zentrale für die Organisation aller Angriffsvorbereitungen sein müssen. Seine Aufgabe wäre es gewesen, alle Informationen aufzunehmen und gesammelt auszuwerten sowie sämtliche Befehle auf dieser Grundlage zu erarbeiten. Damit hätte der Ausschuß zweifellos das Geschehen überblicken können, das wir jetzt erst, lange nach dem Durchbruch des Feindes, mühevoll zusammensetzen müssen.

b. Es ist für eine viel engere Koordination der Teilstreitkräfte untereinander sowie mit ihren Befehlstellen und Einheiten zu sorgen. Die rechte Hand muß stets wissen, was die linke tut. Man könnte mit einer Vielzahl von Beispielen belegen, daß zwischen Gruppenkommandos, deren Operationsbereiche sich überschneiden, gewaltige Verständigungslücken klaffen.

c. Das Coastal Command ist der Admiralität in jeder Hinsicht untergeordnet. Das Kommando sollte aufgelöst, der größte Teil seiner Aufgaben einer Royal Naval Air Force, der Rest dem Fighter Command übertragen werden. Die Existenz des Coastal Command ist überflüssig und scheint Verzögerungen und Verwirrung nicht zu bremsen, sondern zu fördern.

d. Man sollte Männer für Aufgaben finden, nicht umgekehrt. Der rechte Mann muß vor dem richtigen Zeitpunkt am richtigen Platz stehen — dann, und nur dann, können wir den Krieg mit maximalem Einsatz führen, unser großes Kräftepotential mobilisieren, ausnutzen und zur Wirkung bringen.

Können, Tapferkeit und Zuversicht unserer Männer sind wertvolle Kraftreserven unseres Volkes, mit denen bislang allzuoft Schindluder getrieben worden ist. Das Beispiel solcher Männer veranlaßt mich, so zu schreiben, wie ich es jetzt tue, und festzustellen, daß ich mich hinter solchen Vorbildern von Mut und Tatkraft nicht länger verstecken kann. Ich erlaube mir daher, Folgendes zu unterbreiten:

a. Ich bitte um Genehmigung, auf meine Offiziersstelle verzichten und mich erneut meiner politischen Arbeit als unabhängiger Kandidat der Chichester Parliamentary Division widmen zu dürfen, die ich aufgab, als ich den Krieg unabwendbar kommen sah, und die mir im Vergleich zu meiner jetzigen Tätigkeit eine bessere Möglichkeit zu bieten scheint, meinem Land zu dienen.

b. Als Alternativvorschlag bitte ich um Erlaubnis, auf meine Offiziersstelle verzichten und in der Königlichen Kriegs- und Handelsmarine an die Seite jener Seeleute treten zu dürfen, die seit jüngstem soviel größeren Gefahren ausgesetzt sind.

c. Ich bitte um Weiterleitung dieses Briefes an den Air Council, damit die Öffentlichkeit von dem, was mein Schreiben an Nützlichem für sie enthalten mag, erfährt."

Kidd legte den Bericht Ramsay vor, der bemerkte: „Sie sprechen mir aus der Seele. Aber wer wird uns glauben? Die müssen nach einem Sündenbock suchen, und der werde ich sein. Aber was kann ich tun?"

Was seine eigene Person betraf, irrte er sich. Indes folgte der Niederlage eine Flut von Beschuldigungen und Gegenbeschuldigungen, an denen die ganze Verbitterung abzulesen war, die der Durchbruch der Brestgruppe in Whitehall hervorgerufen hatte. In einem Brief der Admiralität an das Air Ministery heißt es mit Bezug auf den Beaufort-Angriff auf die *Campbell* und *Vivacious* zu dem Zeitpunkt, da man die *Worcester*-Verwundeten an Bord holte: „Nach unserer Meinung verlangt der ungerechtfertigte Angriff auf S. M. Zerstörer durch drei Beaufort-Torpedoflugzeuge am 12. Februar eine Erklärung. Wir fügen den Bericht des älteren Offiziers bei."

Aus einer wahrscheinlich realistischeren Einstellung heraus, jedoch mit einem fatalen Mangel an Taktgefühl erwiderte das

Ministerium: „Bei tiefhängender Wolkendecke, schlechter Sicht und allgemein schlechten Wetterbedingungen war ein gewisses Maß an Verwirrung unvermeidlich. Die drei in Rede stehenden Maschinen hielten das Ziel für feindliche Kriegsschiffe."

Kidd war nicht der einzige Offizier, den die Schlappe empörte. Ganz England fühlte sich beschämt und brüskiert, jeder Brite sah sich an Sir Francis Drake und die Spanische Armada erinnert. Die *Times* wetterten in einem Leitartikel: „Vizeadmiral Ciliax hatte Erfolg, wo der Herzog von Medina Sidonia scheiterte. Nichts seit dem 17. Jh. hat den Stolz unserer Seestreitkräfte stärker verletzt."

Das war für Großbritannien der deprimierendste Aspekt des geglückten deutschen Unternehmens. Denn es bedeutete das Ende jener Royal-Navy-Legende, daß der *English Channel,* wie man ihn stolz nannte, im Krieg von keiner feindlichen Schlachtflotte passiert werden könne.

Überregionale Zeitungen und die Provinzpresse pflichteten der *Times* bei und erregten sich darüber, daß man dieses ehrenrührige Desaster überhaupt hatte geschehen lassen. Ein Leitartikel des in ganz England gelesenen Londoner *News Chronicle* sagte dazu: „Diese Episode zeugt zwar für den Mut und standhafte Pflicht-erfüllung einzelner, wirft aber auf die Hauptverantwortlichen kein günstiges Licht." Im Unterhaus wurde der Vorfall als „der größte Fehler in diesem Krieg" bezeichnet.

Während die britische Presse tobte, freute sich die deutsche Marine ihres Sieges. Vierzig Meilen westlich von Drontheim lag das deutsche Schlachtschiff *Tirpitz* im Fjordversteck. Am 13. Februar hörten die Offiziere während des Mittagessens in der Offiziersmesse die Rundfunkmeldung: „Unter dem Befehl von Vizeadmiral Ciliax haben *Scharnhorst, Gneisenau* und *Prinz Eugen* in der Nacht vom 11. zum 12. Februar Brest verlassen und passierten im Schutz der Luftwaffe den Kanal und die Straße von Dover. Sie haben inzwischen deutsche Häfen erreicht." Diese Nachricht löste an Bord der *Tirpitz* große Begeisterung aus.

Weitere Nahrung erhielt der deutsche Jubel am 24. Februar, als in Marinekreisen ein Memorandum mit der Übersetzung des erwähnten *Times*-Leitartikels zirkulierte, der den deutschen Durchbruch mit dem Unternehmen des Herzogs von Medina Sidonia verglich. Man genoß den Triumph in Wilhelmshaven, in Kiel — und in der Wolfsschanze in Ostpreußen.

Wie das Ende der Geschichte für die Briten aussah, belegt folgende kurze Eintragung in einem Kriegstagebuch des Coastal Command am Freitag, dem 13. Februar, um 16.25 Uhr: „Brest ist dringlichkeitsmäßig wieder auf normal eingestuft — einmal pro Woche."

Bald hatte die RAF ihren Humor wiedergefunden. Am Tage nach dem Durchbruch, als auf dem Radarschirm drei in West-Ost-Richtung auf den Kanal zuhaltende „Blips" erschienen, sagte jemand: „Wißt ihr, was das ist? Die Deutschen kommen zurück!"

Aber außer der RAF mochte niemand die Dinge derartig zynisch auf die leichte Schulter nehmen. In den achtundvierzig Stunden nach der sicheren Heimkehr der deutschen Schlachtschiffe geriet nach und nach ganz England in Zorn.

Die *Daily Mail* schrieb: „Noch immer wird über die Gründe für den geglückten Durchbruch der deutschen Kriegsschiffe debattiert — in jeder Wohnung, in jedem Club, in jedem Gasthaus, im ganzen Land. Gewiß ist nur eines: irgend jemand muß da versagt haben. Abermals taucht der Verdacht auf, daß es zwischen Air Force und Navy an der notwendigen Zusammenarbeit mangelt.

Der Zwischenfall ist symptomatisch. Die Öffentlichkeit reagiert auf die vielen ‚Erklärungen' mit müder Resignation. Und auch das ist symptomatisch.

Symptomatisch für das allgemeine Empfinden, daß mit der britischen Kriegführung etwas nicht stimme; und dieses Empfinden präzisiert sich in der fast einhelligen Forderung, Schlappe und Unfähige aus hohen Positionen zu entfernen."

So entschloß sich Churchill, obgleich er für diesen Aufschrei der Öffentlichkeit ganz und gar keine Sympathie aufbrachte, zu einem beispiellosen Schritt, um sein Kabinett zu decken. Am folgenden Montag, vier Tage nach dem deutschen Durchbruch, nahmen in Whitehall hinter einem langen Tisch drei Herren Platz. Sie sollten der ersten je anberaumten gerichtlichen Untersuchung über die Führung einer Schlacht vorsitzen.

Die drei Ausschußmitglieder waren Mr. Justice Bucknill als Präsident, Air Chief-Marshal Sir Edgar Ludlow-Hewitt, Generalinspekteur der Royal Air Force, und Vizeadmiral Sir Hugh Binney als Vertreter der Marine.

Mr. Justice Bucknill sagte: „Dieser Ausschuß ist zuständig für eine Untersuchung der Umstände, unter denen die deutschen Schlachtschiffe *Scharnhorst* und *Gneisenau* in Begleitung des schweren Kreuzers *Prinz Eugen* am 12. Februar 1942 von Brest nach Deutschland marschierten sowie der Maßnahmen, die zur Verhinderung des Unternehmens ergriffen worden sind." Unterzeichnet war die Ermächtigung von Winston S. Churchill, Minister of Defence.

In Wirklichkeit bestand die Aufgabe dieses illustren Tribunals darin, Marine und Luftwaffe reinzuwaschen und das Vertrauen in Churchills Regierung wiederherzustellen.

Der Ausschuß war nicht zur Ladung von Admiralen befugt, doch fand sich der Befehlshaber der Unterseeboote Admiral Sir Max Horton zu einer Stellungnahme bereit; der Ausschuß war nicht überzeugt, daß Sir Max aus anderen Gebieten genug U-Boote zusammengezogen hatte, um einen möglichen Durchbruch zu vereiteln. Privat äußerte Sir Max: „Wenn ich nicht ohne einen Ausschuß von sogenannten Experten ermitteln kann, was in meinem Kommando nicht stimmt, werde ich meinen Abschied von der Marine nehmen und Hühner züchten." Diese Haltung war typisch für die eigenmächtige Selbstherrlichkeit, die Befehlshaber in Teilstreitkräften in dieser Periode des Krieges an den Tag legten.

Der Ausschuß lud eine ganze Anzahl von hohen Offizieren vor, die Entschuldigungen und lahme Rechtfertigungen für ihre Mitwirkung an der Katastrophe vorbrachten. Die meisten Zeugen wußten das. Auch Gerald Kidd wurde auf seinen Bericht hin vor das Bucknill-Tribunal zitiert. Nach der Aussage meinte Admiral Ramsay beim Mittagessen im Senior United Services Club zu

Kidd: „Das war reine Zeitverschwendung, Sie könnten ebensogut gleich kehrt marsch! nach Hause gehen. Die Herren machen sich ja nicht einmal Notizen. Es geht hier um eine Mohrenwäsche."

Das Coastal Command, für die Aufklärungspatrouillen *Stopper*, *Line SE* und *Habo* verantwortlich, versuchte durch Zeugen erklären zu lassen, weshalb die deutschen Schlachtschiffe sich bereits vierzehn Stunden auf See befunden hatten, ehe sie vor Boulogne entdeckt wurden. Ergebnis dieser Ausführungen: eine durchgeschmorte Sicherung bei *Stopper*, ein feuchtgewordener Steckkontakt bei *Line SE*.

Sir Philip Joubert, der seine drei Beaufort-Staffeln falsch plaziert hatte, erläuterte: „Der Feind konnte aus Brest unerkannt auslaufen, weil Dunkelheit herrschte und das Radar versagt hatte."

Der Ausschuß wollte wissen, warum Victor Beamish nach Sichtung der Schlachtschiffe nicht sofort über Funk das Fighter Command verständigt habe. Besonders die Marine kritisierte dieses auf sturer Pedanterie beruhende Versagen des Fighter Command. Als die Kriegsschiffe der Royal Navy den Feind erspähten, standen sie unter dem Befehl, sofort Position, Kurs und Fahrt zu melden — wie es Nigel Pumphreys Schnellboote getan hatten. Über die Geheimniskrämerei mit den Standorten des bereits gesichteten Feindes sagte Admiral Binney: „Es wäre einfach lächerlich, wenn ein Schiff, das den Feind gesichtet hat, mit der Meldung wartet, bis es in den Hafen zurückgekehrt ist!"

Dennoch fand das Tribunal Beamishs Handlungsweise richtig. Indes gewann die Schuldfrage für seinen Fall keine Bedeutung, weil er einen Monat später mit seiner Spitfire bei einem Nahkampf über der Sommemündung abgeschossen und getötet wurde. Seine Leiche wurde nie gefunden.

Sorgfältig wurde vertuscht, daß gleichzeitig Sq.-Ldr. Oxspring die Funkstille brach und Meldung machte — jedoch ohne damit beim 11. Geschwader auf Interesse zu stoßen. Mit Bezug auf das 11. Geschwader des Fighter Command führte das Bucknill-Tribunal aus:

„Unglücklicherweise beachtete man bei dem für die *Jim-Crow*-Streife verantwortlichen 11. Geschwader nicht genügend die Möglichkeit eines Durchbruchs der deutschen Schiffe zu diesem Zeitpunkt. Sicher, man wußte vom Anlaufen des Unternehmens ‚Fuller‘, war aber laut Aussagen einiger Zeugen nicht über die Pannen bei den Nachtstreifen informiert. Also maß man den Radar-‚Blips‘ auch nicht die gebührende Bedeutung bei und versäumte es, den Sachverhalt rasch durch zusätzliche Erkundungsflüge klären zu lassen. Hätte man diesen Radar-‚Blips‘ nachgeforscht, sobald die ersten Zweifel über ihre Beschaffenheit auftauchten, so wäre das feindliche Geschwader möglicherweise wesentlich früher gesichtet worden."

Wenn das 11. Geschwader kriegstüchtig gewesen wäre, hätte eine Warnung mindestens zwei Stunden früher gegeben werden können. Da das Wetter zu jenem Zeitpunkt aufgeklart hatte, bestanden für einen Bomberangriff mit panzerdurchbrechenden Bomben gute Erfolgsaussichten.

Nach Aussage von Wing-Cdr. Constable-Roberts hatte das 11. Geschwader die Gestellung von Jagdschutz gemeldet, als Esmonde gestartet war. Flt.-Lt. Kidds schriftlicher Bericht bekräftigte dies.

Kidd gab dem Tribunal folgende Darstellung: Manston informierte ihn, daß die Swordfish gestartet seien und über dem Flugfeld kreisten. Zugleich meldete Hornchurch, die dort stationierten Jäger befänden sich über Manston. Da Manston berichtete, daß keine Jäger zu sehen seien, verlangte Kidd von der Telefonistin in Hornchurch eine Verbindung mit dem Fliegerleitoffizier, erhielt jedoch zur Antwort, dieser sei am Auswertetisch und unabkömmlich. Kidd erläuterte, er wolle mit ihm den derzeitigen Standort der Jäger klären — und mußte sich von der Dame sagen lassen, den wisse der Fliegerleitoffizier selber nicht. Erst nach wiederholtem energischem Nachfragen erfuhr Kidd endlich, daß die Jäger sich den Swordfish nicht angeschlossen hätten.

Jetzt wurde er ernstlich wütend. Auf eine Information von Hornchurch hin, daß sich die Jäger verspäten würden, hätte er versucht, die Swordfish länger auf Warteposition über dem Flugplatz zu halten. Admiral Ramsay hatte Esmonde für seinen „Selbstmordangriff" nur deswegen Starterlaubnis erteilt, weil er glaubte, fünf Jagdstaffeln seien bereits unterwegs und würden den Geleitschutz der Swordfish übernehmen. Gleichwohl überging das Bucknill-Tribunal die Tatsache, daß vier Staffeln nicht rechtzeitig eintrafen.

Natürlich waren nach diesem Triumph der Deutschen über die Royal Navy und die Royal Air Force seitens der britischen Teilstreitkräfte nur Ausflüchte und nochmals Ausflüchte zu erwarten. Wie Hitler vorhergesehen hatte, vermochte der Gegner schnelle Entscheidungen weder zu treffen noch durchzuführen. Ja, in typischer Bürokratenmanier beklagte sich das Bomber Command sogar darüber, daß seine Operationen durch einen Mangel an „rechtzeitiger Unterrichtung" behindert worden seien.

Admiral Ramsay blieb als einer von ganz wenigen ehrlich und aufrichtig. Er gab offen zu, daß er sich vorwerfe, das Eintreffen der Deutschen in der Straße von Dover nicht präziser vorausgesehen zu haben, und sagte weiter: „Unsere gesamten Operationen litten vor allem darunter, daß wir die schweren Schiffe des Gegners nicht am 12. Februar bei Tagesanbruch entdeckten. Dann nämlich hätten wir genügend Zeit gehabt, unsere Haupteingreifverbände zu alarmieren und zu Angriffen in den engen Gewässern der Straße von Dover einzusetzen. Aus dieser besonders vorteilhaften Position heraus wäre es uns möglich geworden, unsere zahlenmäßige und taktische Luftüberlegenheit auszunutzen, zumal wir durch Radar über den Feindkurs genau Bescheid wußten. Mangels anderer Informationen während der Nacht hätten wir uns durch eine erfolgreiche Streife in der Dämmerung westlich von Dover vom Nahen des Feindes zwei Stunden früher überzeugen können.

Hauptsächlich hofften wir, daß der Feind vor Tagesanbruch passieren werde, was nicht nur für die Swordfish-Staffel, sondern auch für Klein-Fahrzeuge und Zerstörer am günstigsten gewesen wäre. Statt dessen mußten diese Kräfte dann bei Tageslicht angreifen, und zwar ohne den Vorteil eines potentiell überlegenen Jagdschutzes, der ja nie zustande kam. Von Torpedoangriffen durch Überwassereinheiten bei Helligkeit war kaum etwas zu erwarten, weil sie unter sehr viel ungünstigeren Bedingungen in See stechen mußten.

Ferner hatte man sich einiges von den kürzlich gelegten Minensperren versprochen — aber leider räumte der Feind mit starken Minensuchereinheiten eine Fahrrinne. Allerdings wurde bekannt, daß die großen Schiffe dann doch auf zwei Minen gelaufen sind."

Wie seine RAF-Verbindungsoffiziere rügte Ramsay alle drei RAF-Kommandos — Coastal, Bomber und Fighter Command. Sein Bericht wurde jedoch geheimgehalten und unterdrückt: in den veröffentlichten Unterlagen des Untersuchungsausschusses findet er mit keiner Silbe Erwähnung.

Einer der Hauptschuldigen ist die Admiralität. Während die Deutschen unbehelligt und triumphierend Dover passierten, weigerte sich die britische Marine, Schlachtschiffe aus Scapa Flow heranzuziehen.

Der Erste Seelord Admiral Sir Dudley Pound wollte seine Schlachtschiffe nur in sichersten Gewässern einsetzen. Er hatte Gründe dafür, seine Entscheidung ließ aber wohl zu große Vorsicht erkennen.

Auch die Flottenfliegerverbände mußten eine wichtige Frage beantworten: Weshalb blieben an jenem Tag 24 Swordfish-Maschinen in Lee-on-Solent am Boden? Offiziell wurde dazu erklärt, es habe sich in Lee-on-Solent nicht ein einziger ausgebildeter Pilot, Beobachter oder Bordschütze befunden. Traf das zu, oder war es ein weiteres bürokratisches Argument?

Das RAF-Command trägt gleiche Verantwortung. Nach dem Swordfish-Angriff verstrichen drei Stunden, bis das Coastal Command jede verfügbare Maschine einsetzte und Torpedo-Flugzeug-Staffeln — jedoch zu spät — von Schottland nach Cornwall verlegte und in die Schlacht warf.

Zwölf Tage dauerte die Untersuchung. Kaum lagen die Ergebnisse dem Premierminister Anfang März 1942 vor, da senkte sich ein Schleier der Geheimhaltung über das Ganze. Trotz offizieller Behauptungen, der Bericht bringe jede Stimme der Kritik zum Schweigen, informierte man selbst Parlamentsmitglieder nur lückenhaft über den wahren Sachverhalt.

Am 18. März 1942 erfuhr das Parlament durch den stellvertretenden Premierminister Attlee vom Bucknill-Report (Command Paper 6775). In Beantwortung einer Frage sagte Attlee, der Bericht sei eingegangen, dürfe jedoch nicht veröffentlicht werden, da er Informationen enthalte, die dem Feind nützen könnten. Ferner meinte Attlee: „Der Gesamtbefund läßt nicht erkennen, daß es auf unserer Seite größere Mängel an Voraussicht, Kooperation oder Organisation gegeben hätte." Das Parlament war damit nicht zufrieden — und die Presse auch nicht.

Durch die Kritik offenbar sehr gekränkt, zitierte Churchill vor dem Haus eine Stellungnahme der Admiralität, die sie am 2. Februar, also zehn Tage vor dem Durchbruch der deutschen Kriegsschiffe, abgegeben hatte:

„Auf den ersten Blick erscheint der Marsch durch den Kanal für die Deutschen riskant. Aber da ihre schweren Schlachtschiffe nicht voll einsatzfähig sind, könnten sie einem solchen Kurs den Vorzug geben. Sie würden sich auf den Schutz durch ihre schlagkräftigen Zerstörer- und Luftwaffeneinheiten verlassen, wohl wissend, daß wir ihnen im Kanal keine schweren Schiffe entgegenzustellen haben. Eine Durchfahrt beider Schlachtkreuzer und des schweren 20,3-cm-Kreuzers mit fünf großen und fünf kleinen Zerstörern sowie einem ständigen Luftschirm von etwa zwanzig Jägern durch den Kanal ist deshalb nicht ausgeschlossen. Nach Abwägen aller Faktoren . . . erscheint der Weg durch den Kanal als der wahrscheinlichste Weg für die deutschen Schiffe, falls und sobald sie Brest verlassen." Weiter sagte Churchill: „Ich verlese dieses Dokument vor dem Hause, weil ich unsere Abgeordneten davon überzeugen will, daß unsere Angelegenheiten nicht, wie Witzzeichner in der Presse uns glauben machen wollen, in den Händen von Einfaltspinseln und Schwachköpfen liegen."

Der Bericht wurde 1946 veröffentlicht. Dann aber wirkten die Einzelheiten, die man vier Jahre lang geheimgehalten hatte, alles andere als sensationell. Auch im Nachkriegsengland wußte man durch geschickte Verschleierungstaktik zu verhindern, daß Details der unzulänglichen britischen Abwehrmaßnahmen im Zuge des deutschen Durchbruchs zur Kenntnis der Öffentlichkeit gelangten. Denn diese offizielle Darstellung enthält mehr Fehlinformationen und Unsinn als die meisten Regierungsdokumente. Man kann nur schwer glauben, daß einige der Tatsachen vorsätzlich gefälscht wurden, selbst in Anbetracht der damals besonders prekären Situation mitten im Krieg. Gleichwohl läßt eine solche Häufung von Unterlassungen und Ausreden, wie sie der Bericht zeigt, eigentlich nur den Schluß zu, daß dieser Untersuchungsausschuß ziemlich nachlässig „untersucht" hat.

Freilich ist auch der Zeitpunkt der Vorfälle zu bedenken. Man befand sich mitten im Krieg. Die britische Öffentlichkeit war angesichts der Niederlagen von Dünkirchen bis Singapur schon so verzagt, daß man ihr besser nicht auch noch enthüllte, welchen britischen Fehlleistungen die Deutschen den Erfolg ihres Unternehmens verdankten.

Im Bericht heißt es:

„Nach Angriffen auf Geleitzüge lagen *Gneisenau* und *Scharnhorst* am 28. März 1941 in Brest. Der 20,3-cm-Kreuzer *Prinz Eugen,* der Norwegen in Begleitung der *Bismarck* verlassen hatte, stieß nach dem Verlust der *Bismarck* zu den Schlachtschiffen in Brest. Der Kreuzer wurde dort im Trockendock erstmals am 4. Juni gesehen.

Luftbildaufklärung am 29. und 31. Januar ergab, daß in Brest zwei Zerstörer, fünf Torpedoboote und acht Minenräumboote eingetroffen waren.

Die Admiralität hat den Weg durch den Kanal in Richtung auf deutsche Heimatgewässer stets für den wahrscheinlichsten und sichersten Durchbruchskurs der Schlachtkreuzer gehalten. Daneben bestand die Möglichkeit eines Ausbruchs in den Atlantik, eines Einlaufens ins Mittelmeer nach Genua sowie einer nördlichen Umschiffung der Britischen Inseln mit dem Ziel der Rückkehr in deutsche Gewässer.

Am 2. Februar prüfte die Admiralität erneut die Lage und kam zu dem Ergebnis, daß die Schiffe höchstwahrscheinlich durch den Kanal marschieren würden. Das bekräftigten Anzeichen wie die

Zusammenziehung von Torpedo- und Schnellbooten, Minensuchern und anderen leichten Fahrzeugen entlang der Küste von Le Havre bis Hoek van Holland.

Es war durchaus ernsthaft damit zu rechnen, daß die feindlichen Schiffe versuchen würden, die Dover-Enge im Schutz der Dunkelheit zu passieren. Die Entfernung zwischen Brest und der Straße von Dover beträgt 360 Meilen. Während der Wintermonate konnten die Schiffe Brest kurz vor der Dämmerung verlassen, den Kanal bei Dunkelheit durchlaufen und die Straße von Dover bei Morgengrauen erreichen. Sie konnten auch Brest verlassen, am nächsten Tag in Cherbourg anlegen und die Enge in der folgenden Nacht passieren.

Da der Feind die gesamte kontinentale Küste von Norwegen bis Spanien in der Hand hatte, war an eine Beteiligung unserer eigenen schweren Schiffe an der Operation nicht zu denken. (Mit anderen Worten: die Deutschen konnten es riskieren, die Royal Navy nicht!)

Betr. Durchführungsbefehl ‚Fuller‘ gab die Admiralität am 3. Februar dem Oberbefehlshaber Nore Weisung, sechs Zerstörer mit Torpedos in sechsstündiger Abrufbereitschaft für Einsatz unter dem Befehl von Vizeadmiral Dover in der Themsemündung zu stationieren. Zwei schnelle Minenleger, *Welshman* und *Manxman* (letzterer wurde dann nicht eingesetzt) wurden bereitgestellt und sechs Swordfish nach Manston verlegt. Das U-Boot *Sealion* bekam Order, sich zwei vor Brest patrouillierenden U-Booten anzuschließen. Auch wurden drei Beaufort-Staffeln in Bereitschaft versetzt. Die eine Staffel lag in Leuchars, Schottland, und sollte gegen die *Tirpitz* in Drontheim operieren. Die zweite Staffel befand sich in St. Eval, Cornwall, die dritte war auf St. Eval und Thorney Island unweit Portsmouth verteilt. Die Leuchars-Beauforts wurden nach Coltishall, Norfolk, kommandiert.

Vom 10. Februar an standen 100 Bomber in Bereitschaft. Ebenfalls vorgewarnt war das 11. Geschwader des Fighter Command. (Für 300 Bomber wurde die Bereitschaft aufgehoben, ohne daß man die Admiralität verständigte!) Am 11. Februar trafen zwei weitere deutsche Zerstörer in Brest ein; damit waren es vier.

Am 11. Februar ergab die Luftbildaufklärung, daß alle drei Schiffe die Docks verlassen hatten und sechs Zerstörer im Hafen standen.

Das U-Boot *H. M. S. Sealion* sichtete keine großen Schiffe, während es in der Nähe der Heulboje lag. Um 19.00 Uhr zog es sich von dieser höchst gefährlichen Patrouille mit dem Gezeitenstrom zurück, tauchte südlich der Heulboje auf und blieb dort bis 20.35 Uhr, ohne ein feindliches Geschwader zu sichten. (In Wahrheit brach die *Sealion* um 14.00 Uhr auf und hatte sich in der Nacht des 11. Februar bereits dreißig Meilen weit entfernt.)

In der Nacht vom 11. zum 12. Februar wurde die *Stopper*-Patrouille vor Brest befehlsgemäß von 19.40 bis 07.00 Uhr geflogen. Die erste Maschine hob um 18.27 Uhr ab; als sie einer Ju 88 begegnete, schaltete sie das Radar ab. Bei Einschalten um 19.20 Uhr erwies sich das Gerät als nicht betriebsfähig. Die Störung rührte von einer durchgebrannten Sicherung her, die an Bord nicht ersetzt werden konnte. Deshalb kehrte diese Maschine zum Horst zurück. Die Besatzung bestieg eine andere Maschine, nahm ihre Streifentätigkeit um 22.38 erneut auf und blieb bis 23.43 Uhr unterwegs. Eine dritte Maschine übernahm von 23.36 bis 03.10 Uhr, eine vierte von 02.45 bis 07.01 Uhr. Es wurde nichts gesehen; allerdings war bei *Stopper* zwischen 19.40 und 22.38 Uhr eine Beobachtungslücke von drei Stunden entstanden.

Die Patrouille *Line SE* erfaßte den Bereich zwischen Ushant und Ile de Bréhat. Sie wurde am 11. Februar zwischen 19.40 und 23.40 Uhr angesetzt. Die Maschine erreichte ihren Abgangspunkt um 19.36; dann fiel ihr Radar durch einen unklaren und sehr ungewöhnlichen Defekt aus, der bis zur Stunde noch nicht gefunden wurde. Sie blieb auf Patrouille, meldete den Defekt jedoch um 21.13 Uhr und erhielt Befehl zur Rückkehr. Eine Ersatzmaschine wurde nicht ausgeschickt. Ohne das Auftreten technischer Fehler an Bord hätten beide Patrouillen eine ausgezeichnete Chance gehabt, das deutsche Geschwader zu sichten.

Am 12. Februar morgens sichteten zwei Spitfires über Boulogne Schnellboote beim Verlassen des Hafens. Wegen des ständigen Befehls, keinerlei Funkverbindung aufzunehmen, kehrten sie zwecks Berichterstattung umgehend zum Horst zurück.

Um 10.20 Uhr starteten zwei Spitfires zum Überfliegen des Gebietes zwischen Boulogne und Fécamp. Fünfzehn Meilen vor Le Touquet sichtete Sq.-Ldr. Oxspring 20 bis 30 Fahrzeuge im Konvoi. Nach seiner Rückkehr und Landung um 10.50 in Hawkinge wurde diese Beobachtung nach Dover und an das 11. Geschwader weitergeleitet. (Oxspring hatte eine halbe Stunde früher — um 10.20 Uhr — Alarm gegeben, der jedoch beim 11. Geschwader völlig unbeachtet blieb!)

Sgt. Beaumont, der sich bei Sq.-Ldr. Oxspring befand, sagte aus, daß er ein Schiff mit Dreibeinmast und Aufbauten gesichtet habe. An Hand einer Sammlung deutscher Schiffssilhouetten identifizierte er ein deutsches Großkampfschiff.

Um 10.42 Uhr überflogen Group-Cpt. Victor Beamish und Wing-Cdr. Boyd gesondert von den Schiffsaufklärern das deutsche Geschwader unmittelbar und wurden von Messerschmitts angegriffen. Sie wahrten Funkstille bis zur Landung um 11.09 Uhr und informierten dann den Nachrichtendienst des 11. Geschwaders, Fighter Command.

Zwischen 10.00 und 10.15 Uhr erschienen Überwasserschiffe auf den Bildschirmen der Radarstation Beachy Head. Auf Grund von Fernsprechverzögerungen — eine Leitung war besetzt — konnte diese Beobachtung Dover erst um 10.40 Uhr übermittelt werden. Um 10.50 registrierte das Radar bei Fairlight feindliche Schiffe. Dover wurde verständigt.

Die Swordfish-Maschinen hatten Befehl, um 12.20 aufgestiegen zu sein und um 12.45 anzugreifen. Für 12.25 war ihr Rendezvous mit dem Jagdschutz über Manston vorgesehen. Unerwarteter Verzögerungen wegen trafen die Jäger nicht rechtzeitig ein.

Zwei Staffeln der Biggin-Hill-Gruppe erreichten Manston verspätet und flogen danach zum Einsatzziel. Gruppe Hornchurch verpaßte die Swordfish bei Manston ebenfalls und suchte den Raum Calais erfolglos ab. Um 12.00 Uhr brachen sechs Swordfish in Begleitung von zehn Spitfires auf. Zehn Meilen hinter

Ramsgate erschienen deutsche Jäger und lieferten den Spitfires ein Luftgefecht.

Am Morgen des 12. Februar standen 36 einsatzklare Beauforts zur Verfügung. Es waren sieben Flugzeuge der 217. Staffel von Leuchars in Fife, 14 der 42. Staffel in St. Eval sowie 15 der 86. und 217. Staffel (mit Ausnahme dreier Maschinen, die sich über dem Golf von Biscaya aufhielten) von Thorney Island. Vier Maschinen befanden sich in Sofortbereitschaft und flogen um 13.40 Uhr unter Pilot Officer Carson nach Manston, trafen jedoch für ein Rendezvous mit den Jägern zu spät ein. Als sie Manston erreichten, splitterte sich der Beaufort-Verband wegen der großen Anzahl dort kreisender Maschinen auf. (Der Bericht unterschlägt das Durcheinander, die durch die Umstellung der Maschinen auf Sprechfunk und die vergeblichen funktelegraphischen Ansprechversuche der Bodenstellen entstand.) Nachdem Carson eine Standortangabe erhalten hatte, erreichte er die Position der deutschen Schlachtkreuzer um 16.40 bei schlechter Sicht. Er warf seinen Torpedo aus 1500 Meter Entfernung und wurde von Flak getroffen. Ein zweiter Pilot fand die Deutschen um 18.00 Uhr und griff sie an.

Die zwei restlichen der ursprünglich vier Beauforts kreisten einige Zeit über dem Flughafen, landeten dann in Manston und starteten wieder. Kurz nach 15.00 Uhr fanden sie das deutsche Geschwader. Um 15.40 wurden ihre Torpedolaufbahnen beobachtet. Die drei anderen in Thorney Island verbliebenen Flugzeuge flogen nach Manston und nahmen um 15.00 Uhr Kurs auf das Ziel. Die Sichtverhältnisse waren so schlecht, daß sie einzeln angriffen. Eine Maschine wurde von Jägern oder Flak abgeschossen.

Die Leuchars-Staffel wurde durch ein verschneites Flugfeld aufgehalten, doch trafen 14 einsatzbereite Beauforts um 11.45 Uhr in Coltishall ein. Drei Maschinen hatten keine Torpedos an Bord; diese sollten nach Coltishall geliefert werden, kamen jedoch nicht rechtzeitig. Zwei Maschinen hatten Motorenschaden. Die verbliebenen neun Maschinen erhielten Marschbefehl nach Manston, um sich dort einer Formation Hudsons anzuschließen, die für einen Ablenkungsangriff vorgesehen waren. Sie erreichten Manston um 14.53 Uhr und gingen um 15.34 (wiederum ohne Funkbefehle!) in Begleitung von fünf Hudsons auf Zielkurs. Der schlechten Sicht wegen wurden sie voneinander getrennt. Die Hudsons bombardierten die Schiffe vor Beginn der Torpedoangriffe; zwei Hudsons gingen verloren.

Um 16.04 Uhr sichteten die Beauforts die deutschen Schiffe und griffen sie in einer Kette von sechs und einer von drei an. Sie warfen sieben Torpedos, konnten des heftigen Flakbeschusses wegen aber keine Resultate beobachten. (Kein Wort hier über Pizeys Flaggschiff *Campbell*, das während dieser Aktion beinahe versenkt worden wäre!)

Die Abteilung St. Eval. Um 12.20 Uhr wurden die Beauforts von St. Eval nach Thorney Island beordert. Sodann bekamen sie Befehl, sich um 17.00 Uhr in Coltishall an den Jagdschutz anzuschließen. Um 17.01 Uhr waren sie über Coltishall, trafen dort zehn Jäger und nahmen mit ihnen Kurs auf das deutsche Geschwader. Um 17.41 befanden sie sich über dem geschätzten Standort der Schiffe. Um 18.05 Uhr sahen sie deutsche Minensucher. Die Sichtweite betrug bei starkem Regen 100 Meter. Der Verband spaltete sich auf, die Maschinen verloren einander aus Sicht und konnten nicht mehr wirksam angreifen.

Zerstörer. Die in Harwich stationierten Zerstörer *Campbell*, *Vivacious*, *Mackay*, *Whitshed*, *Worcester* und *Walpole* waren alle zwanzig Jahre alt.

Um 11.56 Uhr lief Captain Pizey mit Flaggschiff *Campbell* aus. Um 15.17 sah er auf dem Radar zwei große Schiffe bei neuneinhalb Meilen. Um 15.43 geriet er unter schweren Beschuß der deutschen Schiffe. Trotzdem feuerten sie ihre Torpedos; die *Worcester* schoß die ihren aus 2400 Meter. Sie wurde von deutschen Granaten schwer getroffen, fing Feuer, konnte sich jedoch aus eigener Kraft in den Hafen zurückschleppen.

Um 11.27 Uhr starteten 242 Bomber und flogen den ganzen Nachmittags über. Neununddreißig Flugzeuge griffen an, 188 fanden die Schiffe nicht, fünfzehn kehrten nicht zurück. Zwölf Flugzeuge warfen Minen, die später *Gneisenau* und *Scharn-*

horst beschädigten. (In Wirklichkeit verursachten viel früher gelegte Minen diese Schäden.)

Fighter Command. Das 11. Geschwader hatte 21 Spitfire- und vier Hurricane-Staffeln. Am Gefecht nahmen ferner drei Staffeln des 10. Geschwaders und sechs Staffeln des 12. Geschwaders teil. Alles in allem formierten sich 34 Jagdstaffeln zu einem sehr schweren Angriff. Die meisten Angriffe wurden zwischen 14.05 und 15.05 Uhr durchgeführt, um die Beauforts bei den Torpedowürfen zu decken. Von insgesamt 398 Jagdmaschinen gingen 17 verloren."

Dann kamen die Schlußfolgerungen des Berichts.

„Koordinierung der Pläne. Fehlte es an ausreichendem Kontakt zwischen Streitkräften und Führung? Es muß vermerkt werden, daß es auch so etwas wie Überkoordination gibt. Für den Fall, daß die Deutschen durch den Kanal hinauffahren würden, sagte der Stellvertretende Chef des Marinestabes ‚eine einfache Schlacht' voraus, bei der ‚sämtliche Kräfte zum frühestmöglichen Zeitpunkt ins Gefecht geworfen werden' sollten."

Dann wurde ein wenig Kritik geübt: „Mit der Koordination klappte es nicht ganz — beispielsweise bei der Bereitstellung des Jagdschutzes für die Swordfish. Später indes scheinen die Kommandos reibungslos zusammengearbeitet zu haben (leider zu spät!). Unter diesen Umständen wissen wir keinerlei Vorschläge zur Verbesserung jener Dispositionen zu unterbreiten, die de facto ergriffen worden sind und eine hinlängliche Verbindung und Zusammenarbeit der Streitkräfte mit der Führung unserer Ansicht nach in befriedigendem Maße gewährleistet haben. Es fehlt nicht an Beweisen für Kooperation oder dem Willen zur Kooperation.

Ferner muß eingeräumt werden, daß die Anwesenheit der deutschen Schiffe nicht nur spät gemeldet wurde, sondern als Tatbestand überhaupt überraschte. Allgemein waren die mit diesem Problem befaßten Instanzen der Ansicht, daß die deutschen Schiffe die Straße von Dover bei Nacht passieren würden. Überdies muß daran erinnert werden, daß der Angriff von Zerstörern oder einer Handvoll Schnellboote bei vollem Tageslicht auf

Großkampfschiffe, die selbst nicht unter schwerem Beschuß lagen, bis dato als ein kaum vertretbares Wagnis gegolten hatte.

Das Luftwaffenministerium gab dem Fighter Command und dem Coastal Command nach Eingang der Nachricht, daß die deutschen Schiffe sich im Kanal befänden, folgende Weisung: ,*Scharnhorst* und *Gneisenau* 16 Meilen westlich von Le Touqeut um 11.50 im Kanal gemeldet. Außerdem ungewöhnliche feindliche Lufttätigkeit. Alle überhaupt verfügbaren Kräfte frühestmöglich einsetzen, um die feindlichen Schiffe und Flugzeuge zu vernichten. Diese unwiederbringliche Gelegenheit bis zum letzten ausnutzen.'

Nach seiner fünfzehntägigen Beschäftigung mit der Materie ist der Ausschuß beeindruckt, sowohl von den zahllosen Beweisen echten Heldentums, als auch von der offensichtlichen Entschlossenheit aller unserer Streitkräfte bei der Durchführung der Angriffe."

Noch eine andere — die letzte — zarte Andeutung einer Kritik enthält dieser Passus: „Selbst die Schwäche unserer Kräfte in Betracht gezogen, gelang es vor allem deshalb nicht, dem Feind mehr Schaden zuzufügen, weil seine Anwesenheit nicht früher entdeckt wurde. Das wiederum lag am völligen Versagen der Nachtaufklärer sowie an dem Versäumnis, bei Morgengrauen durch starke Kräfte aufklären zu lassen. In sämtlichen Einsatzbefehlen hieß es, die Deutschen würden den Kanal bei Dunkelheit passieren."

Dieser Bericht ist ein Musterbeispiel für Amtschinesisch und Vieldeutigkeit. Fast 700 Jäger und Bomber — die gesamte verfügbare Luftstreitmacht der RAF — wurden ins Gefecht geworfen und erzielten auf Grund von Verspätungen und planlosem Einsatz keinen Erfolg. Dreizehn junge Marineflieger starben einen sinnlosen Tod. Siebenundzwanzig junge Matrosen mußten ihr Leben lassen und achtzehn trugen schwere Verwundungen davon, als der Zerstörer *Worcester* allein gegen ein deutsches Schlachtschiff und einen Kreuzer ankämpfte — ein Akt mitleiderregenden Heroismus, der erspart geblieben wäre, wenn die Marine ihre größeren Schiffe eingesetzt hätte.

Sicherheits- und Geheimhaltungsbestimmungen wurden derartig starr gehandhabt, daß Hunderte anderer junger RAF-Piloten noch beim Start nicht die leiseste Ahnung hatten, um was es ging. Ein RAF-Squadron Leader meldete über Funk, daß die deutschen Schlachtschiffe sich im Kanal befanden — seine Meldung wurde ignoriert. Ein anderer Offizier indes, ein Group Captain, konnte sich selbst angesichts dieser Ausnahmesituation nicht dazu durchringen, die Funkstille zu brechen. Einige RAF-Torpedo-Flugzeuge, die in völligem Durcheinander gestartet waren, griffen die eigenen Zerstörer an und hätten sie fast versenkt. RAF-Nachtaufklärer im Kanalgebiet kehrten vorzeitig um und wurden nicht ersetzt, so daß dieser Raum drei entscheidende Stunden hindurch unbeobachtet blieb. Die deutschen Schlachtschiffe liefen zwar auf drei Minen — aber die kampferprobteste Luftwaffe und Kriegsmarine der Welt konnten sie nicht daran hindern, unmittelbar an ihrer Nase vorbei nach Deutschland zu fahren.

Diese harte Wahrheit, die Churchill seinen wütenden und verstörten Landsleuten nicht aufzutischen wagte, gipfelt in der Tatsache, daß mehrere hohe Befehlshaber der britischen Streitkräfte sich als völlig inkompetent erwiesen hatten. Hitler hatte recht behalten. Der von den Deutschen so umsichtig vorbereitete Durchbruch legte auf britischer Seite gravierende Kommunikations- und Organisationsschwächen bloß. Rückblickend muß man sich noch heute die bange Frage stellen, was geschehen wäre, wenn Hitler die geplante Invasion Großbritanniens tatsächlich durchgeführt hätte.

Der Durchbruch der Schlachtschiffe illustriert eindrucksvoll, wie der peinlich genaue Plan der Deutschen die hastigen, in letzter Minute improvisierten Maßnahmen des Gegners buchstäblich lahmlegte.

Kernübel der ganzen Geschichte war vielleicht die kurzsichtige Arroganz, die bei den britischen Streitkräften zutage trat. Zugegeben, man hatte im Fernen Osten gegen die Japaner Niederlagen einstecken müssen. Aber wie durch ein Wunder war die Armee aus Dünkirchen entkommen, die RAF Sieger in der

Schlacht um Großbritannien geblieben. Zudem hatte die Royal Navy durch Jahrhunderte ihre Überlegenheit bewiesen. Die britische Admiralität wertete einen deutschen Durchbruchsversuch durch den Kanal einfach nicht als ernstzunehmende Möglichkeit, daher ihre so kümmerlich-unzureichenden Dispositionen. Die jüngste Waffengattung, die RAF, glaubte zu jenem Zeitpunkt des Krieges die deutsche Luftwaffe bereits vor sich herzutreiben — flogen die Briten doch immer mehr Jagdeinsätze über Frankreich, bombardierten sie doch Nacht für Nacht mit ständig wachsendem Zerstörungspotential Deutschland.

Diese blasierte Haltung aller Waffengattungen sowie das kleinliche Rivalitätsgezänk selbst hoher Führungsstellen waren die Hauptursachen für die Katastrophe. Indes — wie sollte Churchill dies der Nation zur Kenntnis bringen, zumal seine geliebte Admiralität sich dabei als ziemlich unfähig erwiesen hatte?

Sir Sholto Douglas, Befehlshaber des Fighter Command, sagte später: „Damals konnte ich nicht recht verstehen, weshalb die Royal Navy keine Einheiten der Home Fleet für einen Nordsee-Einsatz bereitstellen mochte. Der Preis eines Sieges über Schiffe vom Rang *Scharnhorst, Gneisenau* und *Prinz Eugen* wäre es wert gewesen, rechtzeitig ein paar unserer großen Schiffe zu mobilisieren und die Deutschen noch auf See abzufangen. So kamen die deutschen Kriegsschiffe davon — gewiß, mit ein paar Minentreffern, aber die richteten auch keinen schweren Schaden an — und erreichten sicher ihre Heimathäfen."

Doch auch die Deutschen waren nicht ganz zufrieden. Großadmiral Raeder, Oberbefehlshaber der deutschen Kriegsmarine, kritisierte die deutsche Luftwaffe und schrieb in seinem Bericht: „Die Marine war jedenfalls mit mir der Ansicht, daß bei genügender Luftabwehr die großen Schiffe in Brest stationiert bleiben konnten, wenn auch im Hafen von Plymouth und Portsmouth englische Schlachtschiffe lagen. Allerdings hätte die deutsche Luftwaffe durch Angriffe auf britische Flughäfen am Kanal die Aufgabe der deutschen Schiffe wesentlich erleichtern können; aber, wie schon wiederholt gezeigt, war die Marine auch hierbei vom guten Willen der Luftwaffe abhängig ...

Die häufigen Meldungen über Luftangriffe auf Brest, die unseren Schiffen galten, beeindruckten den Führer erheblich, der, wie schon an anderer Stelle geschildert, die Operationen der großen Schiffe stets mit Unruhe verfolgte und sie daher nicht gern sah. Dieses Gefühl wurde ohne Zweifel durch Göring gestärkt, der dem Führer immer vorstellte, die großen Schiffe seien eben in Brest gegen Luftangriffe nicht wirksam zu schützen, es liege (aber) nicht in seiner Macht — richtiger gesagt in seinem Willen —, zumal hier der Marine eine Gelegenheit, Wichtiges auf dem Gebiet des Handelskrieges zu leisten, genommen werden konnte. Ende 1941 jedenfalls ... führte (Hitler) eine Reihe von Argumenten an, die für die Stationierung der Schiffe in Norwegen sprachen, wobei Nachrichten über eine seitens der Engländer für das Frühjahr geplante Landung in Norwegen eine wesentliche Rolle spielten. Zu dieser Zeit könnten die Schiffe im Norden von großem Nutzen sein, während sie in Brest immer wieder beschädigt würden und ohne Betätigung blieben. Die Prüfung der Frage ergab, daß ein Marsch durch die Island Passage ungünstig sein würde, da die Engländer, nachdem sie die Abwesenheit der Schiffe von Brest bemerkt hätten, Zeit genug hätten, eine Konzentration ihrer Heimatflotte im Norden von England durchzuführen. Sollte also der Durchbruch der Schiffe nach der Heimat erfolgen, müßte er bei völliger Überraschung der Briten durch den Kanal ausgeführt werden. Anfang 1942 konnten die Schiffe fahrbereit sein. Sie mußten vor dem Durchbruch eine vom Gegner unbemerkte kurze Übungsfahrt zur Erprobung der Maschinen und zu einer kurzen Gefechts- und Schießübung machen ...“

14

UND DER WIRKLICHE SIEGER?

Ungeachtet der Mohrenwäsche durch das Bucknill-Tribunal zog
man es doch vor, einige Offiziere heimlich zu verabschieden oder
zu versetzen. Admiral Ramsay wurde nicht der Sündenbock, als
den er sich schon düster prophezeit hatte. Aber eine Menge anderer wurden es statt seiner. Man entließ diese Leute nicht, denn
das hätte das Vertrauen der Öffentlichkeit in die Führung unter-
graben, sondern beförderte sie nach oben, auf Posten, wo sie
nicht soviel Schaden anrichten konnten. So wurde Air-Mar-
shal Sir Philip Joubert, Oberbefehlshaber des Coastal Command, Direktor für Information und Zivilfragen in Mount-
battens Stab auf Ceylon. Andere Herren, deren Unmut über
die offiziellen Vertuschungsversuche bekannt war, schob man
ebenfalls ab.
Wing-Cdr. Constable-Roberts mußte nach Scapa Flow sozu-
sagen ins Exil gehen, erhielt jedoch wenig später auf sein Betrei-
ben eine Staffel in Nordafrika.
Gerald Kidd meldete sich für die Dieppe-Aktion, wurde dann
jedoch für eine Aufgabe angefordert, die er als „Handlanger-
dienste" empfand. Als ihm gerüchtweise zu Ohren kam, daß
man ihn nach jenem Bericht nie wieder mit der Führung eines
Einsatzes betrauen werde, protestierte er bei Air Vice-Marshal
Leigh-Mallory schriftlich gegen die nicht näher erläuterte Versetzung. Er schrieb: „Wie man munkelt, ist verfügt worden,
mich hinfort zu keinen Operationen an der Südküste mehr heranzuziehen. Dagegen möchte ich meinen Protest einlegen."
Ferner verlangte er Leigh-Mallory zu sprechen. Zu Kidds großer Überraschung gewährte er ihm eines Abends beim 11. Geschwader in Uxbridge eine Unterredung. Er fragte allerdings

ziemlich unfreundlich: „Was wollen Sie eigentlich, Kidd?" Kidd erwiderte: „Warum bin ich nicht beim Dieppe-Angriff dabei?" Unvermittelt sagte Leigh-Mallory: „Setzen Sie sich, Kidd." Dann holte er eine Kopie des bewußten Berichtes hervor und fuhr fort: „Das hier ist Quatsch, Humbug und Unsinn. Ich bin empört, daß mich der Air Council anweist, den Brief eines Untergebenen zu beantworten."

Kidd antwortete steif: „Ich bedaure, daß Sie es so sehen, Sir. Aber der Bericht entspricht den Tatsachen. Ich habe ihn unter dem Eindruck eines für mich unerhörten Schocks und in dem Gefühl geschrieben, einen großen persönlichen Verlust erlitten zu haben."

Leigh-Mallory entgegnete: „Ich möchte klarstellen, daß ich es nicht dulde, von einem Untergebenen kritisiert zu werden."

Daraufhin Kidd: „Es war nicht als Kritik an Ihnen gemeint, sondern als allgemeine Kritik."

Kurz angebunden meinte Leigh-Mallory dazu: „Nehmen Sie Absatz E.: ‚Das war die Gelegenheit, auf die das Fighter Command seit einem Jahr gewartet hatte... Nun wurden unsere Jägerstaffeln aber viel zu spät eingesetzt und auch unzulänglich geführt — denn obgleich der Kurs des Feindes mit den modernsten technisch-wissenschaftlichen Methoden verfolgt wurde, erreichten viele Staffeln das Ziel nicht.' "

Kidd führte ihm daraufhin vor Augen, daß der Bericht nirgendwo unterstelle, es habe an Mut oder an Entschlossenheit gefehlt, den Feind zu besiegen.

Leigh-Mallory erwiderte: „Ich bin mit allem einverstanden, außer mit dem Absatz, der mich betrifft. Wir hätten einen überwältigenden Sieg erringen können, aber ich vermochte Joubert vom Coastal Command ja nicht zur Zusammenarbeit mit mir zu bewegen. Es war doch eher so, als führten wir beide verschiedene Kriege!"

Nach diesem erstaunlich freimütigen Bekenntnis einem Untergebenen gegenüber wurde Leigh-Mallory jovial. Die Unterredung endete durchaus freundlich; der Air Vice-Marshal lud Kidd zu einem Drink ein und stellte ihn seinem Stab vor. Er versprach ihm sogar eine Beförderung — und hielt dann auch sein Wort.

Es gab auch einige andere Echos über die Katastrophe dieses Tages. Im Jagdfliegerhorst Biggin Hill hatte Flt.-Lt. Cowan Douglas-Stephenson ständig ein persönliches Tagebuch über sämtliche Ereignisse vom Zustand der Rollbahnen bis zu einzelnen Fliegerstarts geführt. Er sagte: „Bald darauf wurde ich nach Hornchurch versetzt. Als ich später nach Biggin Hill zurückkam, stellte ich fest, daß die Seiten von Sonnabend, den 3. Januar, bis Mittwoch, den 25. März 1942, mit einer Rasierklinge herausgeschnitten worden waren. Weshalb? Alle übrigen Eintragungen waren unversehrt."

Stephenson sieht darin noch heute den gezielten Versuch von befugter Hand, das Geschehen auf einem der wichtigsten britischen Jagdfliegerhorste an jenem Tag nachträglich zu verschleiern. Und weil das Auslöschen allein des 12. Februar zu sehr aufgefallen wäre, entfernte man gleich mehrere Blätter.

Knapp einen Monat nach dem Durchbruch, am 17. März 1942, berichtete die *London Gazette* ausführlich über Auszeichnungen der RAF für Teilnehmer der Operation „Fuller". Es gab eine Distinguished Flying Medal für den Hudson-Piloten Flight Sergeant J. W. Creedon von der 407. Kgl. Kanadischen Luftwaffenstaffel, der „einen gewagten Tiefflugangriff auf einen *Scharnhorst* und *Gneisenau* eskortierenden deutschen Zerstörer unternahm. Creedon ging durch Wolken auf 120 m herunter und sichtete einen Zerstörer direkt unter seiner Maschine, tauchte durch heftiges Flakfeuer auf 60 m hinab und klinkte seine Bomben aus, die das deutsche Kriegsschiff eindeckten. Als er abdrehte und wieder in die Wolken zurückflog, wurde er von einer Ju 88 angegriffen. Der Deutsche drehte jedoch ab, sobald Creedons Heckschütze das Feuer aus seinen Turmgeschützen eröffnete."

Pilot Officer Carson von der 217. Staffel erhielt für seinen mutigen Alleinangriff das Distinguished Flying Cross. Ferner meldete die *London Gazette* die Verleihung weiterer RAF-Orden an die 42. Staffel, darunter des Distinguished Service Order an Sq.-Ldr. Cliff — jenem Mann, der losflog, ohne Befehle abzuwarten — sowie das Distinguished Flying Cross an Pilot Officer Archer. Pilot Officer Pett bekam ebenfalls das DFC.

Weiter heißt es in dem Blatt: „Der König geruhte, in Anerkennung weiterer Beweise von Tapferkeit bei Luftoperationen gegen den Feind folgende Auszeichnungen zu verleihen. Am Nachmittag des 12. Februar 1942 flog ein Verband Beaufort- und Hudson-Maschinen vor der niederländischen Küste einen Angriff gegen feindliche Marineeinheiten, darunter die *Scharnhorst* und *Gneisenau*. Trotz Störfeuers von Geleitzerstörern wurde der Angriff mit äußerster Entschlossenheit auf sehr kurze Distanz vorgetragen. Wiewohl außerordentlich schlechte Sichtverhältnisse eine Schadensfeststellung nicht ermöglichten, dürften mehrere Treffer erzielt worden sein. Der Einsatz, der ein hohes Maß an Geschicklichkeit und Mut erforderte, machte den im folgenden genannten beteiligten Offizieren und Mannschaften größte Ehre.

Sq.-Ldr. Cliff führte den Verband, eine Staffel Beaufort-Torpedo-Flugzeuge des Coastal Command, in Formation zum Angriff auf eines der beiden größeren Schiffe. Ebenfalls beteiligt waren Hudsons der RCAF. Drei Beauforts und zwei Hudsons gingen verloren.

Für Sq.-Ldr. Cliffs Staffel wird mit mindestens zwei Treffern gerechnet. Die Besatzungen der anderen Beauforts beobachteten den Lauf der Torpedos, als sie, von feindlichen Jägern verfolgt, unter ständigem Flakbeschuß in den Dunst und Sprühregen abdrehten. Schlechtes Wetter erschwerte das Auffinden des Geleitzuges. Einige Piloten erkannten erst an den rings krepierenden Fla-Geschossen von unsichtbaren Schiffen, daß sie das Ziel erreicht hatten."

Sehr wahrscheinlich wollte das Coastal Command mit diesem Ordensegen für tapfere Flieger das eigene, unverzeihliche Versagen kaschieren.

Auch die Marine dekorierte ihre Helden. Das Viktoriakreuz erhielt Lt.-Cdr. Esmonde (posthum); ferner wurden alle Swordfish-Überlebenden ausgezeichnet. Die vier Sublieutenants Brian Rose, Edgar Lee, Charles Kingsmill und „Mac" Samples bekamen den Distinguished Service Order; dem einzigen überlebenden Angehörigen des Mannschaftsstandes, Gunner Donald Bunce, überreichte man die Conspicuous Gallantry Medal.

Die fünf Zerstörerkommandanten, die am Einsatz gegen die deutschen Schlachtschiffe teilgenommen hatten, wurden wie folgt geehrt: Captain Mark Pizey von der *H. M. S. Campbell* durch Ernennung zum Komtur des Bathordens, Captain J. P. Wright von der *H. M. S. Mackay* durch Verleihung der Ordensspange zum DSO, und die Lt.-Cdr. R. Alexander *(Vivacious)*, W. A. Juniper *(Whitshed)* und Colin Coats *(Worcester)* durch Verleihung des DSO.

Auch auf deutscher Seite gab es Orden. Kapitän z. S. Hoffmann und Admiral Ciliax bekamen das Ritterkreuz, das nur Träger des Eisernen Kreuzes 1. und 2. Klasse erhalten. Ciliax durfte die Auszeichnung als Befehlshaber der Operation Cerberus entgegennehmen — seine Aufgabe, die Durchführung der genauen Weisungen des Marinegruppenkommandos West in Paris, hatte er gut gelöst. Kapitän z. S. Otto Fein, der das Geschwader den größten Teil des Marsches über geführt hatte, hingegen ging leer aus.

Die Seeleute waren von Ciliax' Verhalten während des Gefechts wenig beeindruckt. Jemand komponierte ein rüdes Spottlied auf ihn, das zu einer volkstümlichen Melodie bald auf allen Mannschafts-Messedecks gesungen wurde und seinen Weg in die Offiziersmessen fand.

Die Kommandanten der drei Schiffe versuchten, das Lied zu unterdrücken; Kapitän Helmuth Brinkmann von *Prinz Eugen* verbot es sogar. Das aber war ein Befehl, dem die sonst so disziplinierten deutschen Seeleute nicht gehorchten.

Während die Wogen des Meinungsstreits in England noch hochgingen, brachte Churchill absolut kein Verständnis für die Haltung der britischen Öffentlichkeit auf. Wenn auch gewisse RAF-Offiziere wie Joubert in aller Stille kaltgestellt wurden, so verweigerte Churchill doch jede offene Kritik an der Kampfführung der Marine.

Das war in Kriegszeiten verständlich, denn über offene Kritik in England hätte sich der Gegner wie über den *Times*-Leitartikel nur gefreut. Jedoch auch später hat Churchill weder in seinen Reden noch in seinen veröffentlichten Schriften je ein Wort des Tadels für die damalige Marineleitung gefunden.

Sicher hing es damit zusammen, daß Churchill als ehemaliger Erster Lord der Admiralität beider Weltkriege eine besondere, nahezu blinde Zuneigung zur Royal Navy hegte. Aber im Gegensatz zu dem Gefreiten Hitler war Churchill eine Wasserratte und hat des weiteren denn auch das bessere Gespür für Seekriegsstrategie bewiesen als Hitler.

Nach dem Krieg äußerte Churchill: „Rückblickend und im größeren Sachzusammenhang betrachtet, erwies sich die Episode für uns als äußerst vorteilhaft." Er sah es richtig. Denn nun lagen die deutschen Schlachtschiffe abgeriegelt in deutschen Häfen und waren für Atlantikeinsätze, mit denen sie den Gegner von Brest aus ständig bedroht hatten, nicht mehr verfügbar.

Einen Mann gab es, der Churchill beipflichtete — Großadmiral Raeder. Kommentar des Oberbefehlshabers der deutschen Kriegsmarine: „Es war ein taktischer Erfolg, aber eine strategische Niederlage."

Eine entscheidende Schlappe hatten die Briten im Kanal nicht erlitten. Bald darauf beendeten die siegreichen deutschen Schlachtschiffe ihre Laufbahn als Kampfschiffe.

Die Rache des Bomber Command ließ nur vierzehn Tage auf sich warten, dann ereilte es *Gneisenau*. Sie lag mit Minenschaden im Kieler Schwimmdock, als die RAF sie massiv angriff. Drei Nächte hintereinander, vom 25. bis 27. Februar, deckten die Briten das Schiff mit Bomben ein. In der ersten Nacht kamen 61 Bomber, in der zweiten 49 und in der dritten 68. In derselben Nacht griffen 33 Bomber auch *Scharnhorst* in Wilhelmshaven an. *Scharnhorst* blieb unversehrt, aber *Gneisenau* wurde im Vorschiff und den vorderen Geschütztürmen schwer getroffen. Es war das Ende — man schleppte den Rumpf nach Gdingen in Polen, füllte ihn mit Beton und versenkte ihn in der Hafeneinfahrt.

Ciliax übrigens sollte mit seinen Befürchtungen bezüglich der gefährlichen norwegischen Gewässer recht behalten. Kurz vor der Dämmerung am 23. Februar näherte sich die *Prinz Eugen* Drontheim, als ein Torpedo der *H. M. S. Trident* unter Fregattenkapitän G. M. Sladen ihr das Heck wegsprengte. Sie konnte sich zwar in den geschützten Liegeplatz Aasfjord retten, erhielt dort ein Behelfsruder und wurde in Deutschland instandgesetzt. Bei Kriegsende wurde *Prinz Eugen* der U. S. Navy zugeteilt und fuhr 1946 mit teilweise deutscher Besatzung nach San Diego und wurde bei Atombombenversuchen im Raum des Bikini-Atolls versenkt.

Scharnhorst, obgleich nach sechs Monaten wieder einsatzbereit, traf das härteste Schicksal. Als sich am 26. Dezember 1943 zwielichtig die Dunkelheit eines arktischen Nachmittags ankündigte, wurde sie vor dem Nordkap von Admiral Sir Bruce Fraser und der Home Fleet gestellt.

Zunächst entdeckten sie die zwei britischen Kreuzer *Norfolk* und *Belfast,* deren Radar sie fortan nicht mehr entkam. Dann erschien sie auf 22 Seemeilen auf dem Radar von Frasers Flaggschiff *Duke of York.*

Um 16.45 Uhr deckte sie *Duke of York* aus sechs Meilen mit einer ersten 14-Zoll-Salve (35,6 cm) ein und erzielte einen Treffer. *Scharnhorst* dampfte weiter gen Osten, drehte dabei in kurzen Abständen und feuerte. Schließlich suchte sie ihr Heil in der Flucht, was ihr eine Stunde zu gelingen schien.

Bei der Verfolgungsjagd erzielte *Duke of York* noch drei Treffer. Ebenso die Kreuzer. Keines der britischen Schiffe wurde ernsthaft beschädigt, wiewohl *Scharnhorst* das Flaggschiff häufig eindeckte und eine 11-Zoll-Granate (28 cm) einen seiner Masten zerstörte.

Zwei Stunden währte das Gefecht, 500 Meilen nördlich des Polarkreises in völliger Finsternis, bei stark auffrischenden Winden und sehr rauher See. Um 18.00 Uhr schwieg die Hauptbatterie der *Scharnhorst*. Schwer getroffen floh sie weiter wie ein angeschossener Hai. Die Hälfte der Besatzung war tot oder verwundet. Ihre 15-cm-Batterie feuerte noch, als die britischen Schiffe näher kamen, um ihr mit Torpedos den Rest zu geben.

Um 19.00 Uhr setzte der Befehlshaber Konteradmiral Bey — er hatte beim Durchbruch der Brestgruppe die Zerstörer befehligt — einen letzten Funkspruch an die deutsche Marineleitung und Hitler ab: „Lang lebe Deutschland und der Führer!" Um 19.28 belegte *Duke of York* sie mit ihrer 77. Salve. Zweiundfünfzig Torpedos waren geschossen worden, deren letzte drei — um 19.37 von der *HMS Jamaica* aus knapp zwei Meilen Entfernung geschossen — ihr den Rest gaben.

Um 19.45 Uhr kenterte *Scharnhorst* und sank, von einer dichten Rauchwolke eingehüllt. Aus den hochgehenden, eisigen Wogen konnten nur sechsunddreißig Überlebende geborgen werden, unter denen sich kein einziger Offizier befand. Der Rest der 1940 Mann starken Besatzung und Admiral Bey gingen mit dem Schiff unter.

Die Schwesterschiffe *Scharnhorst* und *Gneisenau* liefen 1936 im
Abstand von zwei Monaten von Stapel. *Scharnhorst* in Wilhelmshaven, *Gneisenau* in Kiel. Ihre Wasserverdrängung bei voller Be-
ladung betrug 38.000 Tonnen, das Standarddeplacement 26.000
Tonnen. Die Länge über alles betrug 236 m. Die Antriebsanlage
bestand aus 3 Satz Brown-Boveri-Turbinen, die 3 Schrauben
antrieben. Jede Anlage entwickelte 55.000 PS, insgesamt rund
160.000 PS. Bei den Erprobungsfahrten erreichten sie 31,5 bis
32 kn. Die Bewaffnung bestand aus neun 28-cm-Geschützen, die
in 3 Geschütztürmen angeordnet waren, ferner aus zwölf 15-cm-
Geschützen, von denen acht in 4 Zwillingstürmen und vier in
Einzellafetten standen. Die Fla-Artillerie bestand aus vierzehn
10,5-cm-Geschützen, sechzehn 3,7-cm-Geschützen und zehn bis
vierundzwanzig 2-cm-Geschützen, alle in Zwillingslafetten. Die
Panzerstärke betrug um den Kommandostand und die schweren
Türme bis zu 30 cm. Das obere Panzerdeck hatte eine Stärke von
5 cm, das sogenannte Panzerdeck eine von 3 bis 5 cm, in den
Böschungen 10,5 cm. Die Besatzung betrug etwa 1950 Mann.
Prinz Eugen, ein schwerer Kreuzer der Hipper-Klasse, lief 1937
in Kiel von Stapel. Die Wasserverdrängung betrug 19.800 Tonnen, das Standarddeplacement 13.000 Tonnen. Die Antriebsanlage bestand aus 3 Satz Deschimag-Turbinen, die 3 Schrauben
antrieben. Diese Anlage hatte 132.000 PS. Die Höchstgeschwindigkeit betrug ca. 32 kn. Die Bewaffnung bestand aus acht
20,3-cm-Geschützen in Zwillingstürmen, zwölf 10,5-cm-Geschüt-
zen, zwölf 3,7-cm-Geschützen und acht bis achtundzwanzig
2-cm-Flageschützen, alle in Zwillingslafetten. Sie hatte zwölf
53,5-cm-Torpedoausstoßrohre in Drillingssätzen. Die Panzerung
betrug stellenweise bis zu 12,7 cm. Die Besatzung umfaßte etwa
1600 Mann.

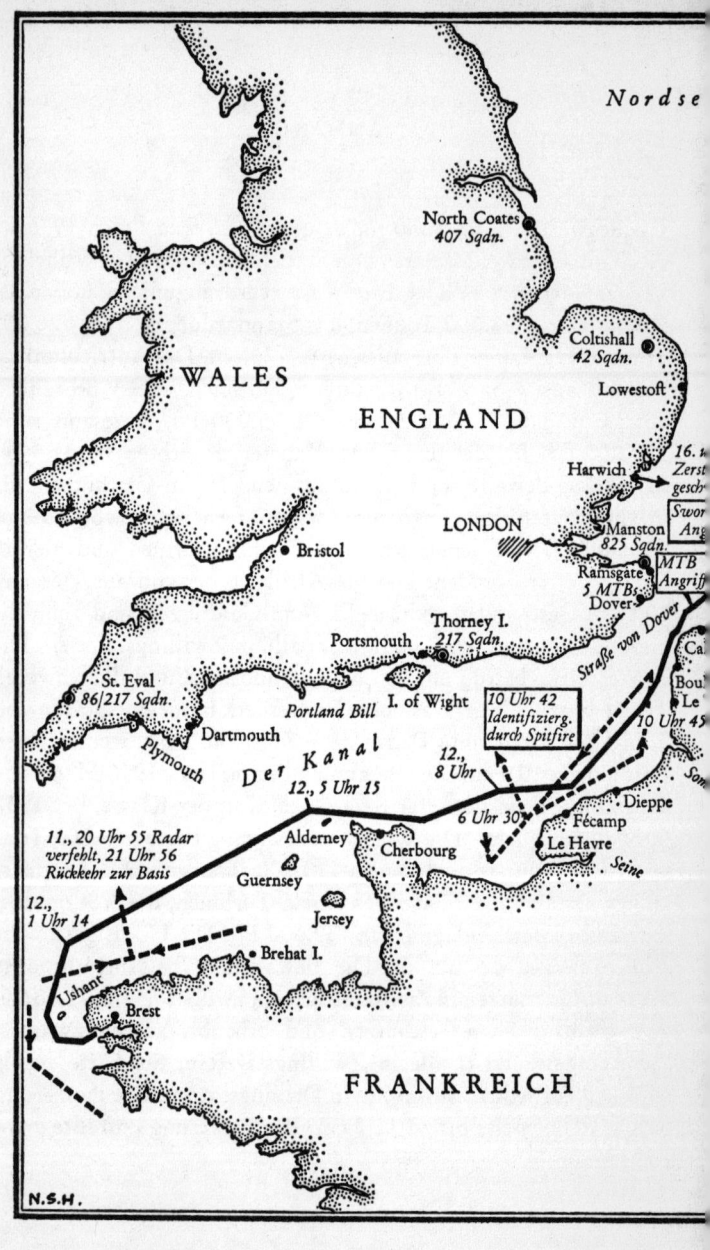

Nordse

North Coates
407 Sqdn.

Coltishall
42 Sqdn.

Lowestoft

WALES

ENGLAND

*16. t
Zerst
gesch*

Harwich

*Swor
Ang*

LONDON

Manston
825 Sqdn.

*MTB
Angriff*

Ramsgate
5 MTBs
Dover

Bristol

Thorney I.
217 Sqdn.

Straße von Dover

Ca

Portsmouth

I. of Wight

*10 Uhr 42
Identifizierg.
durch Spitfire*

Bou
Le

St. Eval
86/217 Sqdn.

Portland Bill

*12.,
8 Uhr*

10 Uhr 45

Dartmouth

6 Uhr 30

Plymouth

Der Kanal

12., 5 Uhr 15

Dieppe

Fécamp

Som

*11., 20 Uhr 55 Radar
verfehlt, 21 Uhr 56
Rückkehr zur Basis*

Alderney

Cherbourg

Le Havre

Seine

Guernsey

*12.,
1 Uhr 14*

Jersey

Ushant

Brehat I.

Brest

FRANKREICH

N.S.H.

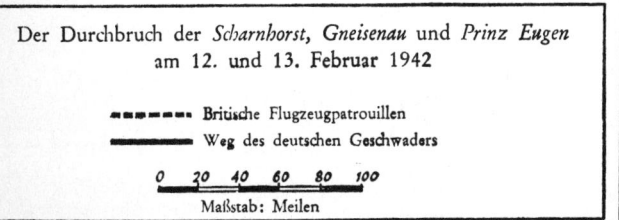

Nordsee

13., 2 Uhr 44
Gneisenau

12., 23 Uhr
Gneisenau

Nordostseekanal

Helgoland

Brunsbüttel

21 Uhr 34 *Scharnhorst fährt a. 2.Mine*

19 Uhr 55 *Gneisenau fährt a. Mine*

Borkum

Wilhelmshaven

Bremerhaven

Elbe

Terschelling

Texel

13., Ankunft der
Scharnhorst

13., Ankunft
der *Gneisenau*
u. *Prinz Eugen*

Beaufort u. Hudson greifen an

DEUTSCHLAND

Amsterdam

*Uhr 45, 5
...forts u. Zer-
...r greifen an*

Rotterdam

HOLLAND

Vlissingen

12.,
3 Uhr 40

Schelde

Ostende

14 Uhr 31 *Scharnhorst fährt auf Mine*

Dünkirchen

BELGIEN

Der Durchbruch der *Scharnhorst*, *Gneisenau* und *Prinz Eugen*
am 12. und 13. Februar 1942

▪▪▪▪▪▪▪ Britische Flugzeugpatrouillen

▬▬▬▬▬ Weg des deutschen Geschwaders

0   20   40   60   80   100

Maßstab: Meilen

BIBLIOGRAPHIE

Die folgenden Werke sind eine Auswahl aus jenen Büchern, die ich zur Vorbereitung dieser Arbeit herangezogen habe:

BUSCH, FRITZ OTTO. *The Drama of the Scharnhorst*. London: Robert Hale, 1956.

— *The Story of the Prinz Eugen*. London: Robert Hale, 1950.

CAMERON, IAN. *Wings of the Morning*. London: Hodder and Stoughton, 1962.

CHURCHILL, WINSTON. *The Hinge of Fate*. London: Cassell, 1950.

DEMPSTER, DEREK, und WOOD, DEREK. *The Narrow Margin*. London: Hutchinson, 1961

JONES, MAURICE. *History of the Coastal Artillery in the British Army*. London: R. A. Institute, 1959.

LOHMAN, WALTHER, und HILDEBRAND, HANS. *Die Deutsche Kriegsmarine*. Bad Nauheim: Podzun, 1956.

MARTIENSSEN, ANTHONY. *Hitler and his Admirals*. New York: Dutton, 1949.

RAEDER, ERICH. *The Struggle for the Sea*. London: Kimber, 1957.

RICHARDS, DENIS, und SAUNDERS, H. *RAF in the War*, Bd. 2. London: Butler and Tanner, 1961.

ROBERTSON, TERENCE. *Channel Dash*. London: Evans, 1958.

ROSKILL, STEPHEN. *The War at Sea, 1939—45*, Bd. 1 und 2. London: H.M.S.O., 1954—56.

ROWE, ALBERT. *One Story of Radar*. Cambridge: University Press, 1948.

RUGE, FRIEDRICH. *Sea Warfare, 1939—45: A German Viewpoint*. London: Cassell, 1957.

SCOTT, PETER. *The Battle of the Narrow Seas*. London: Country Life, 1946.

TREVOR-ROPER, HUGH (Ed.). *Hitler's War Directives*. London: Sidgewick and Jackson, 1964.

VULLIEZ, ALBERT, und MORDAL, JACQUES. *Battleship Scharnhorst*. London: Hutchinson, 1958.

WARLIMONT, WALTER. *Inside Hitler's H. Q. 1939—45*. London. Weidenfeld and Nicolson, 1964.

Andere Unterlagen:

ADMIRALTY. *Führer Conference on Naval Affairs*. Brassey's Naval Annual, 1948.

ADMIRALTY. *Report on the Escape of Scharnhorst, Gneisenau and Prinz Eugen from Brest to Germany* (The Bucknill Report). Command 6775, 1946.

JACKSON, DAVID. *In Bello in Pace Fidelis*. Blackwood's Magazine, Mai 1959.

SAUNDBY, AIR MARSHAL SIR ROBERT. Royal Air Force Review, September 1951—August 1952.

WARNE, WING-COMMANDER J. D. *The Escape of the Scharnhorst, Gneisenau and Prinz Eugen*. Journal of the Royal United Service Institution, Mai 1952.

INDEX

Bitte beachten Sie
die folgenden Seiten

Maritimes im Ullstein Buch

Shane Acton
Shrimpy (22633)

Bill Beavis
Anker mittschiffs! (20722)

Ernle Bradford
Großkampfschiffe (22349)

Dieter Bromund
Kompaßkurs Mord! (22137)
Ein Mann mit stillem Kielwasser
(22665)

Fritz Brustat-Naval
Die Kap-Hoorn-Saga (20831)
Im Wind der Ozeane (20949)
Windjammer auf großer Fahrt
(22030)
Um Kopf und Kragen (22241)

L.-G. Buchheim
Das Segelschiff (22096)

Erskine Childers
Das Rätsel von Memmert Sand
(23586)

Svante Domizlaff
Yachten im Orkan (22724)

Alexander Enfield
Kapitänsgarn (20961)

Gerd Engel
Florida-Transfer (22015)
Münchhausen im Ölzeug
(22138)

Einmal Nordsee linksherum
(22286)
Sieben-Meere-Garn (22524)
Im Eis des Nordens (23507)
Weiße Nächte – Schwarzes
Meer (23618)

Wilfried Erdmann
Der blaue Traum (20844)

Horst Falliner
Ganz oben auf dem
Sonnendeck (20925)

Gorch Fock
Seefahrt ist not! (20728)

Cecil Scott Forester
11 Romane um
Horatio Hornblower
Die letzte Fahrt der Bismarck
(22430)
Brown von der Insel (23376)
Die African Queen (22754)

Rollo Gebhard
Ein Mann und sein Boot (22055)
Leinen los (23176)
Mein Pazifik (06581)
Rolling Home (07519)

**Rollo Gebhard/
Angelika Zilcher**
Mit Rollo
um die Welt (20526)

Kurt Gerdau
Keiner singt ihre Lieder
(20912)
La Paloma, oje! (22194)
Große Freiheit See (22616)
Tatort Hochsee (22946)
Weihnachten an Bord (23552)

Michael Green
Ruder hart rechts! (22681)

Jan de Hartog
Der Commodore (22477)

Alexander Kent
21 marinehistorische
Romane um Richard
Bolitho und 22 moderne
Seekriegsromane

Wolfgang J. Krauss
Seewind (20282)
Seetang (20308)
Kielwasser (20518)
Ihr Hafen ist die See (20540)
Nebel vor
Jan Mayen (20579)
Wider den Wind
und die Wellen (20708)
Von der Sucht
des Segelns (20808)
Weite See (22862)

Klaus-P. Kurz
Westwärts wie die Wolken
(22111)

Sam Llewellyn
Laß das Riff ihn töten (22067)
Ein Leichentuch aus Gischt
(22230)
Schuß in die Sonne (22417)
In Neptuns tiefstem Keller
(23235)
Als Requiem ein Shanty (23351)
Ein Sarg mit Segeln (23647)

C. N. Parkinson
Horatio Hornblower (22207)

Dudley Pope
Leutnant Ramage (22268)
Die Trommel schlug zum Streite
(22308)

Ramage und die Freibeuter (22496)
Kommandant Ramage (22538)
Ramage in geheimer Mission
(22760)
Ramage - Lord Nelsons Spion
(22794)
Ramage und das Diamantenriff
(22861)
Ramage und die Meuterei
(22917)
Ramage und die Rebellen
(23788)
Ramage gegen Napoleon
(23794)

Herbert Ruland
Seemeilensteine (22319)

Karl Vettermann
Hollingers Lagune (22363)

Rudolf Wagner
Weit, weit voraus liegt Antigua
(22390)
Kokosnüsse satt (23016)

Richard Woodman
Der Mann unterm Floß (20881)
In fernen Gewässern (22124)
Der falsche Lotse (22375)
Unter falscher Flagge (22553)
Kutterkorsaren (22776)
Die Wette (22808)
Die Augen der Flotte (23154)
Fliegende Geschwader (23230)
Kurier zum Kap der Stürme
(23247)
Gezeiten der Nacht, Band 1:
Schlacht ohne Sieger (23663)
Gezeiten der Nacht, Band 2:
Ein nasses Grab (23664)

Jochen Brennecke

Schlachtschiff Bismarck

Ullstein Buch Nr. 23840

Der Verlust des Schlachtschiffs *Bismarck* im Mai 1941 war der erste große Rückschlag, den die bis dahin so erfolgreiche deutsche Marine erfahren mußte. Zugleich bedeutete er den Anfang vom Ende der Schlachtschiffe überhaupt.
Im Auftrag des US-Naval-Institutes, USA, schuf Jochen Brennecke diesen grundlegenden Dokumentarbericht, der erstmals alles in- und ausländische Quellenmaterial berücksichtigt.

Ullstein